Sattler/Emberger Behandlung fester Abfälle

UMWELTSCHUTZ ENTSORGUNGSTECHNIK

Prof. Dipl.-Ing. Klaus Sattler
Dipl.-Ing. Jürgen Emberger

Behandlung fester Abfälle

Vermeiden, Verwerten, Sammeln, Beseitigen, Sanieren.

Verfahrensweise, Technische Realisierung. Rechtliche Grundlagen

2., völlig neu bearbeitete Auflage

VOGEL Buchverlag Würzburg

Die Fachgruppe

Umweltschutz / Entsorgungstechnik

(Herausgeber: Prof. Dipl.-Ing. Klaus Sattler) beschreibt Verfahrensweise und technische Realisierung der Entsorgung für industrielle und kommunale Bereiche. Dazu gehören die Themenbände (mit vorangestellter Titelnummer):

0242 Behandlung fester Abfälle
0243 Behandlung von Abwasser
0244 Reinigung von Abgasen
0299 Meß- und Analysentechnik

CIP-Titelaufnahme der Deutschen Bibliothek

Sattler, Klaus:
Behandlung fester Abfälle / Klaus Sattler ; Jürgen Emberger. –
2. Aufl. – Würzburg : Vogel, 1990
(Umweltmagazin Entsorgungstechnik)
1. Aufl. u.d.T.: Umweltschutz Entsorgungstechnik
ISBN 3-8023-0242-7
NE: Emberger, Jürgen:

ISBN 3-8023-0242-7
2. Auflage. 1990

(Die 1. Auflage erschien 1982 mit dem Titel Umweltschutz / Entsorgungstechnik: Behandlung fester Abfallstoffe, Abwasser- und Abgasreinigung, Lärmschutz. ISBN 3-8023-0641-4)

Herstellung: Pustet, Regensburg

KLAUS SATTLER
Geboren 1939 in Ludwigshafen/Rhein. 1958 Abitur. 1963 Diplom der TH Karlsruhe als Verfahrensingenieur, danach bis 1965 wissenschaftlicher Mitarbeiter am Lehrstuhl von Prof. Kirschbaum. 1965 bis 1969 Planung und Inbetriebnahme von Chemieanlagen; Stabsfunktion technische Koordinierung. Seit 1969 Dozent und Professor an der Fachhochschule für Technik in Mannheim. Gastprofessor an der Berufsakademie Mannheim. Referent und Seminarleiter beim Haus der Technik in Essen und an der Technischen Akademie Mannheim.

JÜRGEN EMBERGER
Geboren 1942 in Göppingen. 1963 Abitur. 1969 Diplom der TH Stuttgart als Bauingenieur mit Vertiefungsrichtung Siedlungswasserwirtschaft. Danach bis 1980 im Ingenieurbüro für Gesundheitstechnik in Mannheim und seit 1981 in der Kommunalen Technologieberatungs-GmbH in Oberhausen auf den Gebieten Abfallverwertung und Abwasserreinigung in Beratung, Planung, Bauleitung, Forschung und Entwicklung tätig. 1979/1980 Lehrbeauftragter im Fach Müllaufbereitung an der Fachhochschule für Technik in Mannheim und seit 1984 bei der Westdeutschen Fernentsorgung und Umweltschutz GmbH in Oberhausen beschäftigt.

Vorwort des Herausgebers

Wegen der ständig zunehmenden Belastung unserer Umwelt durch feste Abfälle und Schadstoffe in Abwässern und Abgasen und wegen der damit einhergehenden Beeinträchtigung unserer Lebensbedingungen gewinnen die Probleme des technischen Umweltschutzes in der öffentlichen Diskussion immer größere Bedeutung. Die Behandlung und Beseitigung fester Abfälle, die Aufbereitung und Reinigung belasteter Abwässer vor ihrer Einleitung in stehende und fließende Gewässer, die Entfernung von Schadstoffen aus Abgasen vor ihrem Ausstoß in die umgebende Atmosphäre und die Meß-, Erfassungs- und Analysentechnik für umweltbelastende Stoffe finden bei Sachverständigen der verschiedensten Fachrichtungen und zunehmend auch beim umweltbewußten Bürger große Beachtung.

Gemessen an der Bedeutung des technischen Schutzes unserer Umwelt für unsere Lebensqualität gibt es wenig Literatur, die einen breiten Leserkreis in die Entsorgungsverfahren, die Verfahren des technischen Umweltschutzes und die zugehörige Meß- und Analysentechnik einführt. Die vorliegende Fachbuchgruppe «Umweltschutz/ Entsorgungstechnik» soll daher mithelfen, eine wesentliche Informationslücke zu schließen.

Die Fachbuchgruppe «Umweltschutz/Entsorgungstechnik» setzt sich aus den Einzelbänden «Behandlung fester Abfälle», «Behandlung von Abwasser», «Reinigung von Abgasen» und «Meß- und Analysentechnik zusammen. Sie entstand als völlig neu bearbeitete, ergänzte und aktualisierte Neuauflage einer in Vorlesungen und im Rahmen von Weiterbildungsveranstaltungen im Haus der Technik (Essen) und anderen Institutionen bewährten Erstauflage.

Die Fachbuchreihe wendet sich an Studierende des Chemieingenieurwesens und der Verfahrenstechnik, des Maschinenbaus, der Chemie, Pharmazie und Physik, des Bauingenieurwesens und der Architektur mit Vertiefungsneigungen im Bereich des Umweltschutzes. Sie soll aber auch den Ingenieur, Chemiker, Physiker und Architekten aus der industriellen und behördlichen Praxis ansprechen, der sich in Entsorgungsverfahren einarbeiten will – insbesondere auch, wenn er die Funktion des Betriebsbeauftragten für Abfall, Gewässerschutz oder Immissionsschutz im Sinne der Umweltschutzgesetzgebung innehat oder übernehmen soll.

Die dargestellten fachlichen Zusammenhänge können mit jenen mathematischen, physikalischen und physikalisch-chemischen Vorkenntnissen verstanden werden, die dem angesprochenen Leserkreis in den ersten Studiensemestern vermittelt werden.

Die Fachbuchreihe will einen breiten Leserkreis mit den Verfahren zur Behandlung von Abfällen, zur Reinigung von Abwässern und Abgasen und zur analytischen

Erfassung von Schadstoffen vertraut machen, wobei jeweils auch einschlägige Vorschriften, statistische Daten und Dokumentationshinweise die Betrachtung vervollständigen. Zur Unterstützung und zur Hinführung auf spezielle Verfahren und spezielle Auslegungs- und Apparatedetails wird zahlreiche einschlägige Spezialliteratur zitiert. Der Leser wird befähigt, Beseitigungs-, Aufbereitungs- und Erfassungsverfahren für Schadstoffe auszuwählen und fallweise auch verfahrenstechnisch zu planen.

Die Gestaltung der Fachbuchgruppe, insbesondere die Informationsverdichtung in Bildern und Tabellen, hat sich bereits seit Jahren in zahlreichen Fachbüchern des Vogel Buchverlags bewährt.

Mein Dank gilt dem Vogel Buchverlag und hier insbesondere der Verlagsleitung, dem Lektorat und der Herstellung für die gute Zusammenarbeit und die dabei erreichte ansprechende Ausstattung der Fachbuchreihe.

Brühl

Klaus Sattler

Vorwort

Bei der Herstellung von Produkten und Verbrauchsgütern in der Grundstoffindustrie, der chemischen, pharmazeutischen und der Lebens- und Genußmittelindustrie sowie im häuslichen und kommunalen Bereich fallen Abfälle an, die entsorgt werden müssen.

Das Fachbuch «Behandlung fester Abfälle» aus der Gruppe «Umweltschutz/Entsorgungstechnik» befaßt sich mit den hierzu notwendigen Entsorgungsverfahren. Anfangskapitel führen in die verschiedenen Bereiche des technischen Umweltschutzes ein, beschreiben den Gesetzes- und Vorschriftenrahmen für das entsorgungstechnische Tun, verdeutlichen Abfallaufkommen und Abfallzusammensetzung und geben eine Übersicht über die Behandlungsverfahren für Abfälle. Es folgt die Darstellung von Verfahrensweise und technischer Realisierung bei der Erfassung von Abfällen und ihrem Transport, bei ihrem Aufschluß und der Rezirkulierung von Wertstofffraktionen, bei ihrer biochemischen und thermischen Umwandlung und bei ihrer Ablagerung. Der Behandlung von Sonderabfällen und der Sanierung von Altlasten sind abschließende Kapitel gewidmet.

Die textlich geraffte, mit vielen erläuternden Bildern und Tabellen durchsetzte, sehr praxisorientierte Darstellung soll einen breiten Leserkreis in die Entsorgungstechnik für Abfälle einführen und ihm Verfahrensauswahl und technische Realisierung im eigenen Anwendungsbereich ermöglichen.

Brühl

Jürgen Emberger
Klaus Sattler

Inhaltsverzeichnis

1 Grundlagen

1.1 Umwelt, Umweltschutz

Unsere Erde ist, sieht man von der Energiezufuhr durch Strahlung der Sonne ab, ein geschlossenes, umfassendes Ökosystem. In ihm wirken verschiedene, seinen Zustand beeinflussende Parameter sehr komplex zusammen, geprägt von menschlichem Tun, von Tier- und Pflanzenwelt, von Landmasse (Boden), von Ozeanen und sonstigen Gewässern und vom Klima. Eine Art dieses Zusammenwirkens sei durch den qualitativen Stoffkreislauf des *Bildes 1.1* verdeutlicht. Dieser Stoffkreislauf zeigt insbesondere die Einflußnahme des Menschen auf seinen Lebensraum, auf seine *Umwelt.*

Über Jahrtausende verlief der Weg der Menschen, ihrer Gemeinschaften und ihrer nutzbaren Erfindungen und Entdeckungen stetig und flach in einer kaum gestörten natürlichen Umwelt. Um 1650 machte die Erdbevölkerung etwa eine halbe Milliarde aus mit einer jährlichen Wachstumsrate von 0,3% und einer Verdopplungszeit von etwa 250 Jahren. 1970 bevölkerten bereits ca. 3,6 Milliarden Menschen die Erde. Jährliche Wachstumsraten von derzeit ca. 1,1% in den Industrieländern und ca. 2,4% in den Entwicklungsländern werden mit einer Verdopplungszeit von etwa 33 Jahren zu einer Erdbevölkerung von ca. 7 Milliarden um das Jahr 2000 führen [1.1]. Dieses «superexponentielle» Bevölkerungswachstum, das Streben der Menschen nach höherem Lebensstandard und erhöhtem Privatkonsum erzwingt eine immer weiter ausgedehnte Industrialisierung, eine immer intensivere land- und viehwirtschaftliche Nutzung des Bodens und immer ausgedehntere Ballungszentren der Urbanisierung mit störenden Eingriffen des Menschen in seine Umwelt.

Zweck des *Umweltschutzes* ist es, die Auswirkungen dieser Eingriffe defensiv abzumildern, zu beseitigen oder offensiv gar nicht erst entstehen zu lassen. Das Umweltprogramm der Bundesregierung [1.2] definiert Umweltschutz als «die Gesamtheit aller Maßnahmen, die notwendig sind,

- □ um dem Menschen eine Umwelt zu sichern, wie er sie für seine Gesundheit und für ein menschenwürdiges Dasein braucht,
- □ um Boden, Luft und Wasser, Pflanzen- und Tierwelt vor nachteiligen Wirkungen menschlicher Eingriffe zu schützen,
- □ um Schäden oder Nachteile aus menschlichen Eingriffen zu beseitigen.»

Während unter *ökologischem Umweltschutz* Vorkehrungen zur Landschaftspflege zum Naturschutz und zur Grünordnung verstanden werden, umfaßt der *techni-*

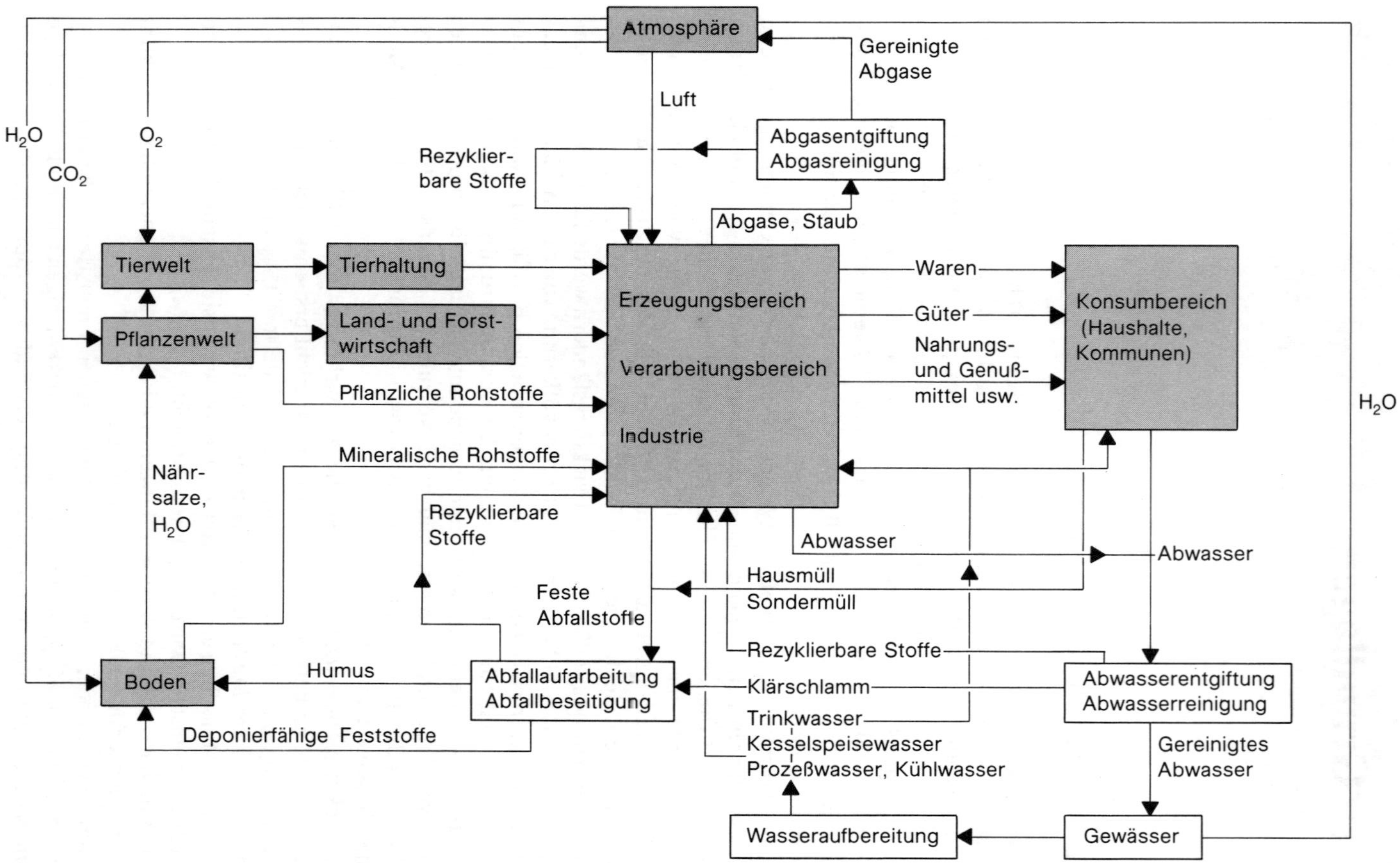

Bild 1.1 Vereinfachter Stoffkreislauf im Ökosystem Erde *(schematisch)*

Tabelle 1.1 Industrieller technischer Umweltschutz [1.3, 1.4]

Primäre, offensive Maßnahmen, «umweltschonende Technik»
(«Umweltschonende Verfahren sind solche Verfahren, bei denen Emissionen im weitesten Sinne durch Veränderung des ursprünglichen Prozesses verringert oder — falls es sich um stoffliche Emissionen handelt — an irgendeine Stelle der Produktion zurückgeführt werden» [1.5].)

Rohstoffvorbehandlung (z.B. Entschwefelung von Heizöl und Erdgas
→ 900 000 t Elementarschwefel in Deutschland 1979)

Emissionsverminderung durch Prozeßveränderung
(z.B. Schwefelsäureerzeugung
früher: «Normalkatalyseverfahren» mit 98,5% SO_2-Ausbeute und einer SO_2-Emission von 13 kg SO_2/t H_2SO_4
jetzt: Bayer-Doppelkontaktverfahren mit 99,7% SO_2-Ausbeute und einer SO_2-Emission von 2 bis 3 kg SO_2/t H_2SO_4)

Recyclingverfahren
(z.B. Rückgewinnung von Caprolactam aus Abfällen der Nylon-6-Produktion. Aufarbeitung von Abfallschwefelsäure usw.)

Sekundäre, defensive Maßnahmen, Entsorgungstechnik

Abgasreinigung

Abwasserreinigung

Abfallbeseitigung

Altlastensanierung

Schallschutz

sche Umweltschutz Maßnahmen zur Abfallbeseitigung, zur Luft- und Gewässerreinhaltung und zum Lärmschutz *(Bild 1.2)*. Ausgewählte und in der modernen Entsorgungspraxis eingeführte Verfahren des technischen Umweltschutzes, der technischen «Entsorgung» werden in den Folgekapiteln behandelt.

Bei stofflichen Umsetzungen speziell in der Industrie werden Rohstoffe in chemischen und physikalischen Verfahrensschritten in Produkte veredelt. Dabei entstehen zwangsläufig auch unerwünschte Nebenprodukte, wie *Bild 1.3* am Beispiel des Materialflusses im Stammwerk der Hoechst AG zeigt: Ca. 82% der eingeführten Rohstoffe werden zu Produkten wie Arzneimittel, Farbstoffe, Kunststoffe, Düngemittel usw. verarbeitet, 14% fallen als feste, flüssige oder gasförmige Abfälle an sowie 4% als Kohlendioxid. Die Verringerung der Nebenproduktmengen ist wesentliches Ziel des industriellen technischen Umweltschutzes *(Tabelle 1.1)*.

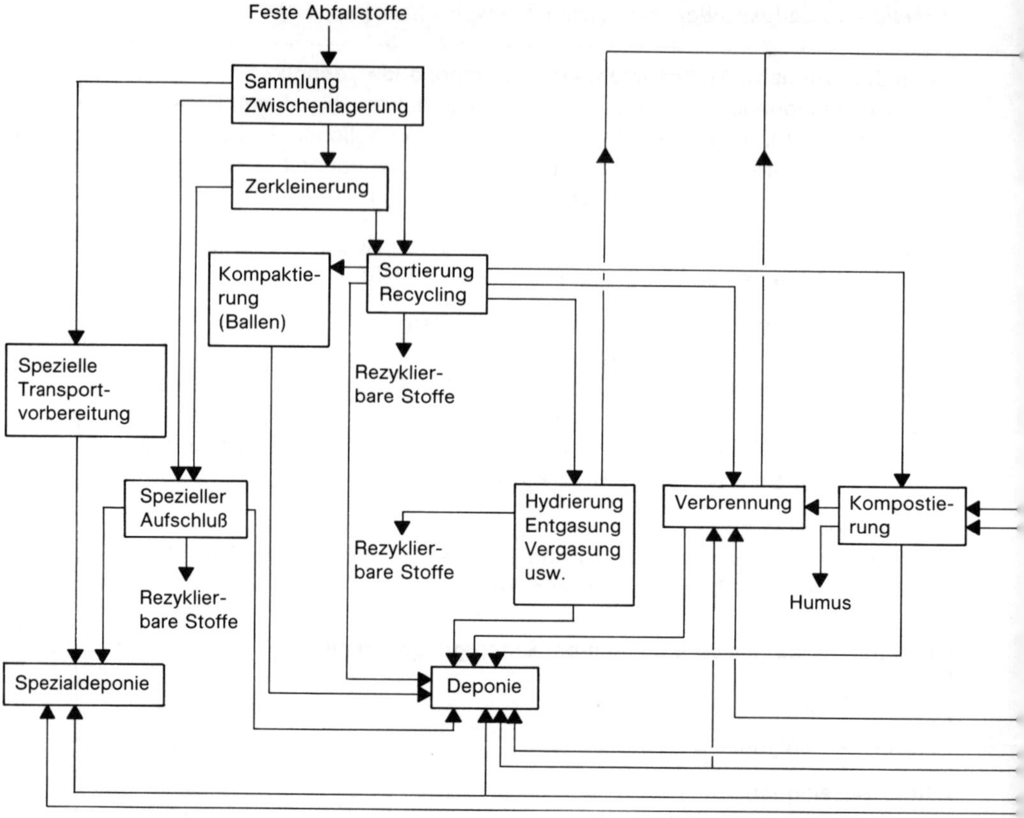

Bild 1.2 Maßnahmen im Rahmen des technischen Umweltschutzes zur Behandlung von festen Abfallstoffen, Abwasser und Abgasen sowie zum Schutz vor Lärm (schematische Übersicht)

Die primären und sekundären Maßnahmen im Rahmen des Umweltschutzes erfordern einen hohen Investitionsaufwand, häufig gekoppelt mit ständig wachsenden laufenden Betriebskosten, und sie benötigen Energie. (So bedarf es z.B. zur biologischen Reinigung aller Abwässer aus Industriebetrieben und Kommunen in der Bundesrepublik Deutschland etwa 1000 MW an elektrischer Leistung, was der Stromleistung eines großen Kernkraftwerks entspricht.) Die Kosten des Umweltschutzes lassen sich allgemein in folgende Kostengruppen unterteilen:

Schadenskosten (Kosten zur Behebung von Gesundheits-, Vegetations- und Bauschäden. Zuweisung im wesentlichen durch das Gemeinlastprinzip).

Ausweichkosten (Kosten, die hauptsächlich dadurch entstehen, daß eine größere Entfernung zwischen Verursacher von Umweltbelastungen und Anwohnern erreicht werden muß, z.B. Umzugskosten für Anwohner bei Flughafenerweiterung).

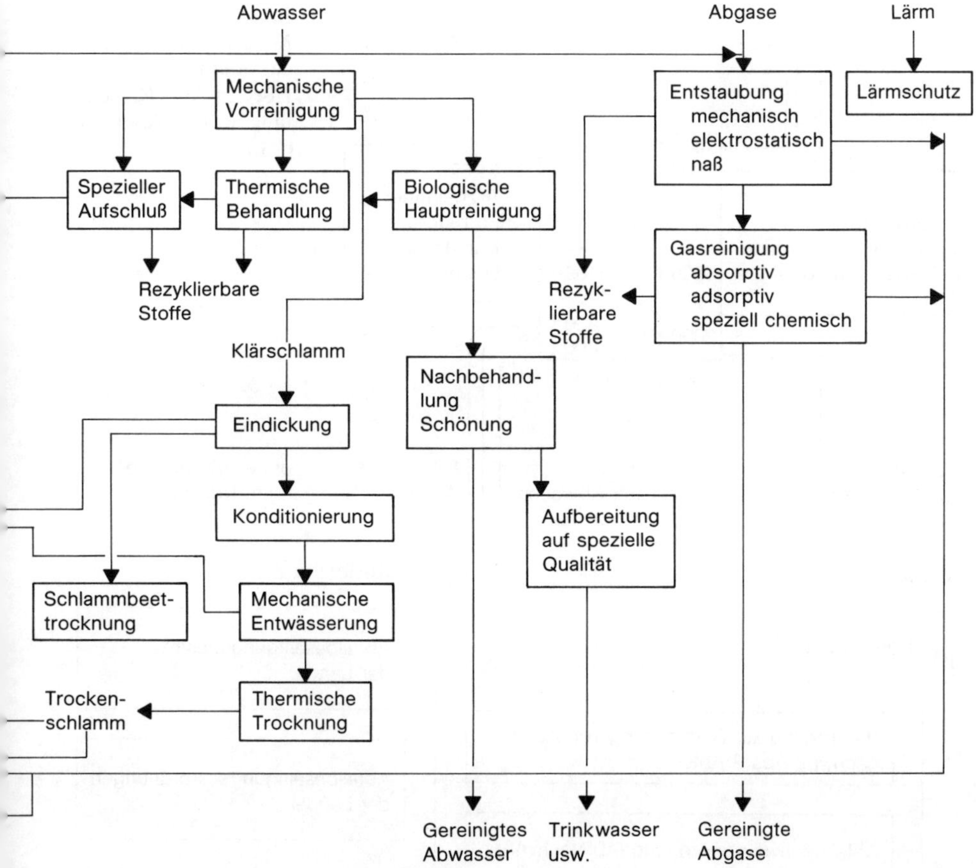

Planungs- und Überwachungskosten (Kosten für Umweltforschung, für das Festlegen von Grenzwerten wie MAK, MIK, IG usw., für das Erstellen von Umweltschutzprogrammen, für die Kontrolle der Einhaltung von umweltschutzrelevanten Vorschriften und Auflagen).

Kosten zur Vermeidung bzw. Reduktion von Schadstoffemissionen und zur Abfallbeseitigung (eigentliche Investitions- und Betriebskosten für Entsorgungsmaßnahmen wie Abgasreinigung, Abfallbeseitigung und Abwasserreinigung. Zuweisung i.a. durch das Verursacherprinzip).

Die Kosten, die im kommunalen und industriellen Bereich für Umweltschutzmaßnahmen aufliefen, werden in [1.52] wiedergegeben.

Der finanzielle Aufwand für Einrichtungen zum Umweltschutz hängt wesentlich von den einzuhaltenden Grenzwerten ab und wächst natürlich mit strengeren Auflagen.

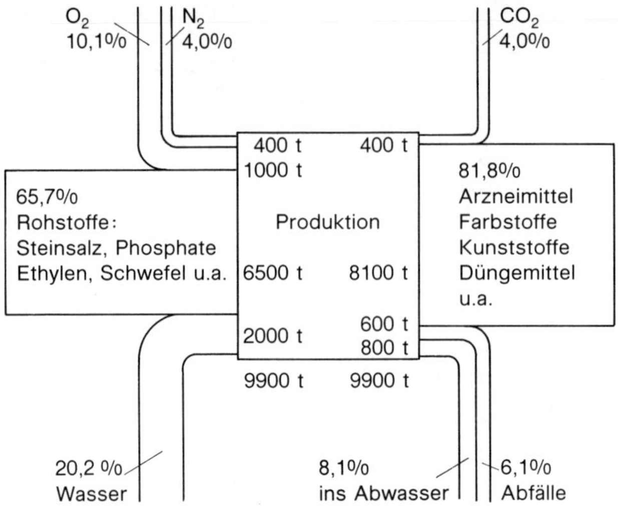

Bild 1.3
Materialstrombild für das Stammwerk der Hoechst AG (Darstellung nach SCHLACHTER [1.3])

ohne Brennstoffe
ohne Kühlwasser

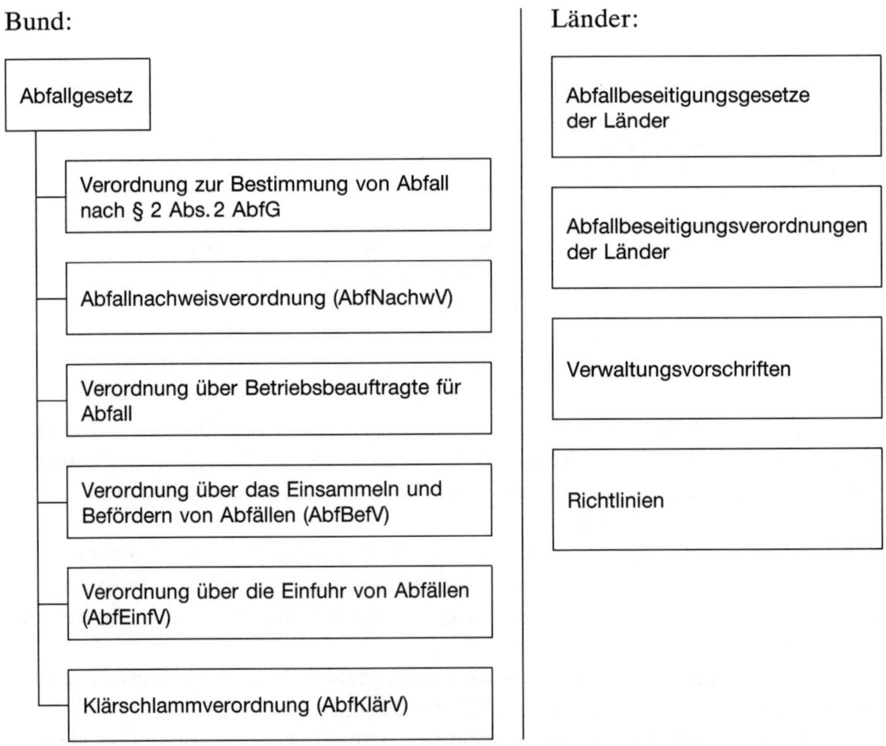

Bild 1.4 Wesentliche Vorschriften aus dem Bereich der Abfallbeseitigung (Darstellung nach Wiemken [1.51])

Maßnahmen im Bereich des Umweltschutzes verursachen jedoch nicht nur Kosten, sondern tragen auch dazu bei, Rohstoffe einzusparen und Arbeitsplätze zu erhalten bzw. neu zu schaffen.

1.2 Gesetzgebung zum Umweltschutz

Beseitigung bestehender Umweltschäden, vorbeugender Schutz vor weiteren schädigenden Eingriffen in die Umwelt, umweltschonende Verwirklichung des technischen Fortschritts, umfassende Umweltplanung unter Einbezug interdisziplinär erarbeiteter Erkenntnisse, Förderung des Umweltbewußtseins aller Bürger – dies alles sind Ziele, deren Erreichen einen Rechtsrahmen voraussetzt, der laufend an den jeweiligen Erkenntnisstand in Wissenschaft und Technik anzupassen ist. Im folgenden sollen tabellarisch kurz jene Gesetze und Vorschriften aus dem Rechtsrahmen «Umweltrecht» aufgelistet werden, die den technischen Umweltschutz betreffen *(Tabelle 1.2* und *Bilder 1.4 bis 1.6)*.

Die Gesetzgebung zum Umweltschutz basiert letztlich auf dem Grundgesetz: Nach Artikel 74 GG Umweltschutz kann der Bund Regelungen zum Schutz der Umwelt treffen; er ist zusammen mit den Ländern dazu verpflichtet, eine gesunde Umwelt wieder herzustellen und zu erhalten («Sozialstaatsprinzip», Artikel 20, Absatz 2, GG). Artikel 83 GG erlegt den Ländern die Ausführung der Umweltschutzgesetze auf.

Das *«Umweltrecht»* umfaßt jene öffentlich-rechtlichen und privatrechtlichen Vorschriften, die der Umweltvorsorge, dem Umweltschutz und der Schadensbeseitigung dienen. Es beruht im wesentlichen auf folgenden Prinzipien:

Vorsorgeprinzip (Verpflichtung des Betreibers von Anlagen usw., gemäß dem jeweiligen Stand der Technik über die unmittelbare Abwehr von Gefahren hinaus alles zu tun, damit schädliche Einflüsse auf die Umwelt vermieden werden).

Gleichheitsprinzip (Gleichbehandlung von Anlagenbetreiber und Anwohner, Verpflichtung zur Einhaltung von Emissions- und Immissionsgrenzwerten).

Verursacherprinzip («polluter-must-pay-principle». Grundprinzip für die Zuweisung von Verantwortung und Kosten an den Verursacher. Der Verursacher ist dabei derjenige, der durch sein Handeln in Produktion, Dienstleistung oder Konsum eine Umweltbelastung herbeiführt oder die Grundlage für eine spätere Umweltbelastung legt).

Gemeinlastprinzip (Übernahme aller Kosten, die anfallen, um Umweltschäden zu beseitigen oder gar nicht erst entstehen zu lassen durch den Staat; in der Bundesrepublik Deutschland in Kombination mit dem Verursacherprinzip Basis für die umweltrechtlichen Regelungen).

Ein wirksamer Schutz der Umwelt kann nur länderübergreifend erfolgen. Es ist daher notwendig, über die bisherigen Einzelvereinbarungen hinaus einen umfassenden internationalen Rechtsrahmen zum Umweltschutz zu schaffen.

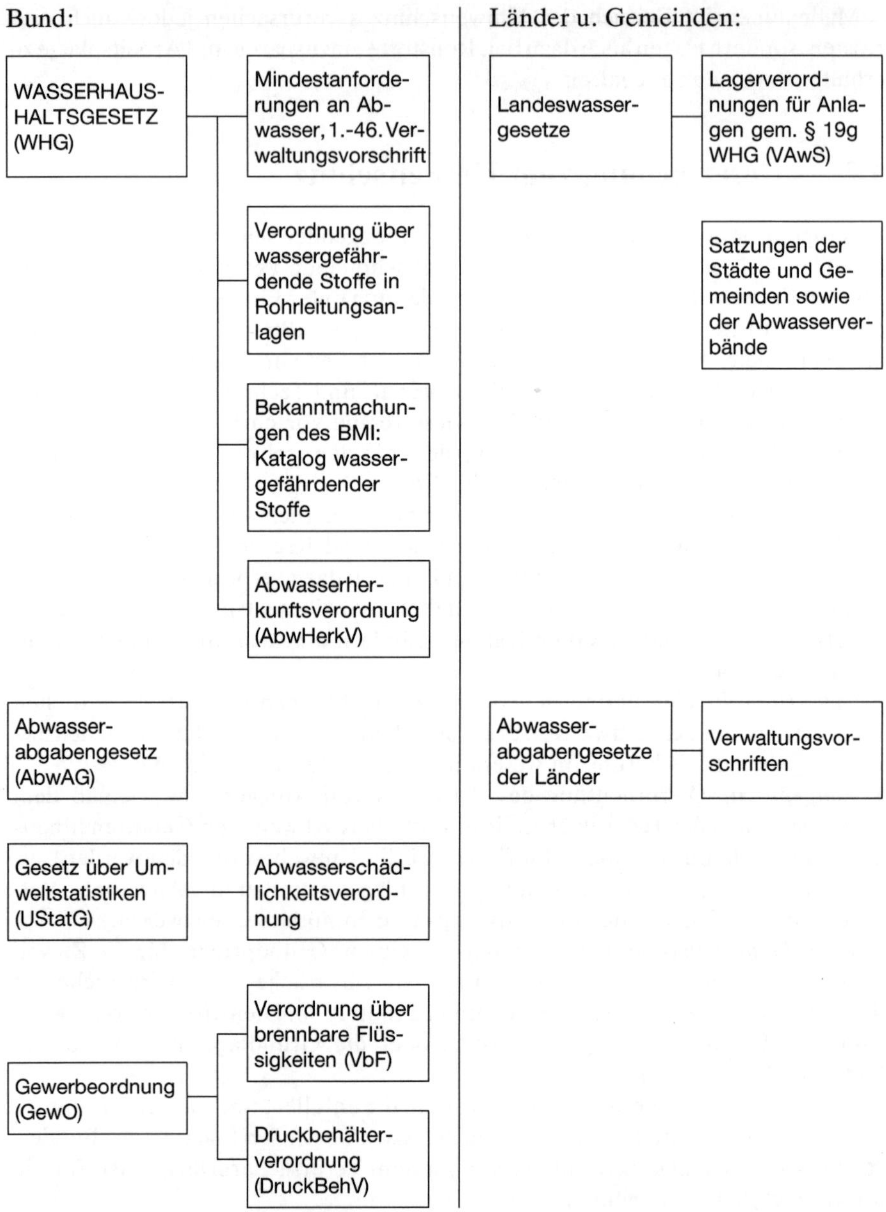

Bild 1.5 Wesentliche Vorschriften aus dem Bereich des Gewässerschutzes (Darstellung nach Wiemken [1.51])

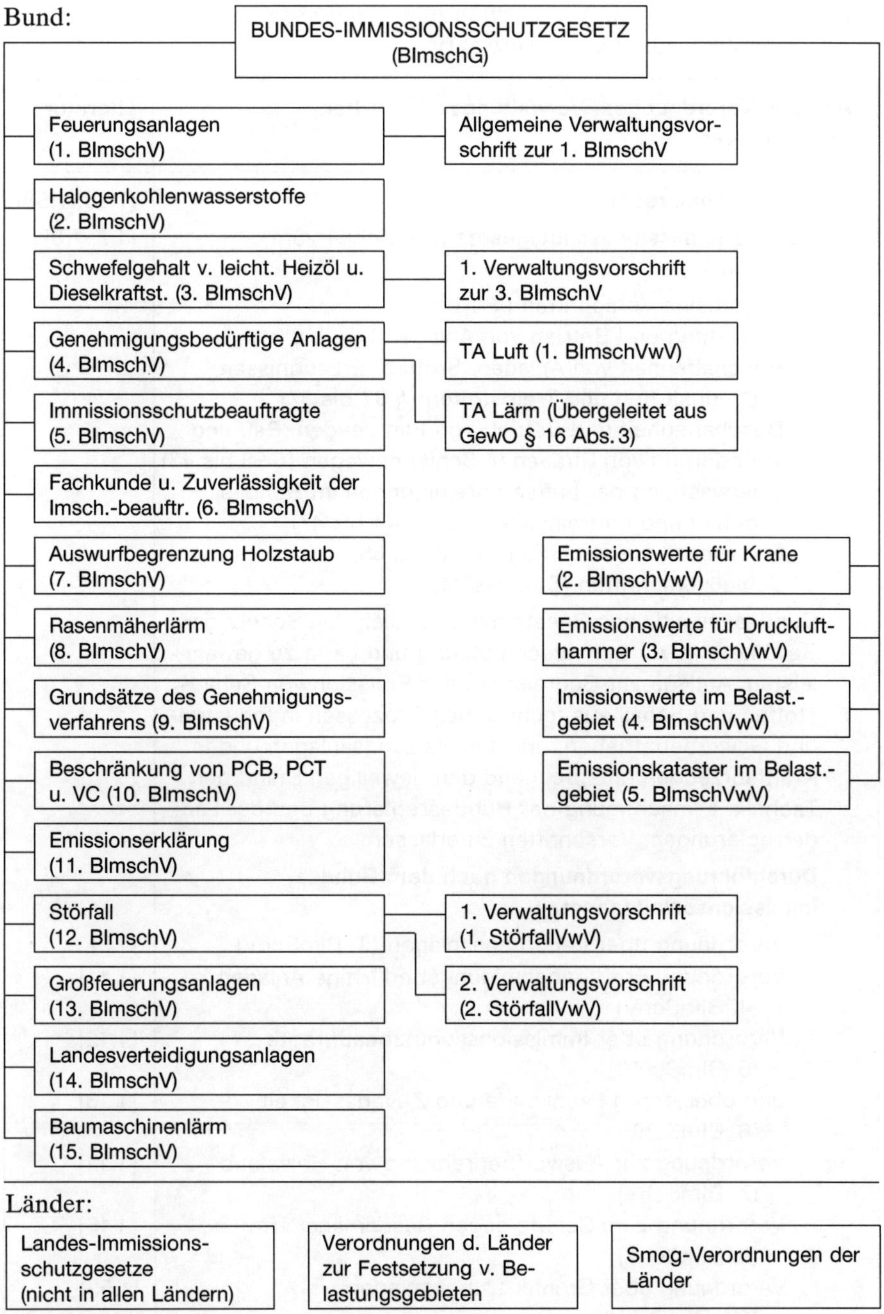

Bild 1.6 Wesentliche Vorschriften aus dem Bereich der Luftreinhaltung (Darstellung nach Wiemken [1.51])

Tabelle 1.2 Gesetze und Vorschriften zum technischen Umweltschutz in der Bundesrepublik Deutschland (Auswahl)

Gesetze, Verordnungen, Verwaltungsvorschriften, VDI-Richtlinien	**Literatur**
Immissionsschutzrecht	[1.36; 1.58]
Bundes-Immissionsschutzgesetz (BImSchG) vom 15. 3. 1974	[1.7, 1.8]
Allgemeine Vorschriften (§ 1 bis 3)	
Errichtung und Betrieb von Anlagen (§ 4 bis 31)	
Beschaffenheit von Anlagen, Stoffen, Erzeugnissen, Brennstoffen und Treibstoffen (§ 32 bis 37)	
Beschaffenheit und Betrieb von Fahrzeugen, Bau und Änderung von Straßen u. Schienenwegen (§ 38 bis 43)	
Überwachung der Luftverunreinigungen im Bundesgebiet und Luftreinhaltepläne (§ 44 bis 47)	
Gemeinsame Vorschriften (§ 48 bis 65)	
Schlußvorschriften (§ 66 bis 74)	
Bundeseinheitliches Gesetz mit dem Ziel, den Schutz der Bevölkerung vor Luftverschmutzung und Lärm zu gewährleisten. Auflage zur Begrenzung der Emission von Schadstoffen und Schall aus technischen Prozessen in Industrie- und Gewerbebetrieben, privaten Heizungsanlagen und in Kraftfahrzeugen entsprechend dem jeweiligen Stand der Technik. Ermächtigung der Bundesregierung und der Länderregierungen, Vorschriften zu erlassen	
Durchführungsverordnungen nach dem Bundes-Immissionsschutzgesetz, u.a.	
Verordnung über Feuerungsanlagen (1. BImSchV)	[1.9]
Verordnung über genehmigungsbedürftige Anlagen (4. BImSchV)	[1.11]
Verordnung über Immissionsschutzbeauftragte (5. BImSchV)	[1.12]
und über deren Fachkunde und Zuverlässigkeit (6. BImSchV)	[1.13]
Verordnung zur Auswurfbegrenzung von Holzstaub (7. BImSchV)	[1.14]
Verordnung zum Schutz gegen Rasenmäherlärm (8. BImSchV)	[1.15]
Verordnung über Großfeuerungsanlagen (13. BImSchV)	[1.53]

Gesetze, Verordnungen, Verwaltungsvorschriften, VDI-Richtlinien	Literatur
Allgemeine Verwaltungsvorschriften zum Bundes-Immissionsschutzgesetz (VwV), u.a.	
Technische Anleitung zur Reinhaltung der Luft (TA Luft; 1. BlmSchVwV) vom 27. 2. 1986 Sachlicher Geltungsbereich Allgemeine Vorschriften zur Reinhaltung der Luft Anforderungen an bestimmte Anlagearten Übergangsvorschrift	[1.54; 1.55]
Festlegung von Richtwerten für Emissionen für staub- und gasförmige Schadstoffe und für Immissionen. Verwaltungsvorschriften für Verfahren zur Ermittlung von Emissionen und Immissionen	
Technische Anleitung zum Schutz gegen Lärm (TA Lärm) Sachlicher Geltungsbereich Vorschriften zum Schutz gegen Lärm (Begriffe, allgemeine Grundsätze, jeweiliger Stand der Technik, Immissionsrichtwerte, Ermittlung von Geräuschimmissionen, Anhang mit Unterlagen zur Auswertung und Beispielen)	[1.17]
Benzin-Bleigesetz	[1.18; 1.56]
Fluglärmgesetz	[1.19; 1.57]
Länder-Immissionsschutzgesetze als Basis zur Durchführung des BlmSchG (z.B. zur Definition des Begriffes «zuständige Behörde» im BlmSchG)	
VDI-Richtlinien (Beispiele)	[1.20]
Lärm, Lärmschutz VDI-R. 2058: Beurteilung von Lärm in der Nachbarschaft und Arbeitslärm am Arbeitsplatz hinsichtl. Gehörschäden VDI-R. 2550: Lärmabwehr im Baubetrieb bei Baumasch.	[1.39]
Maximale Immissionswerte, Wirkungskriterien, wirkungsbezogene Meß- und Erhebungsverfahren VDI-R. 2306: MIK-Werte für 50 organische Verbindungen VDI-R. 2310: MIK-Werte für verschiedene Stoffe. MIK-Werte zum Schutze der Vegetation	
Ausbreitung luftfremder Stoffe in der Atmosphäre VDI-R. 2289: Schornsteinhöhen VDI-R. 3781: Schornsteinmindesthöhen für kleinere Feuerungsanlagen	

Gesetze, Verordnungen, Verwaltungsvorschriften, VDI-Richtlinien	Literatur
Begrenzung des Auswurfs luftfremder Stoffe VDI-R. 2100: Kokereien und Gaswerke. Sieb-, Brech- und Mahlanlagen VDI-R. 2109: Schwefelwasserstoff und andere schwefelhaltige Verbindungen (außer Schwefeldioxid) VDI-R. 2110: Schwefeldioxid. Koksofen-Abgase VDI-R. 2297: Dampfkessel mit Ölfeuerung VDI-R. 2116E: Zentralheizungskessel und Warmlufterzeuger mit Ölfeuerung **Analysen- und Meßverfahren** VDI-R. 2066: Staubmessungen in strömenden Gasen... VDI-R. 2450: Messen von Emissionen, Transmission und Immission luftverunreinigender Stoffe ... VDI-R. 2451: Messung der Schwefeldioxid-Konzentration. Adsorptionsverfahren **Verfahren zur Abgasreinigung** **Entstaubung** VDI-R. 2260: Technische Gewährleistung für Entstauber VDI-R. 3676: Massenkraftabscheider VDI-R. 3677: Filternde Abscheider VDI-R. 3678: Elektrische Abscheider VDI-R. 3679: Naßabscheider **Schadstoffabsorption** VDI-R. 2442E: Abgasreinigung durch thermische Verbrennung VDI-R. 2443E: Abgasreinigung durch oxidierende Gaswäsche VDI-R. 3800: Kostenermittlung für Anlagen und Maßnahmen zur Emissionsminderung	
VDI-Normen im Rahmen des Lärmschutzes und der Luftreinhaltung	[1.20, 1.21]

Gesetze, Verordnungen, Verwaltungsvorschriften, VDI-Richtlinien	Literatur
Recht der Wasserwirtschaft	[1.36]
Wasserhaushaltsgesetz (WHG) vom 16. 10. 1976, zuletzt novelliert am 25. 7. 1986 mit Wirkung zum 1. 1. 1987. Einleitende Bestimmungen (§ 1) Gemeinsame Bestimmungen für die Gewässer (§ 1a bis 22) Abwasser-Verwaltungsvorschriften (Mindestanforderungen nach § 7a) Bestimmungen für oberirdische Gewässer (§ 23 bis 32) Bestimmungen für Küstengewässer (§ 32a bis 32b) Bestimmungen für das Grundwasser (§ 33 bis 35) Wasserwirtschaftliche Planung, Wasserbuch (§ 36 bis 37) Straf- und Bußgeldbestimmungen (§ 38 bis 42) Schlußbestimmungen (§ 43 bis 45) Grundsätze über Erlaubnis oder Bewilligung zur Benutzung von Gewässern (Wasserentnahme, Wasserreinhaltung, Abwasserbeseitigung und Abwassereinleitung insbes. gemäß § 7a WHG, Bestellung von Betriebsbeauftragten für Gewässerschutz gemäß § 21 WHG)	[1.31, 1.32] [1.40]
Abwasserabgabengesetz (AbwAG) vom 13. 9. 1976, novelliert am 19. 12. 1986. Für das Einleiten von Abwasser in Gewässer ist eine von den Ländern zu erhebende Abgabe zu entrichten, die sich nach der Schädlichkeit des Abwassers richtet. Die Schädlichkeit wird in Schadeinheiten, abhängig von Abwassermenge, Anteil von absetzbaren und oxidierbaren Stoffen im Abwasser und seiner Giftigkeit angegeben	[1.32, 1.33] [1.41]
Waschmittelgesetz Auflagen für Wasch- und Reinigungsmittel, die hergestellt und in den Verkehr gebracht werden. Novelliert am 6. 6. 1986.	[1.34] [1.42]
Länder-Wassergesetze	[1.32, 1.36]
Klärschlammaufbringungsverordnung vom 25. 6. 1982 (AbfklärVO)	[1.43]
Phosphathöchstmengenverordnung	[1.44]

Gesetze, Verordnungen, Verwaltungsvorschriften, VDI-Richtlinien	Literatur
Trinkwasserverordnung (TWVO) vom 31. 1. 1975	[1.45]
Trinkwasseraufbereitungsverordnung vom 19. 12. 1959	[1.46]
Recht der Abfallwirtschaft	[1.36]
Gesetz über die Beseitigung von Abfällen und zugehörige Vorschriften (Abfallbeseitigungsgesetz AbfG vom 7. 6. 1972 in der Fassung vom 5. 1. 1977). 4. Novelle vom 1. 11. 1986. Regelung der Voraussetzungen für eine ordnungsgemäße Beseitigung von Abfällen, insbes. von Hausmüll und hausmüllähnlichem Gewerbemüll. Verpflichtung der Kommunen zur Abfallbeseitigung ohne Beeinträchtigung des Allgemeinwohls, Verpflichtung zur Vermeidung von Abfällen oder zu deren Verwertung, soweit dies technisch möglich ist, u. a. Begriffsbestimmung und sachlicher Geltungsbereich (§ 1 AbfG) Sonderabfälle (§ 2, Abs. 2 und § 3, Abs. 3 AbfG) Ordnung der Beseitigung, Abfallbeseitigungsanlagen (§ 4 AbfG) und ihre Zulassung (Planfeststellung, Genehmigung, § 7 AbfG) Ermächtigung für die Bundesregierung zum Erlassen von Verwaltungsvorschriften über die Anforderungen an die Entsorgung von Abfällen nach dem Stand der Technik (TA Abfall, § 4, Abs. 5) Abfallbeseitigungspläne der Länder (§ 6 AbfG) Betriebsbeauftragte für Abfall (§ 11 AbfG)	[1.22] [1.50]
Rechtsverordnungen wie	
Verordnung zur Bestimmung von Abfällen nach § 2, Abs. 2 AbfG (Abfallarten, Abfallkatalog)	[1.23]
Verordnung über den Nachweis von Abfällen aufgrund von § 11, Abs. 3 AbfG (Nachweisbuch, Bestandsblätter, Abfallbegleitschein)	[1.24]
Verordnung über Betriebsbeauftragte für Abfall aufgrund von § 11 AbfG	[1.25]
Verordnung über das Einsammeln und Befördern von Abfällen	[1.26]
Verordnung über die Einfuhr von Abfällen (Vorschriften für den grenzüberschreitenden Verkehr)	[1.27]

Gesetze, Verordnungen, Verwaltungsvorschriften, VDI-Richtlinien	Literatur
Spezielle Regelungen für die Beseitigung von Stoffen, die nicht dem Abfallbeseitigungsgesetz unterliegen	
Altölgesetz, teilweise aufgehoben durch die 4. Novelle zum AbfG	[1.28]
Tierkörperbeseitigungsgesetz	[1.29]
Länder-Abfallbeseitigungsgesetze und ggf. **Landesverordnungen**	[1.30]

1.3 Dokumentation umweltrelevanter Informationen

Der mit Problemen des Umweltschutzes befaßte betriebliche, bei Behörden tätige oder freischaffende Experte wird, wie *Tabelle 1.3* zeigt, mit einer Vielzahl umweltrelevanter Informationen bedacht. Er ist kaum in der Lage, dieses Informationsangebot mit herkömmlichen Mitteln zu überschauen und für seine Tätigkeit Wesentliches zu extrahieren. Insbesondere das mit Gesetz vom 22. 7. 1974 als selbständige Bundesoberbehörde geschaffene Umweltbundesamt [1.37] hilft ihm hier mit

- seiner Publikationsreihe «Berichte» (Veröffentlichung wissenschaftlicher Erkenntnisse in Form abgeschlossener Forschungs- und Entwicklungsberichte);
- seiner Publikationsreihe «Materialien» (zusammenfassende Darstellungen, Übersichten über den Stand der Entwicklung in unterschiedlichen technologischen Bereichen des Umweltschutzes, statistische Auswertungen, Meßergebnisse, Rechtsvorschriften usw.);
- seinem Informations- und Dokumentationssystem Umwelt (UMPLIS, *Bild 1.7)*;
- seinem Literatur- und Informationsdienst Umwelt (LIDUM)

weiter, veröffentlicht im E.-Schmidt-Verlag, Berlin. Dabei erlauben UMPLIS und LIDUM auch Recherchen nach vorgegebenen Informationswünschen des Benutzers.

Umweltschutzkataloge des Rationalisierungs-Kuratoriums informieren über die Verfahrens- und Apparatepalette von im Bereich des Umweltschutzes tätigen Firmen [1.47]. Ein Service-Unternehmen des Verbandes der Chemischen Industrie der Bundesrepublik Deutschland bietet Beratungsdienstleistungen zu entsorgungstechnischen Problemen [1.48]. Bei Firmen und Instituten können über rechnergestützte Informationssysteme umweltrelevante Daten abgerufen werden. So liefert z. B. [1.49] eine Übersicht über branchen- bzw. prozeßspezifische Emissionen.

Tabelle 1.3 Umweltrelevante Informationen

Umweltprogramme (Bundesregierung, Landesregierungen)
Umweltberichte (Bundesregierung, Bundesministerien, Landesregierungen)
Umweltrecht Raumordnungs- und Landesplanungsrecht Naturschutz, Landschaftspflege Verordnungen, Verwaltungsvorschriften
VDI-Richtlinien, VDI-Normen, ZfA-Merkblätter
Veröffentlichungen des Umweltbundesamtes Berichte, Materialien, UMPLIS, LIDUM
Veröffentlichungen der Landesämter für Umweltschutz
Veröffentlichungen von Forschungsinstituten, Schriftenreihen
Primärliteratur in Fachzeitschriften, Fachbüchern, Firmen- und Patentschriften
Handbücher

Bei der
- □ Dokumentation von Umweltfachliteratur, Forschungs- und Entwicklungsvorhaben, apparativen Lösungen von Entsorgungsproblemen, statistischen Daten u. ä.,
- □ Dokumentation von Chemikalien, insbes. von Gefahrstoffen und von durch sie verursachten Störfällen,
- □ Beobachtung der Umweltmedien Luft, Wasser, Boden, Flora, Fauna («Umweltmonitoring»),
- □ Entwicklung von Expertensystemen für Umweltproblemlösungen

ist eine große Datenflut zu erfassen, aufzubereiten, zu aktualisieren, zu korrelieren und in geeigneter Weise zur Verfügung zu stellen. Bei der Lösung dieser Aufgaben wird auch die Informatik immer weitergehend in den Umweltschutz eingebunden werden müssen [1.51].

Bild 1.7 (rechte Seite) Informations- und Dokumentationssystem Umwelt (UMPLIS) und wichtige Datenbanken des Umweltbundesamtes (schematisch) (Darstellung nach Unterlagen des Umweltbundesamtes [1.38])

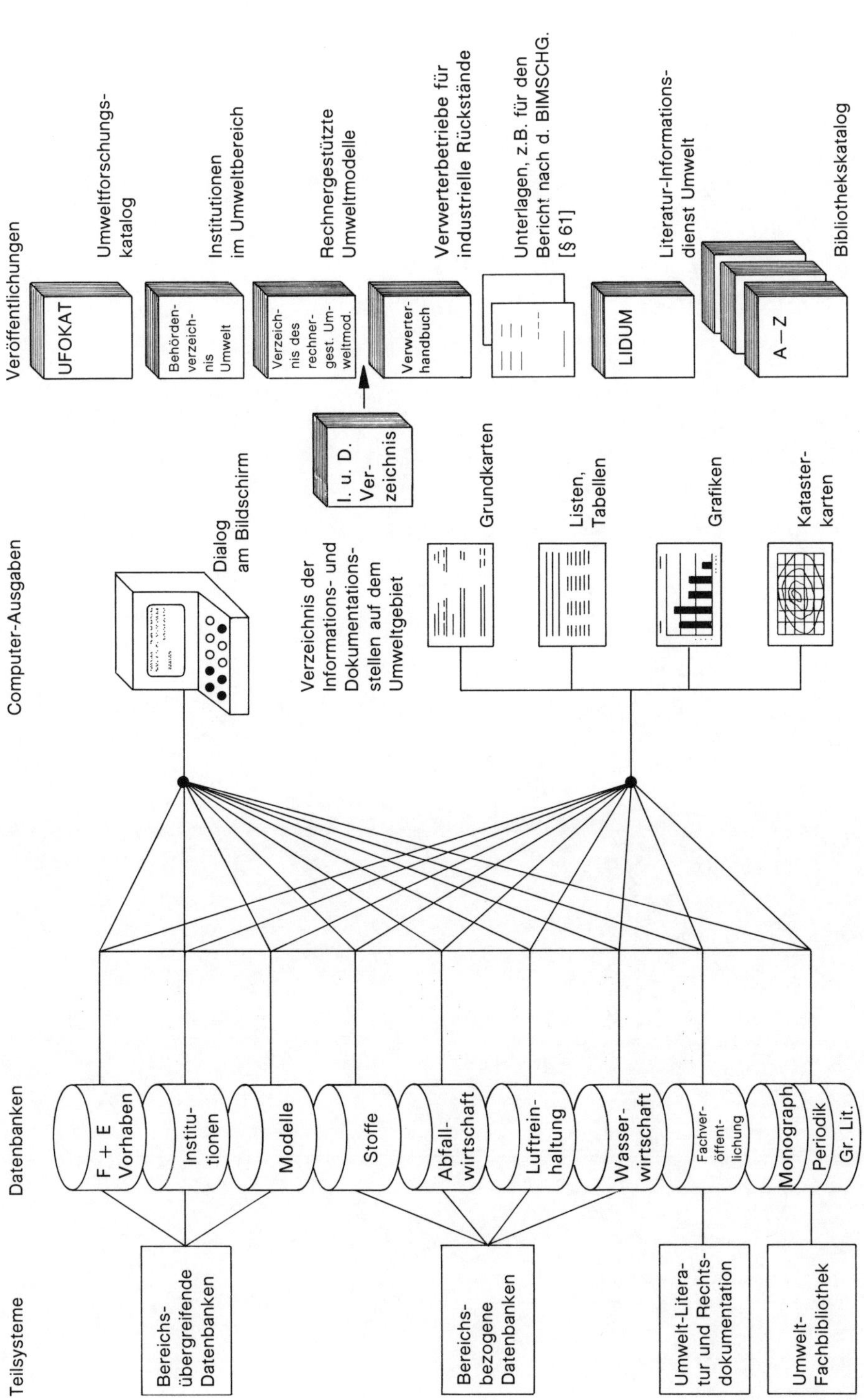
Teilsysteme
Datenbanken
Computer-Ausgaben
Veröffentlichungen
Bereichs-
übergreifende
Datenbanken
Bereichs-
bezogene
Datenbanken
Umwelt-Litera-
tur und Rechts-
dokumentation
Umwelt-
Fachbibliothek
F + E
Vorhaben
Institu-
tionen
Modelle
Stoffe
Abfall-
wirtschaft
Luftrein-
haltung
Wasser-
wirtschaft
Fachver-
öffent-
lichung
Monograph
Periodik
Gr. Lit.
Dialog
am Bildschirm
Verzeichnis der
Informations- und
Dokumentations-
stellen auf dem
Umweltgebiet
I. u. D.
Ver-
zeichnis
Grundkarten
Listen,
Tabellen
Grafiken
Kataster-
karten
UFOKAT
Umweltforschungs-
katalog
Behörden-
verzeich-
nis
Umwelt
Institutionen
im Umweltbereich
Verzeich-
nis des
rechner-
gest. Um-
weltmod.
Rechnergestützte
Umweltmodelle
Verwerter-
handbuch
Verwerterbetriebe für
industrielle Rückstände
Unterlagen, z.B. für den
Bericht nach d. BIMSCHG.
[§ 61]
LIDUM
Literatur-Informations-
dienst Umwelt
A — Z
Bibliothekskatalog

2 Abfälle, Abfallrecht

Das Gesetz über die Beseitigung von *Abfällen (Abfallbeseitigungsgesetz AbfG)* vom 7. Juni 1972 definiert in § 1 Abs. 1 Abfälle als «bewegliche Sachen, deren sich der Besitzer entledigen will und deren geordnete Beseitigung zur Wahrung des Wohls der Allgemeinheit geboten ist». Nach ihrer Herkunft sind dabei kommunale und gewerbliche Abfälle sowie Sonderabfälle zu unterscheiden. Zu ihnen zählen, zum Teil über das AbfG hinausgehend eigenen gesetzlichen Vorschriften unterliegend:

- □ Hausmüll (Speisereste, Küchenabfälle, Papierabfälle, Verpackungsmaterialien, Heizungsrückstände, Scherben, Glas), im allgemeinen wöchentlich eingesammelt;
- □ Sperrmüll (grober Hausmüll, im wesentlichen Verpackungsmaterialien), im allgemeinen in Abständen von 1 bis 2 Monaten abgefahren;
- □ Sperrgut (großvolumige Abfälle, ausgediente Einrichtungsgegenstände), im allgemeinen in Abständen von ca. einem Jahr abgefahren;
- □ hausmüllähnliche Abfälle aus Gewerbe und Industrie («Geschäftsmüll»);
- □ Straßenkehricht, Marktabfälle;
- □ Abfälle aus privaten und kommunalen Gartenanlagen;
- □ Industriemüll, industrielle Sonderabfälle (feste Produktionsrückstände, Fehlchargen, Flugasche, Formsand usw.);
- □ Bauschutt, Bodenaushub;
- □ Sonderabfälle, die gesondert beseitigt werden müssen (Autoreifen, Autowracks, Härtesalze usw.);
- □ Krankenhausabfälle;
- □ Abfälle, die in den Geltungsbereich des Tierkörperbeseitigungsgesetzes, des Fleischbeschaugesetzes und des Viehseuchengesetzes fallen;
- □ Abfälle, für die das Pflanzenschutzgesetz gilt;
- □ radioaktive Abfälle im Sinne des Atomgesetzes;
- □ Abfälle, die beim Aufsuchen, Gewinnen, Aufbereiten und Weiterverarbeiten von Bodenschätzen in den der Bergbauaufsicht unterstehenden Betrieben anfallen;
- □ flüssige Abfälle (häusliche und gewerbliche Abwässer und Schlämme, spezielle flüssige Rückstände aus Produktionsprozessen, Altöle gemäß Altölgesetz, radioaktive Rückstände).

In den Folgeabschnitten werden ausgewählte Verwertungs- und Beseitigungsverfahren für feste Abfälle und Schlämme behandelt.

Das *Abfallbeseitigungsgesetz (AbfG)* [2.1 bis 2.5] regelt in der ursprünglichen Fassung die bloße Beseitigung von Hausmüll, hausmüllähnlichem Gewerbemüll und nicht weiter spezifiziertem Sondermüll. Über die Beseitigungspflicht (§ 3) wird festgelegt, *wer* für die Beseitigung zuständig ist. Über den Grundsatz, die Abfallbeseitigung dürfe das Allgemeinwohl nicht beeinträchtigen, wird das *Wie* dieser Beseitigung geregelt. § 4 definiert die Beseitigungsanlagen zur Behandlung, Lagerung und Ablagerung. § 7 bis 9, 20 bis 29 regeln die behördliche Zulassung und Überwachung von Abfallbeseitigungsanlagen auch unter Übergreifen von § 4 BImSchG und damit *wo* und unter welchen Voraussetzungen Abfälle beseitigt werden dürfen. Das Abfallrecht wurde mit dem *1. Gesetz zur Änderung des AbfG* von 1976 fortentwickelt, insbesondere zur Verbesserung der Kontrolle gefährlicher Sonderabfälle (§ 2 Abs. 2 besonders überwachungsbedürftige Abfälle; automatische Nachweispflicht; § 4, 6 Auskunfts- und Planungspflichten für diese Sonderabfälle; § 11a Institution des *Betriebsbeauftragten für Abfall* für die betriebsinterne Kontrolle der Abfallbeseitigung und die Entwicklung und Einführung von Verfahren zur Verminderung des Abfallanfalls und der Abfallverwertung). Durch die beiden abgelaufenen Phasen des Abfallrechts wurde eine umfassende Neuorganisation der Abfallbeseitigung in qualitativer wie auch in organisatorischer Sicht erreicht. Es wurde insbesondere erreicht, daß ca. 50 000 vor 1972 vorhandene Müllkippen mit unkontrollierter Abfallablagerung geschlossen und durch ca. 4000 geordnete Abfallbeseitigungseinrichtungen ersetzt wurden.

Bei der vierten Novellierung wurde das Abfallbeseitigungsgesetz zum 1. 11. 1986 umbenannt in «Gesetz zur Vermeidung und Entsorgung von Abfällen», abgekürzt «Abfallgesetz». Der anstelle von «Abfallbeseitigung» eingeführte Begriff «Abfallentsorgung» umfaßt nunmehr die Abfallverwertung und das Ablagern von Abfällen sowie die hierzu erforderlichen Maßnahmen Einsammeln, Befördern, Behandeln und Ablagern. Abfälle sollen so weit wie möglich vermieden werden (Vermeidungsgebot), unvermeidliche Abfälle sind soweit wie möglich zu verwerten (Verwertungsgebot). Nichtverwertbare Abfälle sind schadlos zu beseitigen.

Eine Verwaltungsvorschrift TA-Abfall soll insbes. folgende Bereiche abklären:

- □ Prüfung der Vermeidung oder Verwertung von Abfällen,
- □ Erstellen eines einheitlichen Abfallkatalogs und die Zuordnung der Abfallarten zu bestimmten Behandlungsverfahren,
- □ Festlegung von Anforderungen an Sammlung, Transport und Zwischenlagerung von Abfällen und
- □ Definition von technischen Anforderungen an Entsorgungsverfahren und -anlagen.

Eine weitere wichtige Neuerung im Rahmen der vierten Novellierung ist die teilweise Aufhebung des Altölgesetzes und die Neuordnung der Altölentsorgung nach den Grundsätzen des Abfallgesetzes.

Mit einer längerfristigen Fortschreibung des Abfallrechts sollte m. E. sowohl für den privaten als auch für den kommunalen und gewerblich-industriellen Bereich eine Hinführung auf ein rohstoff- und energiebewußtes Verhalten bei der Erzeugung, Erfassung, Verwertung und Beseitigung von Abfällen geprägt werden.

Dies könnte etwa folgenden Leitlinien entsprechen:

- □ Abkehr vom «Ex-und-hopp»-Prinzip, Mehrfachverwendung von Flaschen und Verpackungen;
- □ Entwicklung umweltfreundlicher Technologien mit geringem Schadstoffanteil («weniger Abfall»!);
- □ Verbesserung des defensiven Umweltschutzes durch optimale Abfallaufarbeitung zur Rückgewinnung rezirkulierbarer Rohstoffe und zur Energieerzeugung («Abfall als Rohstoffe und als Energiequelle»!);
- □ verbesserte Vorbereitung von Recycling- und Aufarbeitungsverfahren durch getrennte Erfassung der Abfälle nach Abfallgruppen im Entstehungsbereich (z.B. Separatsammlung von Glas, Altpapier, Altmetallen, Kunststoffabfällen).

Die Ausführung der Abfallbeseitigung im Rahmen des AbfG obliegt den Bundesländern und wird dort durch *Länderabfallbeseitigungsgesetze* und *Landesverordnungen* geregelt. Es resultieren im wesentlichen folgende Festlegungen:

- □ Festlegung der nach Landesrecht als Träger der Abfallbeseitigung zuständigen Körperschaften des öffentlichen Rechts (§ 3 Abs. 2 AbfG);
- □ Festlegung des Verfahrens zur Aufstellung von Abfallbeseitigungsplänen (§ 6 Abs. 2 AbfG);
- □ Festlegungen zur Durchführung der Planfeststellungs- und Genehmigungsverfahren für die Einrichtung und den Betrieb von Abfallbeseitigungsanlagen (§ 7 AbfG) und zu deren Beseitigung bzw. Stillegung;
- □ Bestimmung der im jeweiligen Bundesland zuständigen Behörden für den Vollzug der im AbfG enthaltenen Vorschriften.

3 Arten, Mengen, Zusammensetzung und Eigenschaften fester Abfallstoffe

Zur Planung, Durchführung und Überwachung von Abfallverwertung und -beseitigung müssen laufend Arten und Mengen von Abfällen erfaßt werden. Dies geschieht mittels Abfallkataster und eines ihm zugeordneten Abfallkatalogs *(Bild 3.1)*. Die Daten des Abfallkatasters werden durch Umfragen und Auswertungen von Abfall-Begleitscheinen laufend ergänzt und fortgeschrieben.

Industrielle Sonderabfälle sind nach Art und Menge aus Bilanzrechnungen um die Produktionsanlagen, in denen sie anfallen, gut erfaßbar. Sie werden im allgemeinen mit speziellen Entgiftungs- und Aufarbeitungsverfahren getrennt von den übrigen Abfällen behandelt oder in Spezialdeponien geordnet und auf spezielle Weise vorbereitet abgelagert. Bei der Spezifikation nichtindustrieller Abfälle wie Hausmüll, hausmüllähnlicher Gewerbemüll, Sonderabfälle aus dem Konsumbereich ist man dagegen auf Stichprobenerfassungen, Abfallkataster und Schätzun-

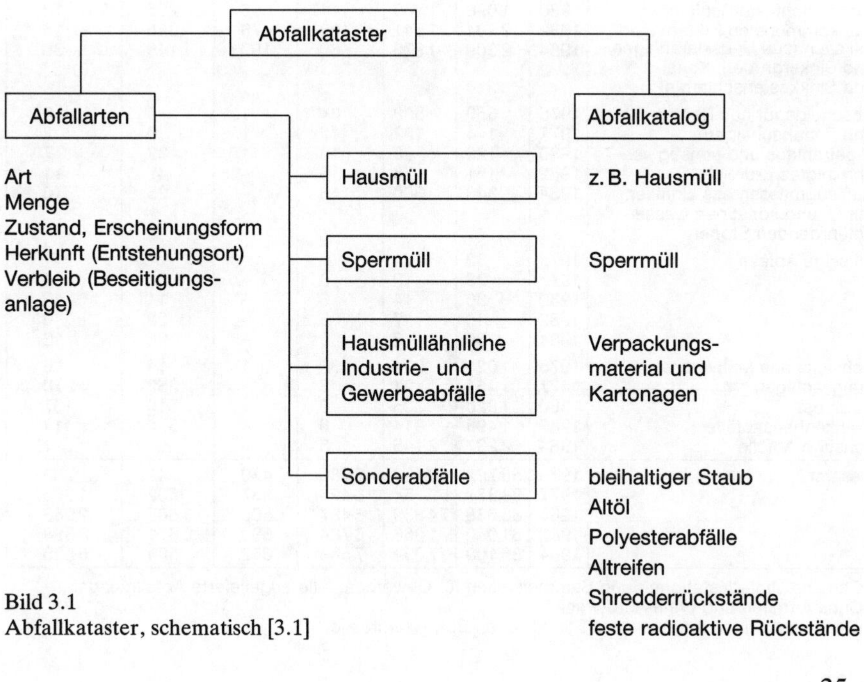

Bild 3.1
Abfallkataster, schematisch [3.1]

Tabelle 3.1 Aufkommen und Arten von angelieferten Abfällen und ihre Verteilung auf öffentliche Entsorgungseinrichtungen (Bundesrepublik Deutschland. Zeitraum 1975 – 1984)*

Abfallarten		Angelieferte Abfallmengen					außerdem an Umladestationen und Sammelstellen für Gewerbeabfälle
		insgesamt[1]	davon				
			Deponien	Müllverbrennungsanlagen	Kompostierungsanlagen	Sonstige Beseitigungsanlagen	
	Jahr	1 000 t					
Hausmüll, hausmüllähnliche	1975	31 012	25 757	4 191	335	1	666
Gewerbeabfälle, Sperrmüll	1977	28 914	23 225	5 119	481	89	1 007
Straßenkehricht, Marktabfälle	1980	32 616	25 794	6 253	442	127	2 497
	1982	29 688	22 499	6 340	462	387	3 083
	1984	29 604	21 704	7 185	546	169	3 597
Bodenaushub, Bauschutt,	1975	22 202	22 201	1	1	–	19
Straßenaufbruch	1977	28 458	28 379	–	–	79	1
	1980	44 244	43 729	4	–	511	227
	1982	42 824	41 963	–	–	861	87
	1984	46 545	46 537	–	6	2	2 572
Sonstige feste produktions-	1975	1 949	1 885	39	6	19	4
spezifische Abfälle aus	1977	4 167	3 708	262	–	197	76
Industrie und Gewerbe	1980	3 602	3 119	94	7	383	42
Stichfeste Schlämme aus	1982	4 758	4 052	287	1	418	174
Industrie und Gewerbe	1984	5 014	4 708	254	–	48	269
Sonstige nicht-stichfeste							
Schlämme aus							
Industrie und Gewerbe							
Stichfeste Schlämme aus	1975	1 937	1 821	25	88	3	6
kommunalen Kläranlagen	1977	1 220	1 118	20	56	26	5
Nicht-stichfeste Schlämme	1980	1 698	1 306	111	56	225	13
aus kommunalen Kläranlagen	1982	2 104	1 541	129	76	356	16
Fäkalien (aus Hauskläranlagen	1984	2 309	1 976	80	107	146	36
und Sickergruben, Kanal-							
und Sinkkastenschlamm)							
Abscheidegut aus Benzin-, Öl-	1975	569	500	64	1	5	2
und Fettabscheidern	1977	144	122	12	1	9	2
Ölgetränktes und sonstig ver-	1980	128	83	14	1	32	7
unreinigtes Erdreich	1982	151	88	16	–	47	11
Aufsaugmassen aus Unfällen	1984	348	300	13	–	25	16
mit Öl und sonstigen wasser-							
gefährdenden Stoffen							
Flüssige Abfälle	1975	32	24	8	–	1	1
	1977	23	12	3	–	8	4
	1980	30	14	6	–	11	40
	1982	40	7	5	–	28	3
	1984	35	8	2	–	25	12
Schlacke aus Müllverbren-	1975	1 021	971	30	1	19	6
nungsanlagen	1977	1 451	1 191	8	–	252	270
Kompost	1980	1 320	795	6	1	519	137
Krankenhausabfälle	1982	1 495	914	6	–	574	14
sonstige Abfälle	1984	2 237	2 145	5	–	86	1
Gesamt	1975	58 722	53 159	5 086	430	47	703
	1977	64 377	57 754	5 424	537	662	1 366
	1980	83 638	74 839	6 487	505	1 807	2 963
	1982	81 060	71 066	6 784	539	2 671	3 888
	1984	86 100	77 394	7 539	662	504	6 525

[1] Ohne an Umladestationen und Sammelstellen für Gewerbeabfälle angelieferte Abfallmengen. – Ohne Altreifen und ohne Autowracks

* (Darstellung nach Angaben des Statistischen Bundesamtes [3.14])

Tabelle 3.2 Abfallanfall im produzierenden Gewerbe, eingeteilt nach Abfallgruppen (Bundesrepublik Deutschland, 1984)*

Abfallgruppe	Menge in Mio. t	Anteil an Gesamtmenge in %
Bauschutt, Bodenaushub	124,745	*62,9*
Schlämme, einschließlich Abwassereinigung	12,186	*6,1*
Aschen, Schlacken, Ruß aus der Verbrennung	11,897	*6,0*
sonstige organische Abfälle	11,517	*6,0*
Formsand, Kernsand, sonstige feste mineralische Abfälle	7,121	*3,6*
hausmüllähnliche Gewerbeabfälle	6,854	*3,5*
Säuren, Laugen, Chemikalienreste, sonstige flüssige Abfälle	6,493	*3,3*
Metallabfälle	6,080	*3,1*

* (Darstellung nach Angaben des Statistischen Bundesamtes [3.14])

gen bzw. Hochrechnungen angewiesen. Art, Menge und Zusammensetzung dieser Abfälle schwanken nämlich jahreszeitlich und regional. Sie sind abhängig von den Lebensgewohnheiten der Bürger, ihrer wirtschaftlichen Situation, ihrem Konsumverhalten, von dem sich stetig wandelnden Angebot an Konsumgütern und ggf. regulierenden Vorschriften beispielsweise zur Gestaltung von Verpackungen.

Tabelle 3.1 gibt einen Überblick über Aufkommen und Arten von Abfällen und ihre Verteilung auf Entsorgungseinrichtungen, bezogen auf die Verhältnisse in den Jahren 1975 bis 1984 in unserem Land. Nach Angaben des Statistischen Bundesamtes betrug die Gesamtmenge der erfaßten Abfälle für das Bezugsjahr 1984 ca. 220 Mio. t.

Tabelle 3.2 spezifiziert den Abfallanfall im produzierenden Gewerbe nach Abfallgruppen. Das Gesamtaufkommen an Abfällen aus dem Produktionsbereich machte – wieder nach Angaben des Statistischen Bundesamtes – ca. 198 Mio. t aus.

Bild 3.2 zeigt die Belastung der Umwelt in der Bundesrepublik Deutschland. Mengenmäßig überwiegt, wie erkennbar, der Anfall fester Abfälle die Luftemissionen und die organische Befrachtung des Abwassers bei weitem. Die ökologische Bedeutung von Abluft und Abwasser ist jedoch wesentlich größer, da für sie keine Ortsbindung vorliegt und ihre Ausbreitung zu berücksichtigen ist.

Für Auswahl und Projektierung von Abfallverwertungs- und -beseitigungsverfahren sind folgende Daten und Eigenschaften des «Mülls» als Sammelbegriff für Abfallstoffe unterschiedlicher Herkunft zu ermitteln:

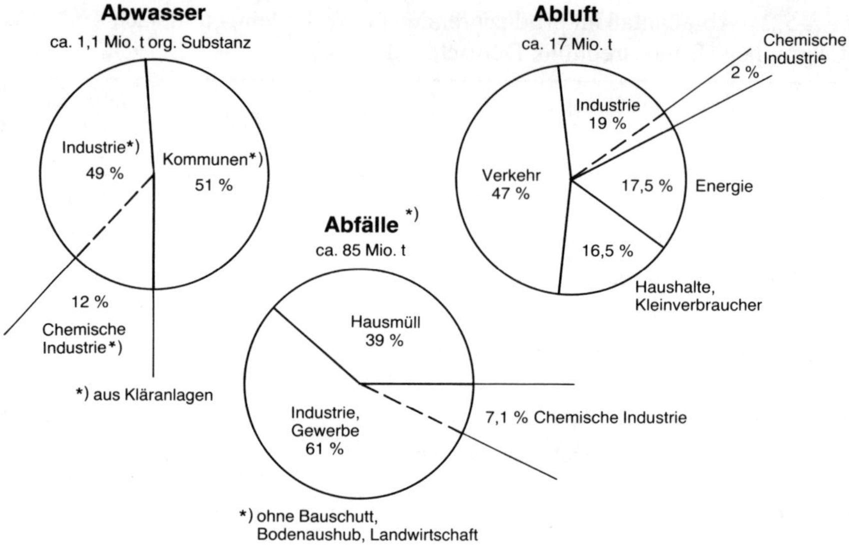

Bild 3.2 Belastung der Umwelt in der Bundesrepublik Deutschland (Darstellung nach Peine [3.15])

3.1 Müllmenge

Die *Müllmenge* wird für einen bestimmten Erfassungsbereich gravimetrisch über das Müllgewicht erfaßt. Hierzu sind die zum Mülltransport eingesetzten Sammelfahrzeuge laufend oder während im allgemeinen zweier Bezugswochen pro Monat im leeren und beladenen Zustand zu erfassen und zu wiegen; die Wägedifferenz entspricht dem Gewicht der Mülladung. Die Jahresmüllmenge $\dot{m}$, angegeben in t/a oder kg/a, ergibt sich dann aus

$$\dot{m} = 2 \cdot \sum_{1}^{26} \dot{m}_w = 52 \cdot \Sigma\, n_i \cdot z_i \cdot m_i \qquad (3.1)$$

worin bedeuten:

$\dot{m}_w$ (kg/Woche) gesamte Müllmasse pro Erfassungswoche,
m_i (kg) Müllmasse eines Transportfahrzeugs i,
n_i Zahl der Transportfahrzeuge,
z_i (1/Woche) Zahl der Wägungen pro Transportfahrzeug i und Woche.

Für die jährliche *einwohnerspezifische Müllmenge* $\dot{m}_E$ gilt

$$\dot{m}_E = \frac{\dot{m}}{n_E} \quad (\text{kg/E} \cdot \text{a}) \qquad (3.2)$$

mit n_E als der Zahl der Einwohner im Erfassungsbereich.

3.2 Müllvolumen, Mülldichte

Müllmasse $\dot{m}$, *Müllvolumen* $\dot{V}$ und *Müllraumdichte* ϱ_M sind durch folgende Beziehungen verknüpft

$$\dot{m} = \dot{V} \cdot \varrho_M . \qquad (3.3)$$

Das Müllvolumen $\dot{V}$ läßt sich analog Gl. (3.1) aus der Zahl $n_{S,i}$ der wöchentlich geleerten Sammelgefäße und deren Einzelvolumina $V_{S,i}$ bestimmen

$$\dot{V} = 52 \cdot \Sigma\, n_{S,i} \cdot V_{S,i} . \qquad (3.4)$$

Das Müllvolumen ist wegen der unterschiedlichen Kompressibilität des Mülls nicht eindeutig festlegbar; es eignet sich daher nicht für statistische Untersuchungen als Grundlage von Abfallwirtschaftsplanungen.

Für die *Müllraumdichte* ϱ_M ergibt sich als Ergebnis statistischer Auswertungen für den untersuchten Bereich des einwohnerspezifischen wöchentlichen Müllvolumens von 10 bis 30 l/E · Woche aus Abschätzungsgleichungen, die entsprechend der Änderung der Zusammensetzung des Mülls jeweils fortgeschrieben werden müssen, z. B. aus

$$\varrho_M = 0{,}316 - 0{,}105 \cdot \frac{\dot{V}}{n_E}\ [\mathrm{t/m^3}], \qquad (3.5)$$

wenn Müll mit höherem Inertenanteil vorliegt.
(Bedingt durch den hohen Anteil an Verpackungsmaterial, das sich weniger durch Masse als durch Sperrigkeit auszeichnet und bedingt auch durch den Einsatz größerer Müllbehälter und -container sank die Müllraumdichte von 179 kg/m³ in 1982 auf 148 kg/m³ in 1984).
(Wird der Müll nach seiner Entleerung in den Transportbehälter des Mülltransportfahrzeuges dort verdichtet, so gilt für das *Verdichtungsverhältnis* ε

$$\varepsilon = \frac{a}{\varrho_M} \cdot 100 \approx 2 \text{ bis } 4 \qquad (3.6)$$

mit a als dem *Nutzfaktor* des Transportfahrzeugs

$$a = \frac{m_i}{V_i \cdot 100} . \qquad (3.7)$$

V_i ist der Nutzraum des Transportfahrzeugs.)

Ein *Beispiel* möge die Begriffe Müllmenge, Müllvolumen und Müllraumdichte verdeutlichen:

In einem Erfassungsbereich mit 150 000 Einwohnern werden nach dem Umleerverfahren 11 000 50-l-Mülleimer und 23 000 110-l-Mülltonnen wöchentlich geleert. Wie groß sind Müllvolumen, Müllraumdichte und Müllmenge? Wieviel Transportfahrzeuge mit einem Nutzraum von 13 m³ sind erforderlich, wenn zwei

Ladungen pro Arbeitstag und damit 10 Wägungen je Woche und Fahrzeug möglich sind? Das Verdichtungsverhältnis sei 3.

Gegebene Daten: $n_E = 150\,000$; $n_{S,1} = 11\,000$; $n_{S,2} = 23\,000$; $V_{S,1} = 0{,}05$ m³; $V_{S,2} = 0{,}11$ m³; $\varepsilon = 3$; $z_i = 10$; $V_i = 13$ m³.

Zahlenrechnung:

Für das jährlich anfallende *Müllvolumen* $\dot{V}$ erhält man mit Gl. (3.4)

$$\dot{V} = 52\,(11\,000 \cdot 0{,}05 + 23\,000 \cdot 0{,}11) = 160\,160 \text{ m}^3/\text{a}.$$

Die *Müllraumdichte* ϱ_M in Mülleimer bzw. Mülltonne, abgeschätzt mit Gl. (3.5), ergibt sich zu

$$\varrho_M = 0{,}316 - 0{,}105 \cdot \frac{160\,160}{150\,000} = 0{,}2 \text{ t/m}^3.$$

Für die jährliche *Müllmenge* $\dot{m}$ erhält man dann (Gl. (3.3))

$$\dot{m} = 0{,}2 \cdot 160\,160 = 32\,032 \text{ t/a}.$$

(Rechnete man mit einer konstanten jährlichen Steigerungsrate des Müllaufkommens von $p = 2{,}5\%$ auf ein um $j = 5$ Jahre späteres Erfassungsjahr hoch, so ergäbe sich eine jährliche Müllmenge von

$$\dot{m}_j = \dot{m} \cdot \left(1 + \frac{j \cdot p}{100}\right) = 32\,032 \cdot \left(1 + \frac{5 \cdot 2{,}5}{100}\right) = 36\,036 \text{ t/a.}).$$

Die jährliche Müllmenge $\dot{m}$ entspricht einer *einwohnerspezifischen Müllmenge* $\dot{m}_E$ gemäß Gl. (3.2)

$$\dot{m}_E = \frac{32\,032\,000}{150\,000} = 213{,}6 \text{ kg/E} \cdot \text{a}.$$

Die pro Transportfahrzeug zuladbare Müllmenge m_i ergibt sich aus

$$m_i = V_i \cdot \varepsilon \cdot \varrho_M = 13 \cdot 3 \cdot 0{,}2 = 7{,}8 \text{ t}.$$

Für die erforderliche Zahl n_i der Transportfahrzeuge folgt dann aus Gl. (3.1)

$$n_i = \frac{\dot{m}}{52 \cdot z_i \cdot m_i} = \frac{32\,032}{52 \cdot 10 \cdot 7{,}8} = 7{,}9 \text{ also } 8.$$

Acht Fahrzeuge werden zum Abtransport des Mülls bei zwei Füllungen pro Tag benötigt. Dies entspricht fast der Richtzahl von einem Mülltransportfahrzeug pro 15 000 Einwohner des Erfassungsbereichs. Ersatzfahrzeuge sind dabei nicht berücksichtigt.

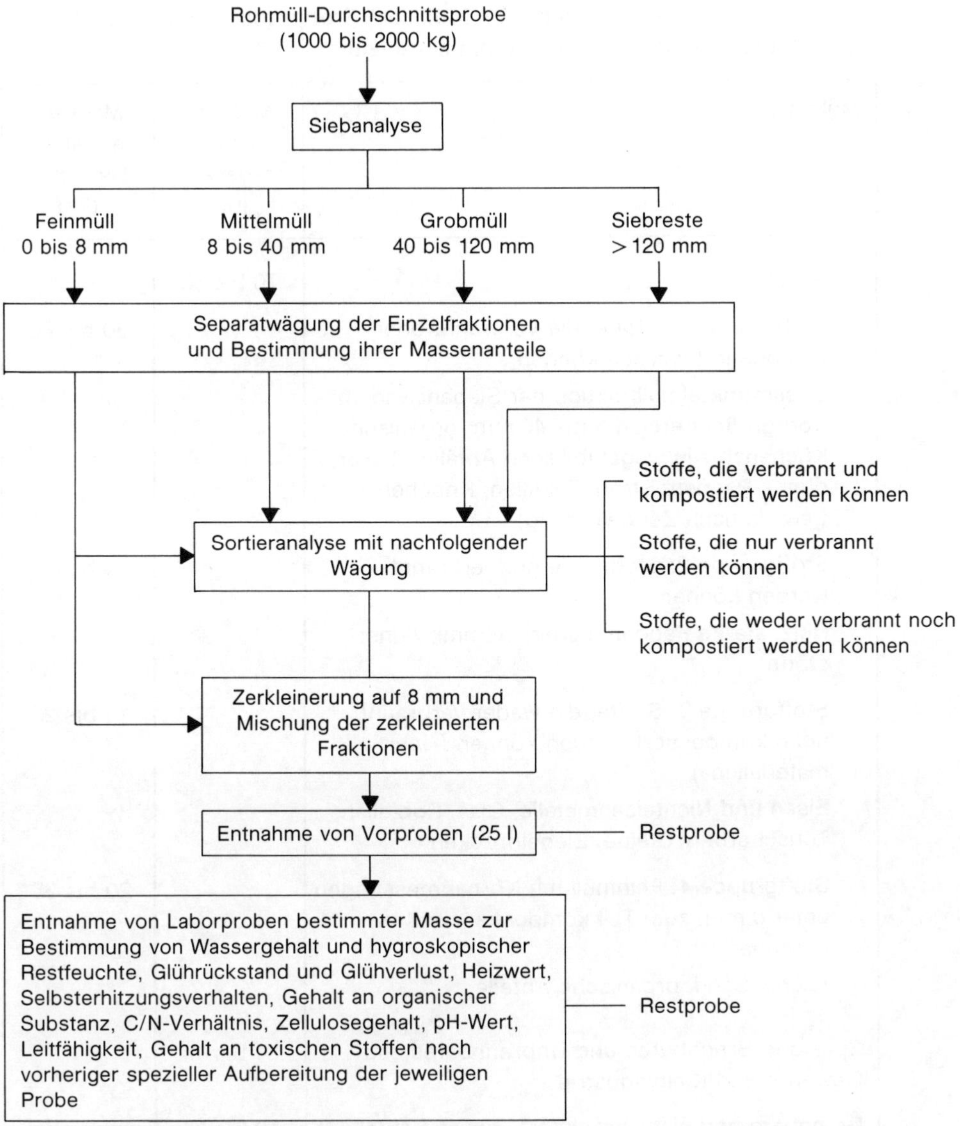

Bild 3.3 Untersuchung von Müllproben, schematisch

Tabelle 3.3 Zusammensetzung von Müll nach Stoffgruppen [3.1, 3.4, 3.5] (grobe Durchschnittswerte der Zusammensetzung)

Müllart	Massenanteil insgesamt (%)	Massenanteil im Hausmüll (%)
Hausmüll	70 bis 80	
Stoffgruppe 1: Stoffe, die verbrannt oder kompostiert werden können Gesamtmittelmüllfraktion der Siebanalyse im Korngrößenbereich 8 bis 40 mm, organische Küchenabfälle, vegetabilische Abfälle, Papier, dünne Pappen, Stroh, Textilien, Knochen (jeweils nach Zerkleinerung)		30 bis 60
Stoffgruppe 2: Stoffe, die nur verbrannt werden können Holz, starke Pappen, Leder, Gummi, Kunststoffe		4 bis 7
Stoffgruppe 3: Stoffe, die weder verbrannt noch kompostiert werden können («Inertmaterialien») Eisen und Nichteisenmetalle, Glas, Porzellan, Tonscherben, Steine, Ziegelbrocken		14 bis 25
Stoffgruppe 4: Feinmüll mit Kornabmessungen unter 8 mm, zum Teil kompostier- und verbrennbar Asche, Sand, organische Anteile		20 bis 35
Sperrgut, Brennbares und Unbrennbares aus Gewerbe und Kleinindustrie	1 bis 14	
Brennbare und nicht brennbare Industrieabfälle	10 bis 20	
Straßenkehricht, Gartenabfälle	10 bis 20	

Tabelle 3.4 Mittlere Wertstoffgehalte von Hausmüll in Massenprozenten [3.6, 3.7]

	Bundesrepublik Deutschland	USA
Papier, Pappen	28	45
Glas	9	9
Metalle	5	9
(Eisen	4,5	7,5
Nichteisenmetalle)	0,5	1,5
Kunststoffe	4	1
Organische Bestandteile	35	23

3.3 Müllzusammensetzung

Die Müllzusammensetzung schwankt in weiten Grenzen, wobei Gemeindegröße/Region, Jahreszeit und soziale Struktur des Erfassungsgebietes wichtige Einflußgrößen sind. Sie muß daher durch Analyse möglichst repräsentativer Durchschnittsproben ermittelt werden. Diese Durchschnittsproben sind aus möglichst vielen Teilproben aus unterschiedlichen Erfassungs- und Sammelbereichen mehrmals im Jahr zusammenzustellen und gemäß *Bild 3.3* zu analysieren. (Detaillierte Vorschriften zur Probeentnahme und ihrer Behandlung sind in den Merkblättern M3 bis M6 in [3.1] enthalten.)

Tabelle 3.3 gibt eine vereinfachte Übersicht über die Zusammensetzung von Müll und Hausmüll.

Aus *Tabelle 3.4* sind die mittleren Wertstoffgehalte des Hausmülls ersichtlich.

Bild 3.4 zeigt die Entwicklung des spezifischen Müllaufkommens und die Müllzusammensetzung am Beispiel der Stadt Stuttgart. Man erkennt insbesondere eine ständig weitere Abnahme der Müllraumdichte, im wesentlichen bedingt durch den weiteren Rückgang des Feinmüllanteils und die Zunahme des Anteils der Verpackungsmaterialien Papier, Feinpappe und Kunststoffe.

Bild 3.5 zeigt die Zusammensetzung von Hausmüll im Erfassungsjahr 1985.

Der *Wassergehalt* des Hausmülls wird im wesentlichen durch den Anteil an kompostierbaren organischen Substanzen bestimmt. Zu seiner Festlegung werden Müllproben bis auf Gewichtskonstanz getrocknet; die Differenz der Massen von feuchter und annähernd trockener Probe entspricht dann dem Wassergehalt. Der Wassergehalt ist jahreszeitlich unterschiedlich; er liegt in der Bundesrepublik

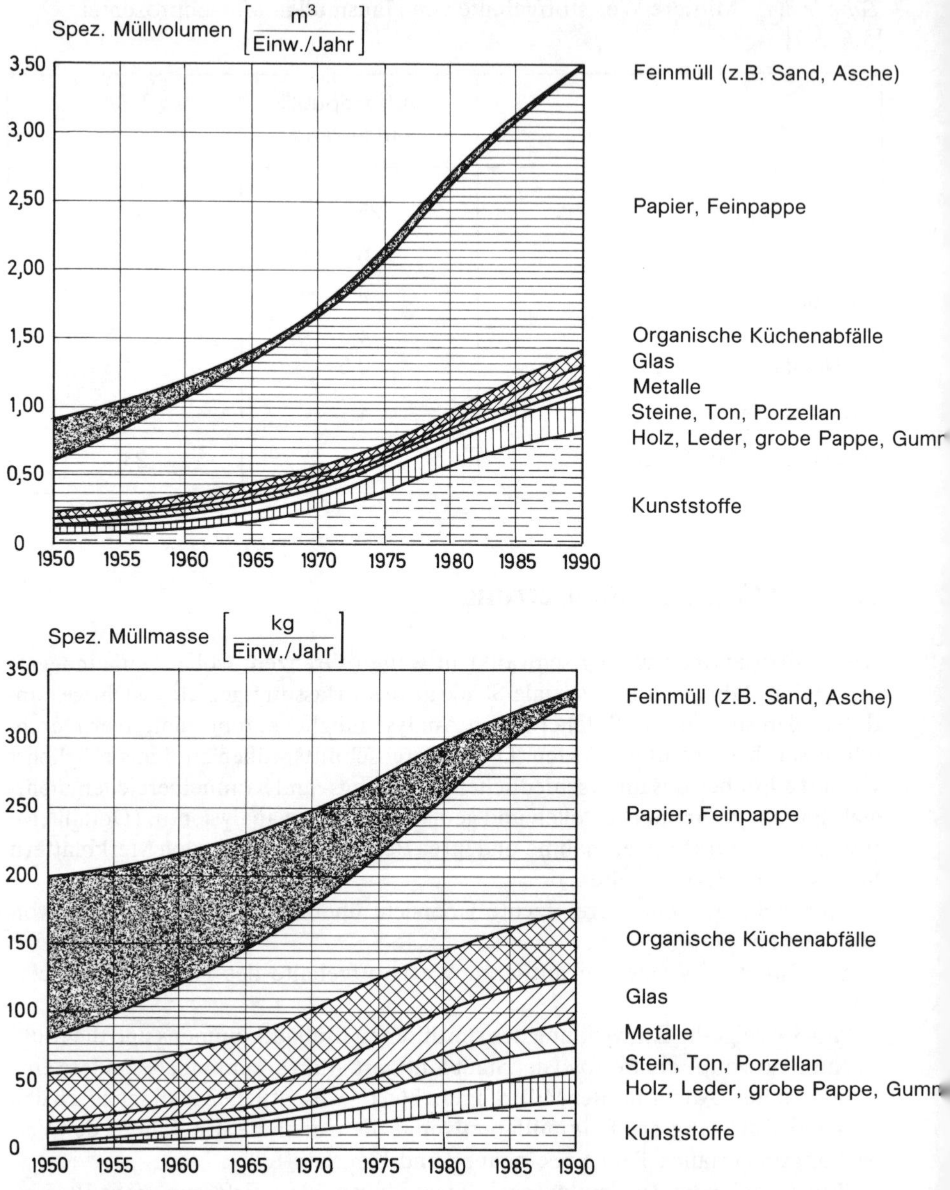

Bild 3.4 Entwicklung der spezifischen Müllmasse und des spezifischen Müllvolumens der Stadt Stuttgart
Darstellung nach Baum [3.16]

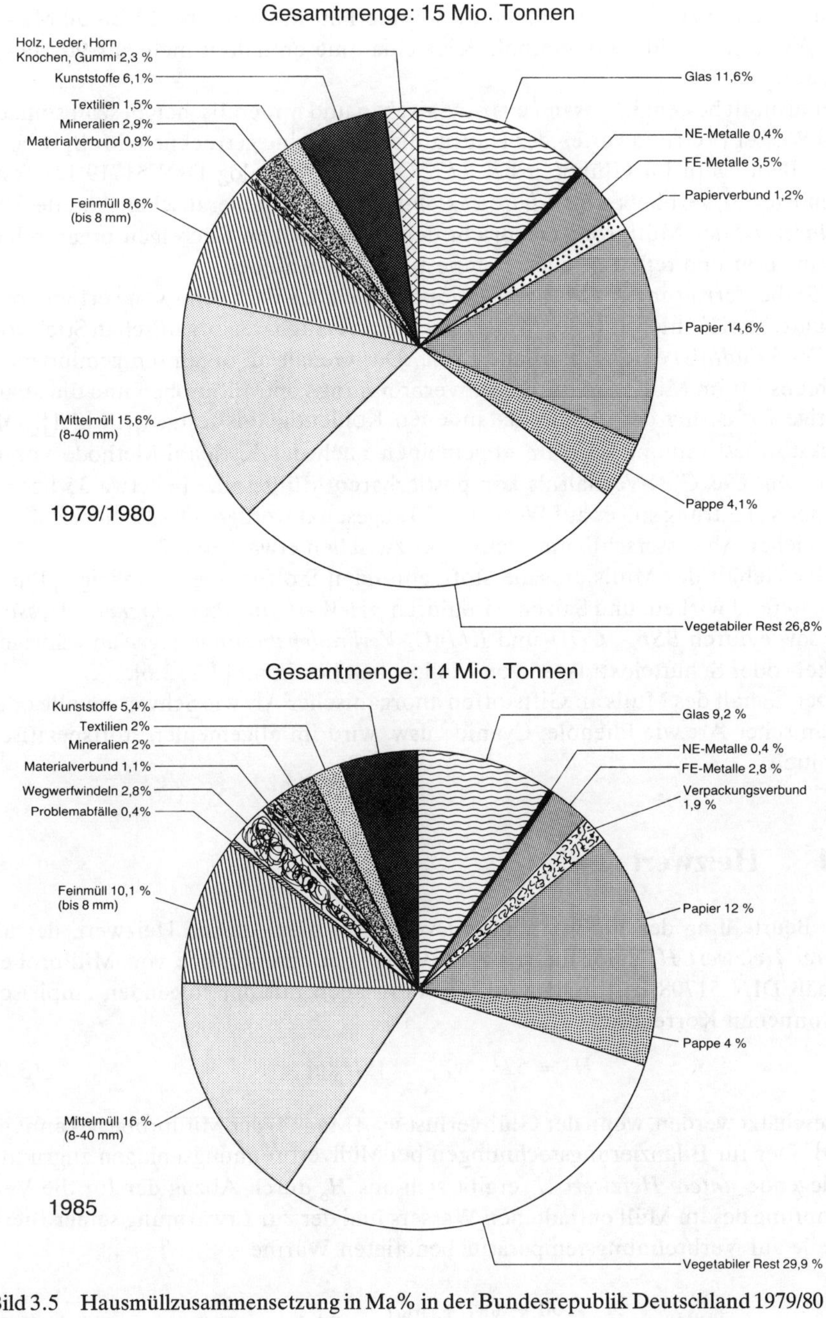

Bild 3.5 Hausmüllzusammensetzung in Ma% in der Bundesrepublik Deutschland 1979/80 und 1985
(Darstellung nach [3.17])

Deutschland bei 35 bis 45 Ma.-% für Sommerhausmüll und bei 15 bis 30 Ma.-% für Winterhausmüll. Kommunale Klärschlämme enthalten mehr als 90 Ma.-% Wasser.

Hausmüll besteht insgesamt aus organischen und mineralischen Festsubstanzen und Wasser («Grundwerte» des Hausmülls). Wird eine getrocknete Müllprobe in Porzellantiegeln im Glühofen bei 775 °C geglüht (analog DIN 51719 für feste Brennstoffe), verbleiben als *Glührückstand* die inerten mineralischen Anteile. Der *Glühverlust* der Müllprobe entspricht den beim Glühen flüchtigen organischen brennbaren und teilweise auch kompostierbaren Anteilen.

Für die Verrottung des Mülls zu Kompost spielt das Verhältnis von verfügbarem organischem Kohlenstoff des Mülls zu seinem verfügbaren organischen Stickstoff *(C/N-Verhältnis)* eine wesentliche Rolle. Der Gehalt an organisch gebundenem Kohlenstoff im Müll wird durch Naßverbrennung von Müllproben und die quantitative Erfassung des dabei entstandenen Kohlendioxids festgestellt [3.1]. Die Stickstoffbestimmung wird im allgemeinen nach der Kjeldahl-Methode vorgenommen. Das C/N-Verhältnis kompostierbaren Mülls sollte bei etwa 35 liegen; bei der Verrottung soll es auf Werte um 20 abgesenkt werden. Das C/N-Verhältnis häuslicher Abwasserschlämme schwankt zwischen etwa 5 und 20.

Der Gehalt des Mülls an sauerstoffzehrenden Stoffen, die in wäßriger Phase reduzierend wirken, und Salzen wird durch *pH-Wert-* und *Leitfähigkeits-Messungen* sowie durch BSB_5-, *COD-* und $KMnO_4$-*Verbrauchsbestimmungen* an wäßrigen Sicker- oder Schüttelextrakten von Müllproben bestimmt [3.1, 3.6].

Der Gehalt des Mülls an Giftstoffen anorganischer Art wie Schwermetalle oder organischer Art wie Phenole, Cyanide usw. wird im allgemeinen stoffspezifisch ermittelt.

3.4 Heizwert

Zur Beurteilung der Verbrennbarkeit von Müll dient dessen Heizwert, der als *oberer Heizwert* H_o kalorimetrisch als Verbrennungsenthalpie von Müllproben gemäß DIN 51708 bestimmt wird. H_o kann auch mit der folgenden empirisch gewonnenen Korrelation

$$H_o = 523 \cdot w_{Gl}^{0,77} \quad [kJ/kg] \tag{3.8}$$

abgeschätzt werden, wenn der Glühverlust w_{Gl} (Ma.-%) der Müllprobe bekannt ist [3.9]. Der für Bilanzierungsrechnungen bei Müllverbrennungsanlagen zugrunde zu legende *untere Heizwert* H_u ergibt sich aus H_o durch Abzug der für die Verdampfung des im Müll enthaltenen Wassers und der zur Erwärmung seiner Inertanteile auf Verbrennungstemperatur benötigten Wärme

$$H_u = H_o \cdot \frac{100 - (w_I + w_W)}{100 - w_{WH}} - 24{,}5 \cdot w_W \cdot [kJ/kg] \tag{3.9}$$

w_W, w_{WH} und w_I sind die Anteile des grob bzw. hygroskopisch gebundenen Wassers im Müll und sein Anteil an inerten Stoffen, angegeben in Ma.-%

Wenn die Müllzusammensetzung bekannt ist, läßt sich der Heizwert H_u mit folgender Gleichung abschätzen

$$H_u \approx 34{,}0 \cdot w_C + 101{,}6 \cdot w_H + 6{,}3 \cdot w_N + 19{,}1 \cdot w_S - \\ - 9{,}8 \cdot w_O - 2{,}5 \cdot w_W \text{ [MJ/kg]} \quad (3.10)$$

mit w_C, w_H, w_N, w_S, w_O und w_W als den Massenanteilen von Kohlenstoff, Wasserstoff, Stickstoff, Schwefel, Sauerstoff und Wasser im Müll. *Tabelle 3.5* zeigt als Beispiel eine ausgewählte durchschnittliche Zusammensetzung von Hausmüll aus einzelnen Stoffgruppen und deren Beitrag zum Gesamtheizwert. Es ist erkennbar, daß Papier, Pappe und Kunststoffe den größten Heizwertbeitrag liefern. Eine Zunahme von Wassergehalt, Glasanteil, Anteilen von Metallen und mineralischen Inerten verschlechtert den Heizwert.

Entsprechend dem steigenden Anteil an Verpackungsmaterialien im Müll wird erwartet, daß der untere Heizwert von derzeit im Mittel etwa 8000 auf etwa 12 500 kJ/kg unbehandeltem Hausmüll ansteigen wird. Eine Sortierung und Aufbereitung von Müll im Sinne von BRAM-(*B*rennstoff *a*us *M*üll-) bzw. RDF-, WDF-(*R*efuse oder *W*aste *D*erived *F*uel-)Konzepten führt zu einer weiteren Steigerung des Heizwerts.

3.5 Selbsterhitzungstest

Zur Überprüfung der Kompostierfähigkeit von Müll wird eine mit Kompost oder Blumenerde angeimpfte Müllprobe in einem Dewar-Gefäß belüftet [3.2]. Tritt nach einer gewissen Anlaufphase, bedingt durch exotherme aerobe Zersetzung organischer Müllbestandteile durch Mikroorganismen, ein Temperaturanstieg auf Werte über 40 °C auf, so ist der untersuchte Müll kompostierfähig.

Tabelle 3.5 Ausgewählte durchschnittliche Zusammensetzung von Hausmüll nach Stoffgruppen und deren Beitrag zum Gesamtheizwert [3.8]

Stoffgruppe	Massenanteil %	Wassergehalt %	Aschegehalt %	Heizwert H_u (kJ/kg)	Heizwertbeitrag (kJ/kg Müll)	Heizwertbeitrag %
Papier, Pappe*	25	10	15	15 100	3775	44
Kunststoffe**	6	1	5	39 800	2388	28
Holz, Gummi, Textilien usw.	5	20	20	16 800	840	10
Feuchte organische Bestandteile (Küchenabfälle)	25	80	20	3 350	840	10
Feinmüll (<8 mm)	15	15	60	3 350	503	6
Anorganische Bestandteile (Metalle, mineralische Inerten)	20	<1	100	–	–	–
Unsortierbarer Rest	4	5	40	4 200	168	2
	100					100
Hausmüll		26	41		8514	

* Stoffgruppe Papier, Pappe

Stoff	Massenanteil %	Einzelheizwert kJ/kg
Zeitungspapier	45	16 800
Zeitschriften	30	11 800
Pappe	20	14 700
Sonstige (z.B. beschichtete Pappen)	5	21 000

** Stoffgruppe Kunststoffe

Stoff	Massenanteil %	Einzelheizwert kJ/kg
PVC	13,4	18 840
PS	17,7	35 600
PE, PP	65,1	45 700
Sonstige	3,8	31 400

4 Verfahren zur Behandlung fester Abfälle. Verfahrensübersicht, Verfahrensvergleich

Für die Bundesrepublik Deutschland sind mit dem Abfallgesetz vom 1. November 1986 die Verfahrensschritte Abfallvermeidung, stoffliche und thermische Abfallverwertung und Entsorgung der dabei entstehenden Reststoffe definiert (s. Fließbild der Abfallbehandlung, *Bild 4.1*). *Bild 4.2* zeigt ein integriertes Abfallentsorgungskonzept.

Die Abfallbeseitigung umfaßt das Einsammeln, den Transport, die Beförderung, die Behandlung (Aufbereitung, Recycling, Verwertung), die Zwischen- und Endlagerung von Abfällen. *Bild 4.3* gibt eine schematische Übersicht über die einzelnen Verfahrensschritte der Abfallbeseitigung.

Für die *Verwertung* der Stoff- und Energieinhalte des Mülls und der Abfälle werden im wesentlichen folgende Verfahren eingesetzt:

□ Verfahren mit dem Schwerpunkt der Stoffverwertung
  - getrennte Sammlung von Altstoffen des Mülls (Glas, Papier, Metalle usw.),
  - mechanische Müllsortier- und Trennverfahren (Recyclingverfahren),
  - Kompostierung,
  - Pyrolyse mit Wiederverwendung der Pyrolyseprodukte für Synthesezwecke;

□ Verfahren mit dem Schwerpunkt der Energieverwertung
  - Müllverbrennung mit Wärmeverwertung,
  - Pyrolyse mit Einsatz der Pyrolyseprodukte als Energieträger.

Mit allen diesen Verfahren wird im Gegensatz zur direkten Endlagerung des Mülls eine Reduktion seines Volumens erreicht («Reduktionsverfahren»). Sie werden in den Folgekapiteln behandelt.

Die Abfallbeseitigung sollte so erfolgen, daß die verwertbaren Bestandteile der Abfälle möglichst vollständig, betriebssicher, wirtschaftlich und umweltfreundlich rezirkuliert oder energetisch günstig genutzt werden und entsprechend nur noch unbrauchbare Rückstände zur Endlagerung übrigbleiben.

Für Vergleich und Auswahl von im Rahmen von «Abfallbeseitigungskonzepten» zusammenwirkenden Verfahren sind viele Kriterien zu beachten. *Bild 4.4* zeigt eine Auswahl solcher Auswahl- und Vergleichskriterien.

Die *Tabellen 4.1 und 4.2* zeigen die Anteile gängiger Entsorgungsverfahren bei der öffentlichen und betrieblichen Abfallentsorgung.

Tabelle 4.3 gibt Anhaltswerte für die spezifischen Kosten der Behandlung bzw. Beseitigung fester Abfälle. Als Faustregel kann gelten, daß für jede investierte

DM anschließend rund 0,40 DM an Betriebskosten jährlich zusätzlich aufgewandt werden müssen.

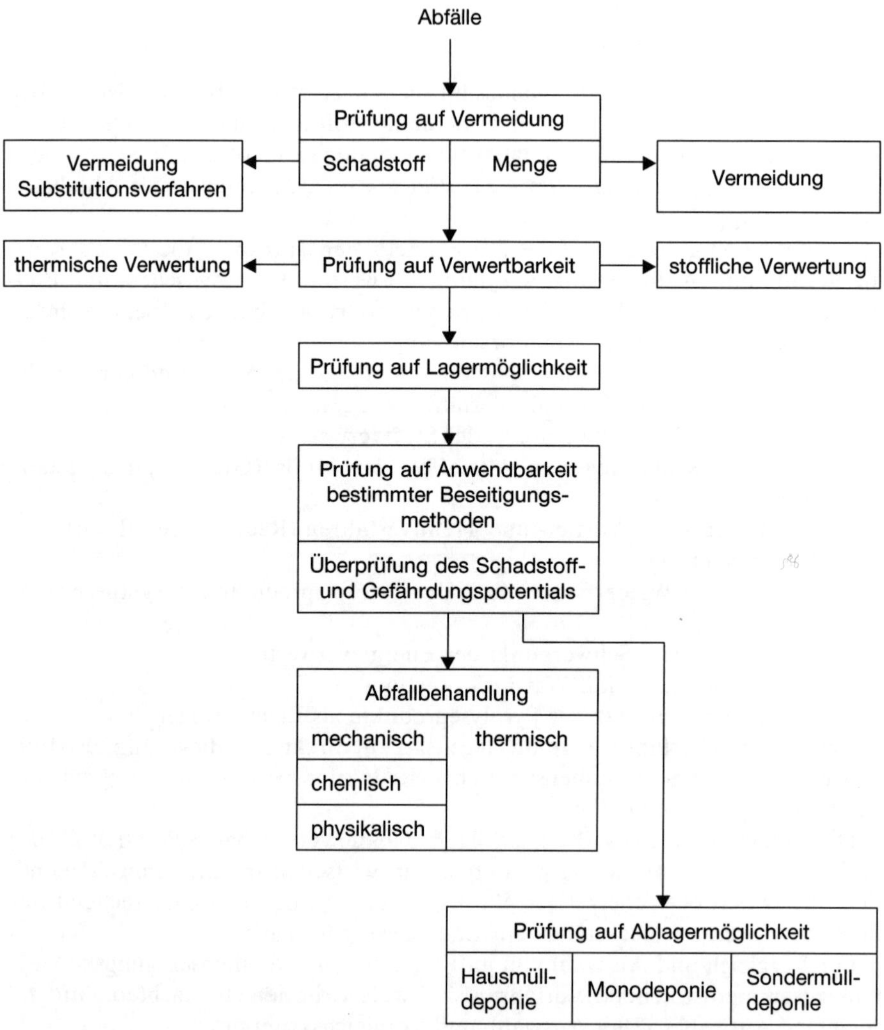

Bild 4.1 Fließbild der Abfallbehandlung im Sinne des Abfallgesetzes* [4.1]

* (Bei jedem Verwertungs- bzw. Behandlungsverfahren ist noch zu überprüfen, inwieweit eine Boden-, Umgebungsluft- und Wasserbelastung auftritt und inwieweit Schallemissionen resultieren. Auch sind Energieflußberechnungen anzustellen.)

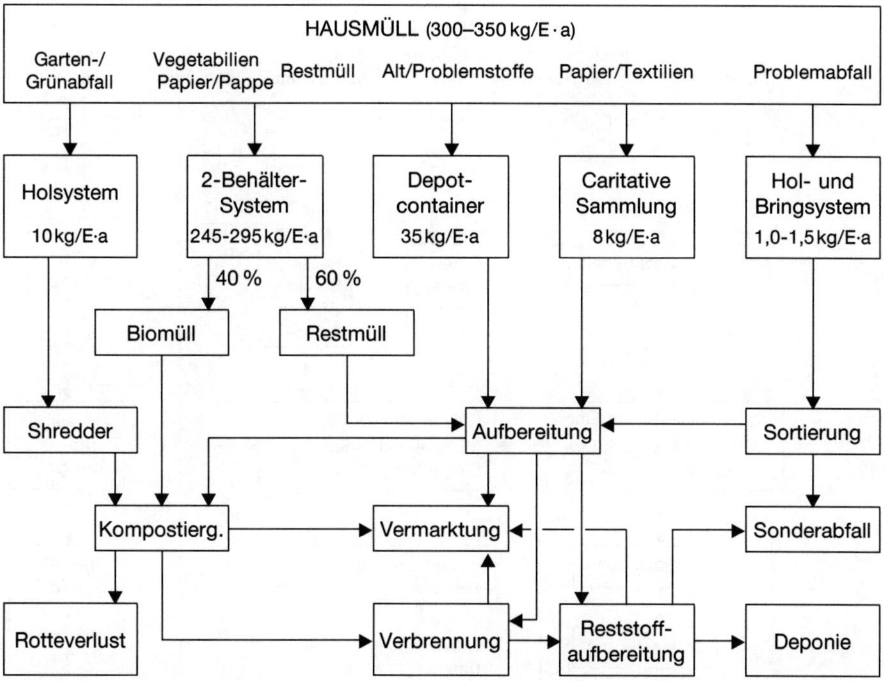

Bild 4.2 Schema eines integrierten Abfallentsorgungskonzepts am Beispiel von Hausmüll (Darstellung nach REIMANN [4.1])

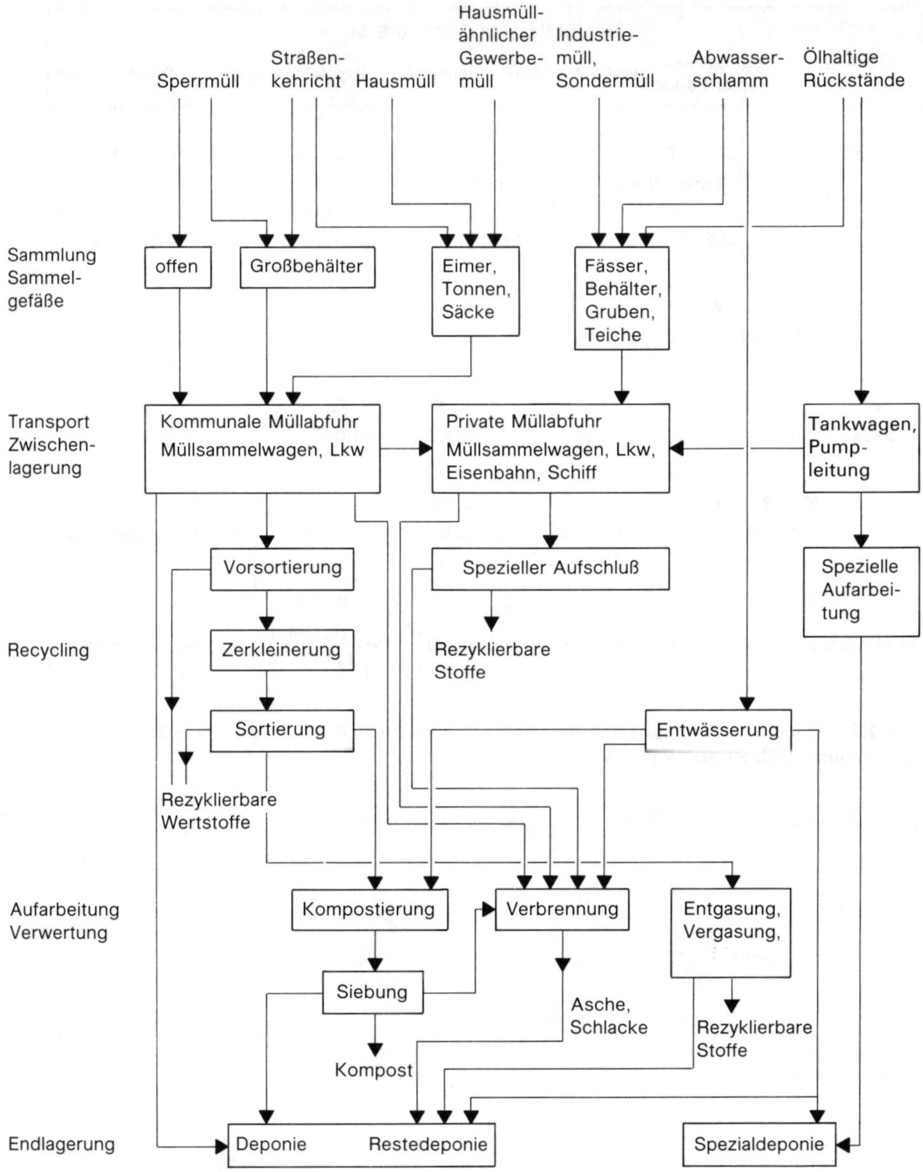

Bild 4.3 Verfahren bei der Beseitigung von Abfällen, schematisch

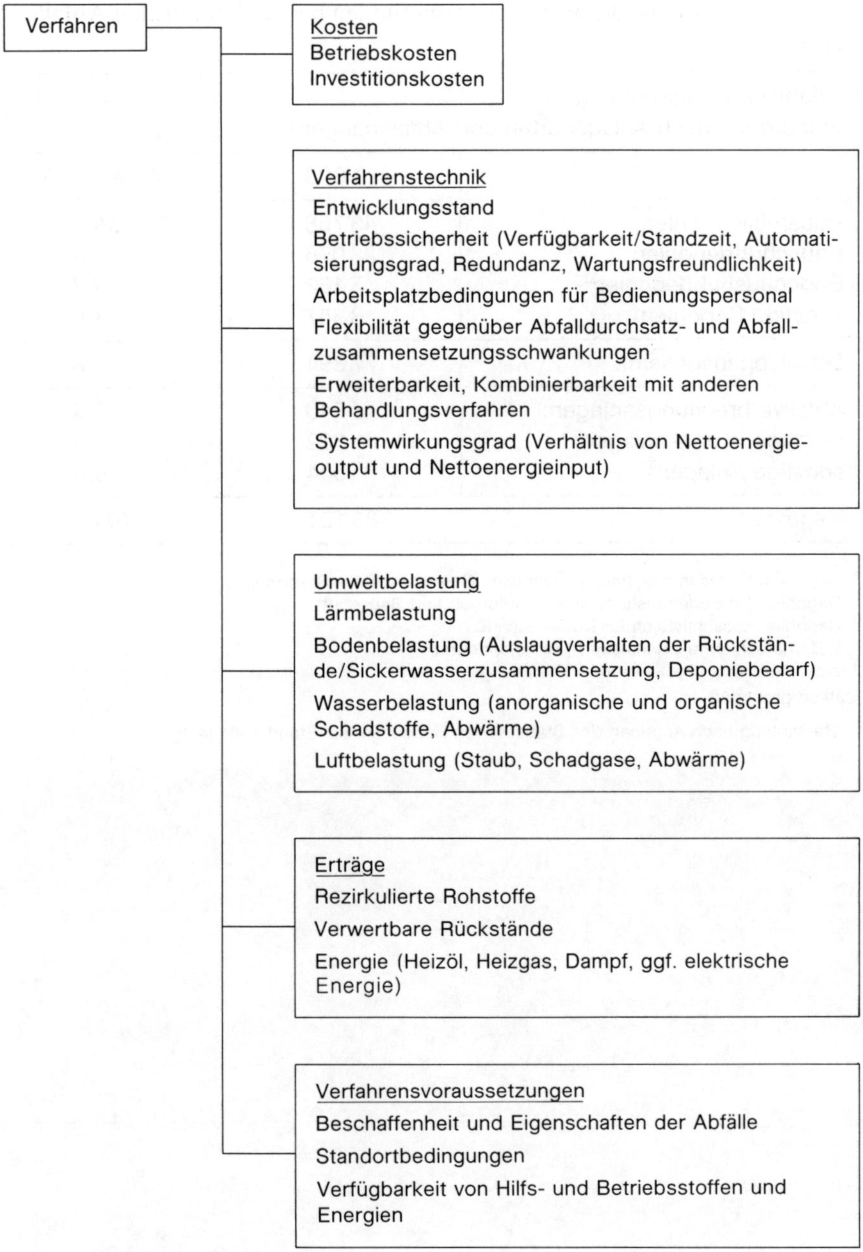

Bild 4.4 Auswahl- und Vergleichskriterien für Abfallbehandlungsverfahren [4.2]

Tabelle 4.1 Anteile der Entsorgungsmethoden bei der öffentlichen Abfallentsorgung*

Öffentliche Abfallentsorgung Entsorgung nach Anlagenarten und Abfallmengen		
	in 1 000 t	Anteil in %
Hausmülldeponien[1]	43 768	*50,8*
Bauschuttdeponien[2]	23 076	*26,8*
Bodenaushubdeponien[3]	7 162	*8,3*
sonstige Deponien[4]	3 387	*3,9*
Deponien insgesamt:	77 394	*89,8*
Abfallverbrennungsanlagen:	7 540	*8,8*
Kompostierungsanlagen:	662	*0,8*
sonstige Anlagen[5]	504	*0,6*
insgesamt	86 101	*100*

[1] Deponien für Hausmüll, hausmüllähnliche Gewerbeabfälle, Sperrmüll
[2] Deponien für Bodenaushub, Straßenaufbruch und Bauschutt
[3] Deponien ausschließlich für Bodenaushub
[4] z. B. Klärschlamm-, Schlacken-, Altreifendeponien
[5] z. B. Chemisch-physikalische Behandlungsanlagen
(Zahlen gerundet)

* (Darstellung nach Angaben des Statistischen Bundesamtes. Stand 1984 [4.4])

Tabelle 4.2 Anteile der Entsorgungsmethoden bei der betrieblichen Abfallentsorgung*

Wirtschaftsgruppe	Jahr	Insgesamt	davon						Krankenhäuser
			Produzierendes Gewerbe insgesamt	davon					
				Elektrizitäts-, Gas-, Fernwärme- und Wasserversorgung	Bergbau	Verarbeitendes Gewerbe	Baugewerbe		
Anlagen insgesamt	1980	8 700	7 525	156	66	6 213	1 090		1 175
	1982	10 524	9 304	194	68	7 968	1 104		1 120
	1984	10 676	9 595	203	60	8 400	932		1 081
davon:									
Deponien	1980	1 754	1 747	89	47	1 015	596		7
	1982	1 595	1 589	56	48	907	578		6
	1984	1 330	1 326	76	38	788	424		4
Verbrennungsanlagen	1980	3 745	2 685	29	14	2 200	442		1 060
	1982	3 606	2 741	31	11	2 229	470		865
	1984	3 101	2 493	27	8	2 012	446		608
Abfallverbrennungsanlagen	1980	1 232	247	5	*	226	15		985
	1982	1 004	201	— 5 —		180	15		803
	1984	687	133	5	*	125	*		554
Feuerungsanlagen[1] anlagen	1980	2 513	2 438	24	13	1 974	427		75
	1982	2 602	2 540	— 36 —		2 049	455		62
	1984	2 414	2 360	22	*	1 887	*		54
Sonstige Anlagen[2] und Vorbehandlungsanlagen[3]	1980	3 201	3 093	38	5	2 998	52		108
	1982	5 323	4 974	9	9	4 832	56		349
	1984	6 245	5 776	100	14	5 600	62		469

1 Feuerungsanlagen, in denen regelmäßig auch Abfälle verbrannt werden
2 Versenkbohrungen, Verklappungs- und Verbrennungsschiffe
3 Neutralisations-, Emulsionstrenn-, Schlammentwässerungsanlagen, Destillations- und Zerkleinerungsanlagen
* unbekannt bzw. geheimgehalten

(Darstellung nach Angaben des Statistischen Bundesamtes [4.5])

Tabelle 4.3 Anhaltswerte für die Kostensituation bei wichtigen Abfallbeseitigungsverfahren

Beseitigungsverfahren	Investitionskosten DM/jato	Betriebskosten DM/t
Geordnete Deponie	keine allgemeine Angabe möglich, da von zu vielen Einflußgrößen abhängig	ca. 30 bis 70
Recycling	ca. 500	ca. 50 bis 70 je nach Erlössituation
Kompostierung	ca. 350 bis 500	ca. 60 bis 80 ohne Erlöse
Verbrennung mit Stromgewinnung oder Wärmelieferung	ca. 600 bis 700	ca. 40 bis 100 je nach Erlössituation
Pyrolyse	ähnlich wie bei der Verbrennung; noch nicht belegbar durch großtechnische Anlagen	

5 Einsammeln und Befördern fester Abfallstoffe [5.1 bis 5.12]

Das Einsammeln und Befördern der Abfälle vom Entstehungsort zur Aufbereitungsanlage bzw. zur Endablagerungsstelle verursacht die anteilmäßig meisten Kosten an den Gesamtkosten der geordneten Abfallbeseitigung. Dieser Anteil beträgt bis zu 70%. Die Wirtschaftlichkeit der Abfallbeseitigung kann vor allem durch den Einsatz kostengünstiger Sammel- und Transportsysteme erreicht werden.

5.1 Sammelsysteme [5.1]

5.1.1 Konventionelle Sammelsysteme

Die Abfallsammlung umfaßt alle Vorgänge vom Einfüllen der Abfälle in die Sammelgefäße bis zur Beladung der Sammelfahrzeuge. In der Regel erfolgt die Sammlung im gleichen Bezirk einmal wöchentlich, in Ausnahmefällen (z.B. dichte Innenstadtbebauung mit hohem Geschäftsanteil) öfter. Grundsätzlich können drei Verfahren unterschieden werden:

Umleersystem,
Gefäßwechselsystem,
Einwegpackung.

Für Hausmüll wird in der Bundesrepublik Deutschland meistens das Umleersystem angewendet. Dabei werden die Behälter in die Sammelfahrzeuge entleert und zur erneuten Füllung bereitgestellt. Dies erfolgt je nach der Größe der Sammelgefäße durch zwei bis vier Lader, die zusammen mit dem Fahrer die Besatzung des Sammelfahrzeugs bilden. In ländlichen Gebieten sind teils noch *Mülltonnen* mit 35, 50 und 110 l Fassungsvermögen in Gebrauch. Mit diesen Gefäßen kann nur eine geringe Ladeleistung erzielt werden. Mülltonnen mit 35 und 50 l Inhalt werden zwar vom Besitzer am Straßenrand bereitgestellt, zur Ladung von 1 m^3 Abfall werden jedoch 20 bis 30 Füllvorgänge benötigt. Mülltonnen mit 110 l Fassungsvermögen vermeiden zwar diesen Nachteil und erfordern für die gleiche Menge nur neun Füllvorgänge, sind jedoch so schwer, daß sie von den Ladern von ihrem Aufstellungsort beim Haus zum Straßenrand transportiert werden müssen. Dies ist ein oft erheblicher zusätzlicher Zeitaufwand, da diese Tonnen nicht getragen werden können, sondern in Schräglage «getreidelt» werden müssen. Dies führte in größeren Städten schon früher zu einer Umstellung der Sammelgefäße

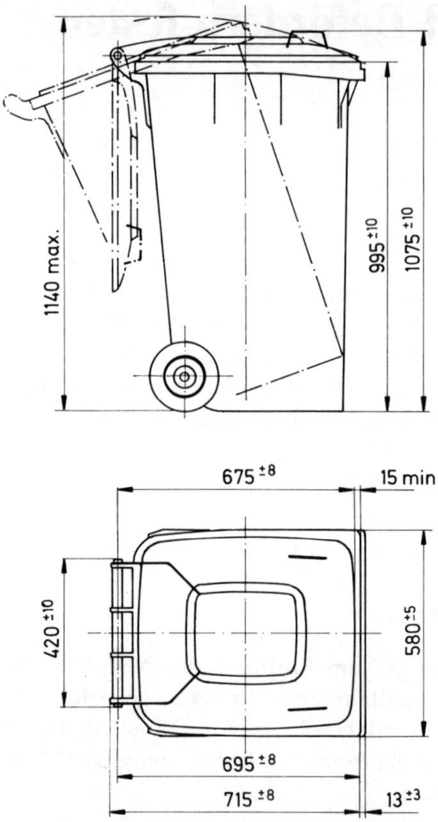

Bild 5.1
Müllgroßbehälter mit 240 l Fassungsvermögen (MGB 240) [5.2]

auf *Müllgroßbehälter* (MGB) mit 120 l bzw. 240 l Fassungsvermögen. Sie sind aus PE gefertigt und haben zwei Fahrrollen *(Bild 5.1)*. Die Bereitstellung am Straßenrand kann wieder durch die Besitzer der Sammelbehälter erfolgen. Auf diese Weise können ca. 25% Kosten eingespart werden. In dichter bebauten Gebieten (z.B. Wohnblocks) werden Sammelbehälter aus verzinktem Stahlblech oder Kunststoff mit 1,1 m³ Fassungsvermögen mit vier Fahrrollen aufgestellt *(Bild 5.2)*. Diese müssen zwar durch die Lader zum Straßenrand transportiert werden; trotzdem sind so Kosteneinsparungen bis zu 40% gegenüber der Sammlung in Mülltonnen mit 110 l Fassungsvermögen möglich.

Beim Gefäßwechselsystem werden noch größere Behälter aufgestellt. Dabei handelt es sich um Absetz- bzw. Abrollbehälter mit 2 bis 35 m³ Fassungsvermögen, die von Spezialfahrzeugen regelmäßig oder nach Bedarf gefüllt abgeholt werden. Bei der Anfahrt bringen diese Fahrzeuge leere Behälter gleichen Typs mit und wechseln sie gegen die vollen Behälter aus. Dieses System wird häufig für Industrie- und Gewerbeabfälle sowie für die Abfälle größerer Gebäudeeinheiten (z.B. Hochhäuser) angewandt.

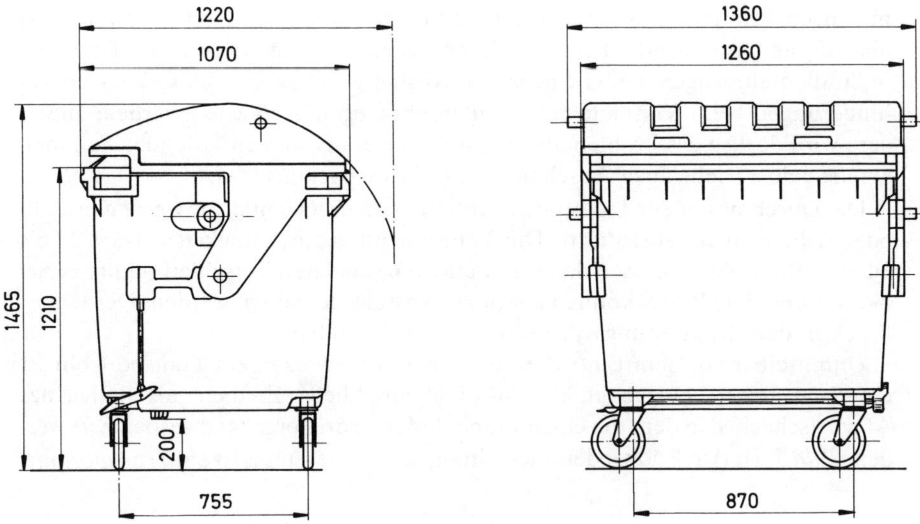

Bild 5.2 Müllsammelbehälter mit 1100 l Fassungsvermögen [5.2]

Bei der *Einwegpackung* werden die Abfälle in Säcke aus Papier oder Kunststoff eingefüllt, die zusammen mit den Abfällen weiterbehandelt oder abgelagert werden. In Einwegpackungen kann zusätzlicher Abfall in Spitzenanfallzeiten (z.B. Weihnachten) gesammelt werden. Dieses System eignet sich auch für eng bebaute Altstadtgebiete ohne Aufstellungsmöglichkeit für Wechselbehälter sowie für die Sammlung der Abfälle auf Autobahnparkplätzen. Abfälle in Krankenhäusern werden ebenfalls meist nach diesem System gesammelt. In der Bundesrepublik Deutschland ist dieses Sammelsystem für Hausmüll die Ausnahme, in Schweden und zum Teil in Italien die Regel. Die Abfallsäcke fassen meist 70 l. Scharfkantige Gegenstände und heiße Asche dürfen wegen der Gefahr der Beschädigung nicht in Abfallsäcke eingefüllt werden.

5.1.2 **Müllsauganlagen** [5.1, 5.3]

Moderne Wohnhochhäuser sind mit *Müllabwurfschächten* ausgestattet. Diese haben Einwurföffnungen mit Eingabetüren in jedem Stockwerk und münden im Untergeschoß in einen mit Straßenfahrzeugen anfahrbaren Raum. Dort sind große Sammelbehälter aufgestellt, die aus den Abwurfschächten unmittelbar gefüllt und bei Bedarf im Gefäßwechselsystem ausgetauscht werden.

Eine Weiterentwicklung dieses Systems ist der pneumatische Mülltransport in *Müllsauganlagen*. Die Abwurfschächte sind in diesem Fall an ein Rohrleitungssystem angeschlossen. Dieses Rohrleitungssystem geht von einer Saugzentrale in ein Gebiet bis zu einem Radius von 2500 m aus. Dabei handelt es sich entweder um intensiv genutzte Neubaugebiete (Hochhausbebauung) oder um Altstadtgebiete mit engen Straßen. Bei Neubaugebieten ab einer bestimmten Einwohnerdichte ist dieses System wirtschaftlicher als die konventionelle Sammlung und der Transport in Straßenfahrzeugen. Bei eng bebauten Altstadtgebieten können so Verkehrsbehinderungen beim Sammeln mit Straßenfahrzeugen vermieden werden, außerdem wird dort so das Problem des Aufstellplatzes der nun entfallenden Sammelgefäße gelöst (siehe auch Abschnitt 5.1, «Einwegpackungen»).

Der Durchmesser der Transportrohre beträgt meist 600 mm. Sie werden in Stahl oder Asbestzement ausgeführt. Die Transportluftgeschwindigkeit beträgt 20 bis 30 m/s. Rohrbögen müssen daher mit einem besonderen Verschleißschutz versehen werden. Die Rohre können bis zu 20° ansteigend verlegt werden. Der Unterdruck in dem Rohrleitungssystem beträgt ca. 250 mbar.

Unmittelbar vor dem Eintritt eines Abwurfschachtes in ein Transportrohr ist ein *Schachtventil* eingebaut, das luftdicht abschließt. Es dient als Boden des Abwurfschachts, in dem die eingefüllten Abfälle vorübergehend gespeichert werden *(Bild 5.3)*. Am Ende jeder Stichleitung des Rohrsystems ist ein *Transportluft-*

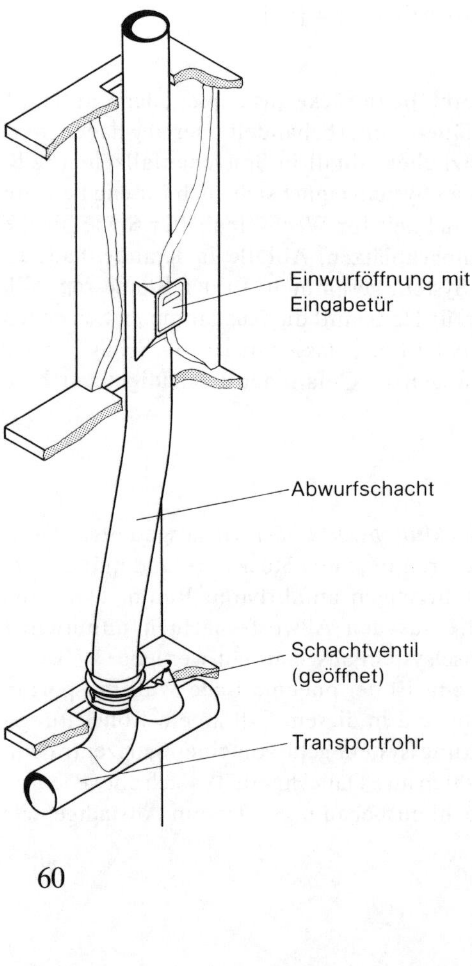

Bild 5.3
Hausinstallationen einer Müllsauganlage: Abwurfschacht mit Einwurföffnung und Schachtventil sowie Transportrohr [5.3]

ventil mit Schalldämpfer auf der Saugseite installiert. Zur Sammlung, die im allgemeinen 4- bis 6mal täglich erfolgt, wird von den Gebläsen in der Zentrale zunächst Unterdruck im Transportrohr erzeugt. Durch eine Programmsteuerung wird dann zuerst das der Zentrale am nächsten gelegene Schachtventil geöffnet. Durch die Schwerkraft fällt der im Schacht gespeicherte Abfall in das Transportrohr. Kurz darauf öffnet sich das Transportluftventil der entsprechenden Stichleitung; durch den entstehenden Luftstrom wird der Abfall zur Zentrale transportiert. Danach schließen Schachtventil und Transportluftventil wieder. Anschließend werden diese Vorgänge in den weiter von der Zentrale entfernt liegenden Abwurfschächten wiederholt.

In der *Saugzentrale* mündet das Transportrohr in einen Zyklon, in dem die Abfälle von der Transportluft getrennt werden. Die Abfälle fallen in eine *Müllpresse,* die sie unter Verdichtung in Abfuhrbehälter füllt. Diese Behälter werden nach Bedarf zu einer Aufbereitungsanlage oder Ablagerungsstelle transportiert und entleert. Die Transportluft wird in einem Staubfilter gereinigt und durch einen Schalldämpfer ins Freie entlassen *(Bild 5.4a)*. Staub- oder Geruchsbelästigungen treten bei den bisher betriebenen Anlagen nicht auf. Probleme ergeben sich hauptsächlich in der Einlaufphase neuer Anlagen dadurch, daß Verstopfungen durch nach der Abfallsatzung verbotenes Einfüllen bestimmter Abfallstoffe (z.B. Betonbrocken, Bügeleisen) auftreten. Solche Abfälle sind für den Transport in Müllsauganlagen nicht geeignet und müssen als Sperrmüll gesondert abgeholt werden.

Müllsauganlagen erfordern höhere Investitionskosten als konventionelle Sammelsysteme. Durch geringere Betriebskosten (vor allem Personalkosten) ergeben sich bei bestimmten Anwendungsfällen neben der Benutzerfreundlichkeit wirtschaftliche Vorteile.

5.1.3 Getrennte Sammlung

Neuere Erkenntnisse auf dem Gebiet des Recycling und der Kompostierung führten in letzter Zeit vermehrt zur Anwendung von Getrennt-Sammelsystemen *(s. Bild 5.4b)*. Dadurch sollen Wertstoffmüll (sauberes Papier, Metalle, Glas) bzw. Kompostmüll (Küchen- und Gartenabfälle, verschmutztes Papier) getrennt vom Restmüll erfaßt und so den zu ihrer Verarbeitung jeweils geeigneten Anlagen zugeführt werden. Der Restmüll wird zur Müllverbrennungsanlage oder zur Deponie transportiert.

Für Wertstoff-Müll bzw. Kompost-Müll und den Rest-Müll werden in den Haushaltungen unterschiedlich gefärbte Sammelgefäße (Begriff «Grüne Tonne») zur Verfügung gestellt, die entweder im wöchentlichen Wechsel vom gleichen Fahrzeug oder unmittelbar nacheinander von verschiedenen Fahrzeugen entleert werden. Der wöchentliche Wechsel wird wegen des im Vergleich zur gemeinsamen Sammlung gleichbleibenden Transportaufwands angestrebt.

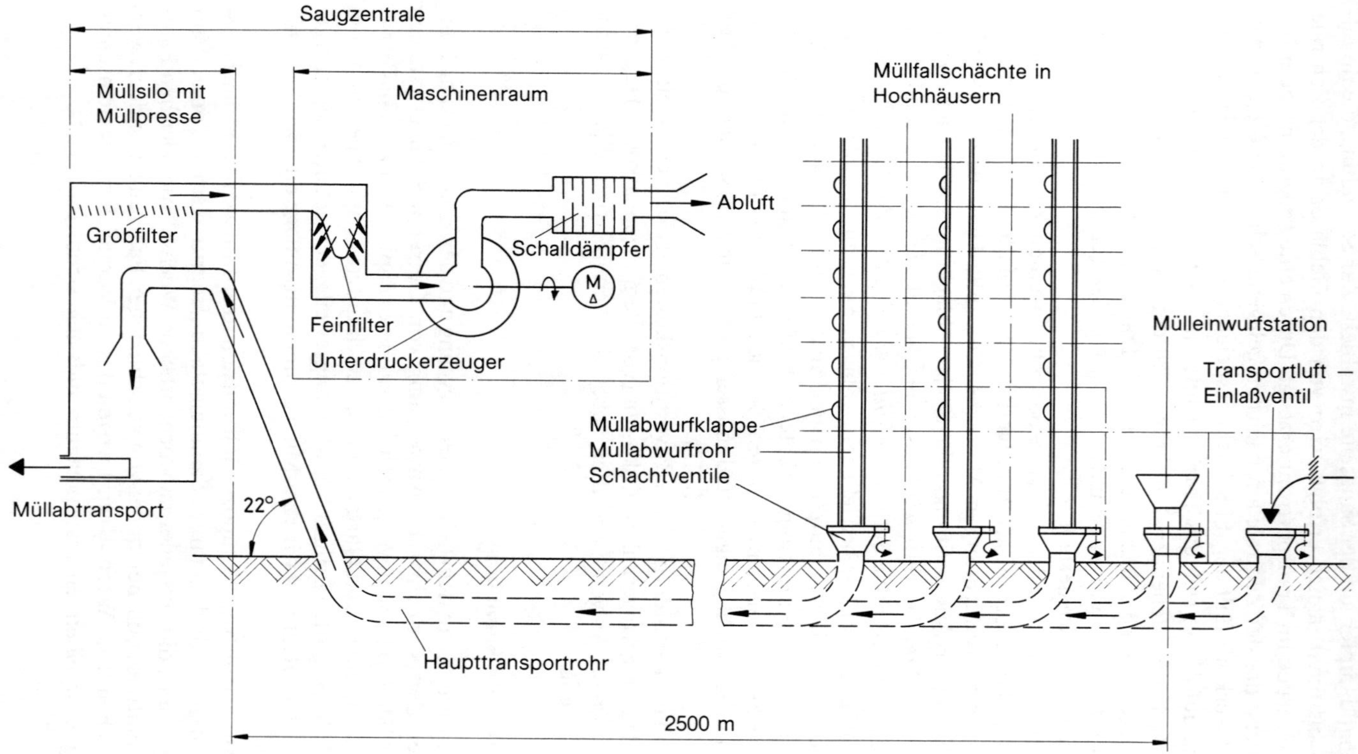

Bild 5.4a Schema einer Müllsauganlage [5.1]

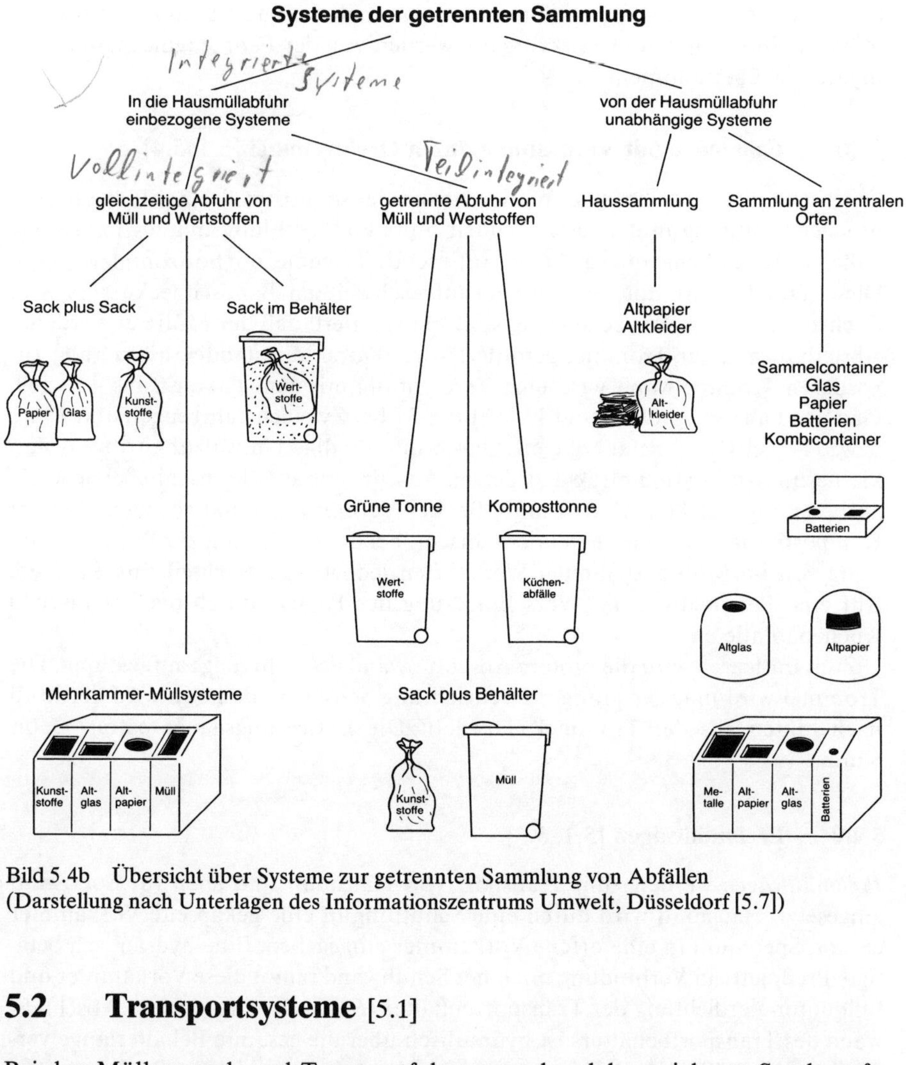

Bild 5.4b Übersicht über Systeme zur getrennten Sammlung von Abfällen (Darstellung nach Unterlagen des Informationszentrums Umwelt, Düsseldorf [5.7])

5.2 Transportsysteme [5.1]

Bei den Müllsammel- und Transportfahrzeugen handelt es sich um Sonderaufbauten auf Lkw-Fahrgestellen. Die Sonderaufbauten bestehen aus geschlossenen Laderäumen mit unterschiedlichen Vorrichtungen zur Verdichtung, um das gesetzlich zulässige Fahrzeugnutzlastgewicht ausnützen zu können. Allen Fahrzeugen gemeinsam ist die Füllöffnung, die sogenannte *Schüttung*, die beim Entleerungsvorgang die Müllsammelgefäße dicht mit dem Laderaum verbindet und so Staubbelästigungen vermindert. Für die verschiedenen Sammelbehälterarten können an einem Fahrzeug mehrere entsprechende Schüttungen angebracht sein. Es gibt auch Universalschüttungen zur Aufnahme verschiedenartiger Behälter. Gemeinsam für alle Schüttungssysteme ist, daß die Sammelgefäße mit Körperkraft bis zum Bereich der Schüttung am Sammelfahrzeug transportiert werden müssen. Hub-, Kipp- und Senkvorgang werden von der Fahrzeugmechanik bzw. -hydraulik übernommen.

5.2.1 **Fahrzeuge mit Verdichtung durch Drehtrommel** [5.1, 5.4]

Fahrzeuge mit Verdichtung durch Drehtrommel sind in großer Zahl im Einsatz. Aus der Schüttung in der feststehenden hinteren Abschlußwand des Fahrzeugs fällt der Müll auf eine mit ca. 4 min^{-1} rotierende Trommel mit horizontaler Achse. Diese Trommel ist mit einer innen aufgeschweißten Bandschnecke versehen. Drehrichtung und Schneckengang sind so orientiert, daß der Müll zur vorderen Abschlußwand der Trommel gefördert wird. Durch die ständige Förderung zur vorderen Trommelwand wird eine Verdichtung mit dem Faktor 2 bis 4 erzielt. Gängige Fahrzeuggrößen sind 13 m^3 bzw. 7 t bei Zweiachsfahrzeugen und 18 m^3 bzw. 11 t bei Dreiachsfahrzeugen. Durch die ständige Umwälzung tritt ein Zerkleinerungs- und Mischeffekt ein, dessen Auswirkung auf die anschließende Müllaufbereitung beachtet werden muß. Bei der Verbrennung und vor allem bei der Kompostierung ist dieser Effekt erwünscht, bei der Sortierung zur Wiedergewinnung von im Müll enthaltenen Wertstoffen jedoch von Nachteil. Insbesondere tritt eine Befeuchtung und Verschmutzung des Papiers durch die organischen Küchenabfälle ein.

Zum Entleeren wird die hintere Abschlußwand des Fahrzeugs aufgeklappt. Die Trommel wird in gegensinniger Drehrichtung betrieben; dadurch wird der Müll nach hinten aus der Trommel gefördert. Die Entleerungsdauer beträgt 3 bis 5 min.

5.2.2 **Preßmüllwagen** [5.1, 5.5]

Preßmüllwagen werden zum Transport von Hausmüll und auch für Sperrmüll eingesetzt. Hausmüll wird durch eine Schüttung in eine gekapselte Vorkammer gefüllt, Sperrmüll in eine offene Vorkammer eingegeben. Eine hydraulisch betätigte Preßplatte in Verbindung mit einer Schubwand räumt diese Vorkammer und füllt unter Verdichtung der Transportbehälter *(Bild 5.5)*. Die vordere Abschlußwand des Transportbehälters ist hydraulisch über die gesamte Behälterlänge verfahrbar. Die größte Verdichtungswirkung ist im Arbeitsbereich der Preßplatte und der Schubwand zu erzielen. Zu Beginn des Füllvorgangs wird die vordere Abschlußwand in unmittelbare Nähe der Vorkammer geschoben. Mit zunehmender Beladung weicht die Abschlußwand nach und nach bis zum vorderen Ende des Transportbehälters aus, wobei durch eine Regelung immer der gleiche Fülldruck eingehalten wird. Damit wird eine gleichmäßige Verdichtung über die ganze Behälterlänge erreicht. Der maximal erreichbare Verdichtungsfaktor beträgt ca. 3,0. Eine Vermischung und Zerkleinerung der eingefüllten Abfälle findet nicht statt. Wie *Bild 5.5* zeigt, ist in der Vorkammer jedoch eine Zerkleinerung von Sperrmüll möglich.

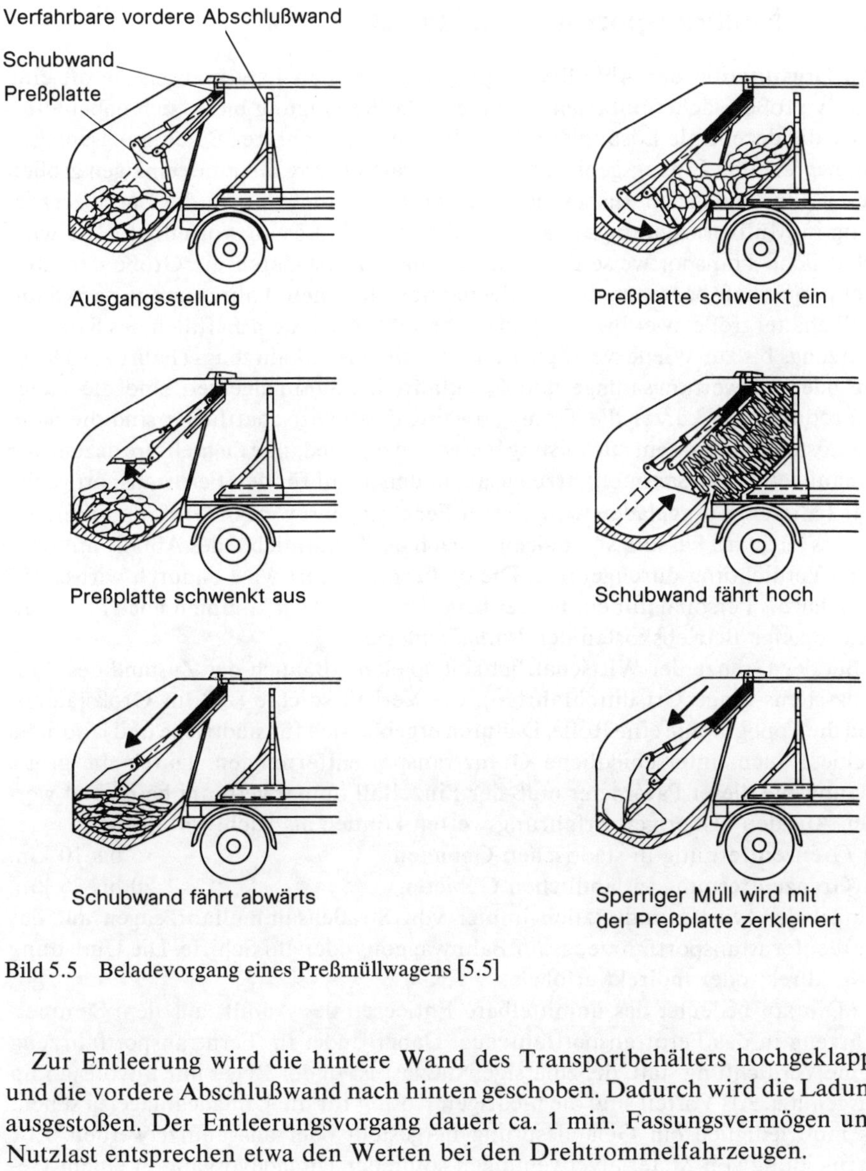

Bild 5.5 Beladevorgang eines Preßmüllwagens [5.5]

Zur Entleerung wird die hintere Wand des Transportbehälters hochgeklappt und die vordere Abschlußwand nach hinten geschoben. Dadurch wird die Ladung ausgestoßen. Der Entleerungsvorgang dauert ca. 1 min. Fassungsvermögen und Nutzlast entsprechen etwa den Werten bei den Drehtrommelfahrzeugen.

5.3 Mülltransport mit Umladung [5.1, 5.4]

Die Organisation der Abfallbeseitigung liegt bei den Landkreisen, die oft eine relativ große Fläche umfassen. Für die Abfallbeseitigung bietet sich dabei alternativ die dezentrale Lösung durch die Errichtung mehrerer Beseitigungsanlagen mit begrenztem Einzugsgebiet oder die zentrale Lösung mit einer einzigen großen Beseitigungsanlage an. Insbesondere unter dem Gesichtspunkt der Energieerzeugung in Müllverbrennungsanlagen ist die zentrale Lösung vorteilhaft. Die wirtschaftliche Transportweise der Sammelfahrzeuge ist durch die Größe der Sammelmannschaft begrenzt, die im allgemeinen aus einem Fahrer und je nach Sammelbehältergröße zwei bis vier Ladern besteht. Nach dem Befüllen des Sammelfahrzeugs bis zur Wiederverfügbarkeit des entleerten Fahrzeugs (Fahrt zur Deponie oder Verwertungsanlage und Rückfahrt ins Sammelgebiet) sind die Lader unproduktiv. Je kürzer die Transportweite, desto wirtschaftlicher sind die Sammelkosten. Für die zentrale Lösung bietet sich der Gedanke an mehrere dezentrale Anlaufstellen der Sammelfahrzeuge an, in denen auf für den Ferntransport geeignete Fahrzeuge umgeladen wird. Dieser Ferntransport wird in Großraumfahrzeugen bis zu 50 m^3 Fassungsvermögen je nach der Schüttdichte des Abfalls mit oder ohne Verdichtung durchgeführt. Dieser Ferntransport wird dadurch wirtschaftlich, daß als Personal nur ein Fahrer benötigt wird. Dazu kommen noch Personal- und sonstige Betriebskosten der *Umladeanlage.*

Bei der Grenze der Wirtschaftlichkeit spielen z.B. auch der Zustand des Straßensystems (enge Ortsdurchfahrten), die Verkehrsdichte (z.B. in Großstädten) und die Topographie eine Rolle. Dadurch ergeben sich für städtische und ländliche Gebiete auch unterschiedliche Grenztransportentfernungen. Durch die große Spannweite dieser Parameter muß der Einzelfall immer getrennt betrachtet werden. Aus den bisherigen Erfahrungswerten können als Richtwerte gelten:

- □ Grenzentfernung in städtischen Gebieten 5 bis 10 km,
- □ Grenzentfernung in ländlichen Gebieten 20 bis 25 km.

Umgeladen wird grundsätzlich immer von Straßensammelfahrzeugen auf das Straßenferntransportfahrzeug, auf Bahnwaggons oder auf Schiffe. Die Umladung kann direkt oder indirekt erfolgen.

«Direkt» bedeutet das unmittelbare Entleeren des Abfalls aus dem Sammelfahrzeug in das Ferntransportfahrzeug. Dabei findet im Ferntransportfahrzeug keine Verdichtung statt, die zulässige Nutzlast ist in der Regel nur unvollständig ausgenutzt. Als Vorteil sind die niedrigen Kosten für die Umladeanlage zu sehen. Es muß lediglich ein Geländesprung hergestellt oder ausgenutzt werden. Zur Vermeidung von Materialverwehungen sollte der Umladevorgang in einem Gebäude erfolgen *(Bild 5.6)*. «Indirekt» bedeutet die Zwischenschaltung eines Bunkers.

Der Bunker kann als *Tiefbunker* ausgeführt sein, der über einen Greiferkran entleert wird. Alternativ kann die Bunkersohle aus einem Plattenförderband bestehen, das den Bunker fortlaufend entleert *(Bild 5.7)*. Kran oder Plattenband können direkt in das Ferntransportfahrzeug entleeren, was einen Ferntransport

Bild 5.6
Umladestation mit direkter Umladung ohne Verdichtung in das Ferntransportfahrzeug [5.1]

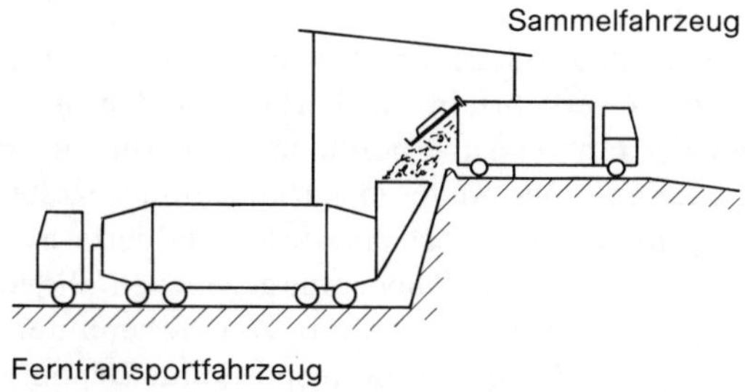

Bild 5.7
Umladestation mit indirekter Umladung über Bunker und Förderbandsystem ohne Verdichtung [5.1]

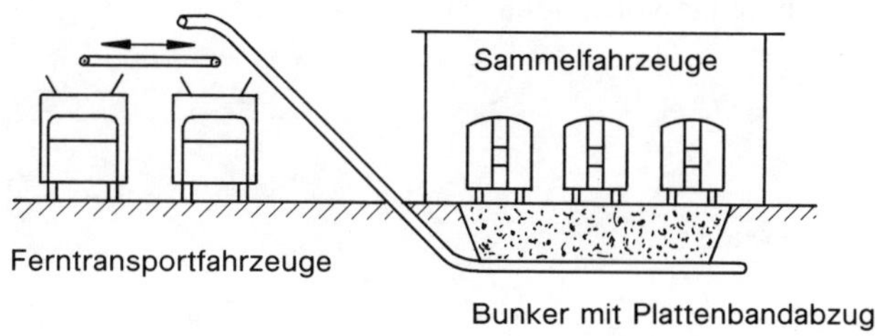

Bild 5.8
Umladestation mit indirekter Umladung über eine Müllpresse mit Verdichtung in das Ferntransportfahrzeug [5.1]

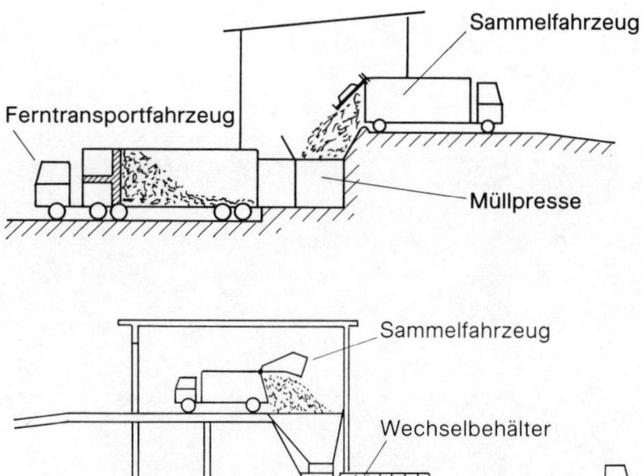

Bild 5.9
Umladestation mit indirekter Umladung über eine Müllpresse mit Verdichtung in Wechselbehälter. Die Behälter werden über ein Hubsystem auf die Transportfahrzeuge verladen [5.1]

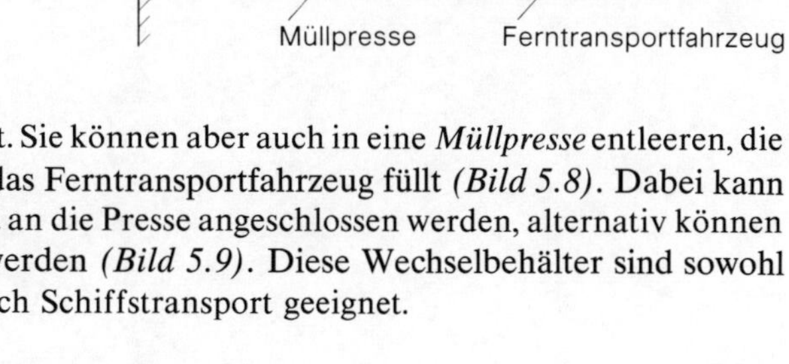

ohne Verdichtung bedeutet. Sie können aber auch in eine *Müllpresse* entleeren, die die Abfälle verdichtet in das Ferntransportfahrzeug füllt *(Bild 5.8)*. Dabei kann das Transportfahrzeug fest an die Presse angeschlossen werden, alternativ können Wechselbehälter befüllt werden *(Bild 5.9)*. Diese Wechselbehälter sind sowohl für Straßen-, Bahn- als auch Schiffstransport geeignet.

Am flexibelsten ist der Ferntransport in *Wechselbehältern*. Diese Behälter werden in der Umladeanlage befüllt und von einem Fahrzeug, das nur innerhalb der Umladeanlage verkehrt, in eine Parkposition verbracht. Dort werden sie von dem Ferntransportfahrzeug übernommen, das vorher den mitgebrachten leeren Transportbehälter in einer weiteren Parkposition abgestellt hat. Absetzen und Aufnahme kann entweder über eine fest installierte hydraulische Hebevorrichtung erfolgen oder dadurch, daß über eine gegebenenfalls vorhandene Luftfederung des Transportfahrzeugs die Einstellung von Höhenunterschieden bis zu 15 cm möglich ist. Wenn das Ziel des Ferntransports eine Deponie ist, sollte dort eine ähnliche Übergabestation auf nur innerhalb der Deponie verkehrende geländegängige Fahrzeuge vorhanden sein.

6 Nicht verfahrensgebundene technische Einrichtungen in Abfallverwertungsanlagen

6.1 Allgemeines [6.1]

Von der Industrie wird eine Vielzahl von Aufbereitungsgeräten angeboten, die sich in anderen Verwendungsbereichen bewährt haben. In den letzten Jahren zeichnet sich zudem ein Trend zur Entwicklung spezieller Müllaufbereitungsmaschinen ab. Dabei werden in zunehmendem Maße die besonderen Anforderungen an die in Abfallbehandlungsanlagen eingesetzten technischen Einrichtungen berücksichtigt:

- □ Einfache und robuste Ausführung;
- □ möglichst wenig bewegliche Teile bei guter Wartungs- und Reinigungsmöglichkeit;
- □ Abdeckung aller Antriebseinrichtungen;
- □ große Durchgangsquerschnitte, keine vermeidbaren Einbauten;
- □ wenig Umlenkung der Materialströme;
- □ Beständigkeit gegen mechanischen Abrieb und Korrosion.

6.2 Bunker- und Dosiereinrichtungen [6.1]

Bunkeranlagen sollen drei Funktionen erfüllen:

- □ Aufnahme der angelieferten und entladenen Müllmengen,
- □ vorübergehende Speicherung der Abfälle zur Entkoppelung der Vorgänge Anliefern und Aufgabe,
- □ Dosierung der Müllmengen zur Aufgabe an die nachfolgenden Aufbereitungseinrichtungen.

6.2.1 Plattenbandbunker und Tiefbunker [6.1, 6.2]

Kleine *Plattenbandbunker* können nur die Funktionen Aufnahme und Dosierung erfüllen. In der einfachsten Form bestehen sie aus einem Trichter mit einem darunterliegenden Plattenband, das den aufgegebenen Müll direkt in die nächste Verfahrensstufe fördert *(Bild 6.1)*. Das Füllvolumen des Trichters faßt etwa einen Müllwageninhalt. Nachfolgende Fahrzeuge müssen warten, bis der Trichter wieder leer ist. Die Gefahr von Materialbrückenbildungen ist relativ groß, sie kann durch Wahl eines größeren Steigungswinkels des Plattenbandes (45° und mehr) vermindert werden.

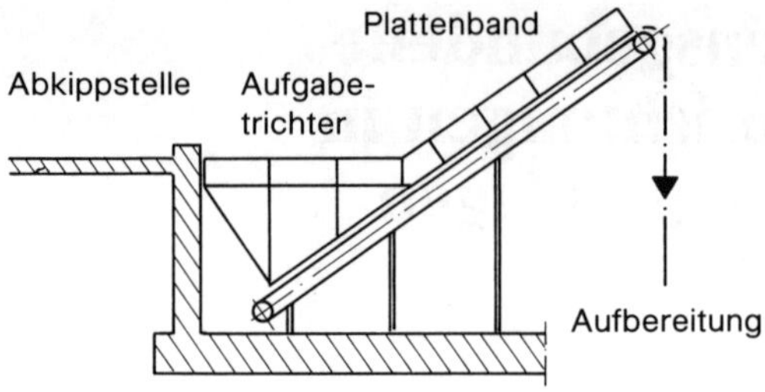

Bild 6.1
Kleiner Plattenbandbunker ohne Speicherkapazität [6.1]

Bild 6.2
Plattenbandbunker mit Speichermöglichkeit. Weitertransport zur Aufbereitung über ein weiteres Band [6.1]

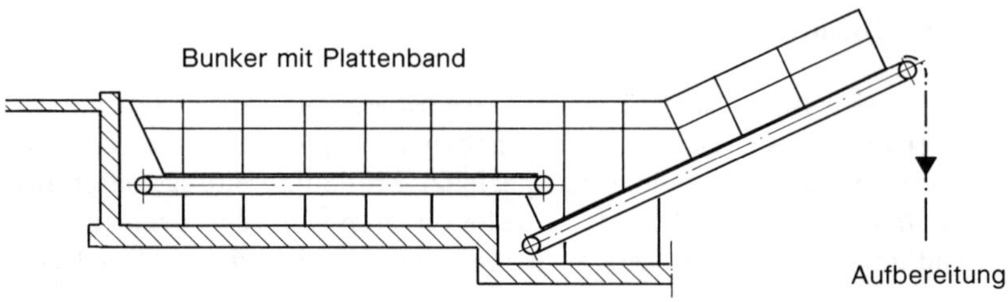

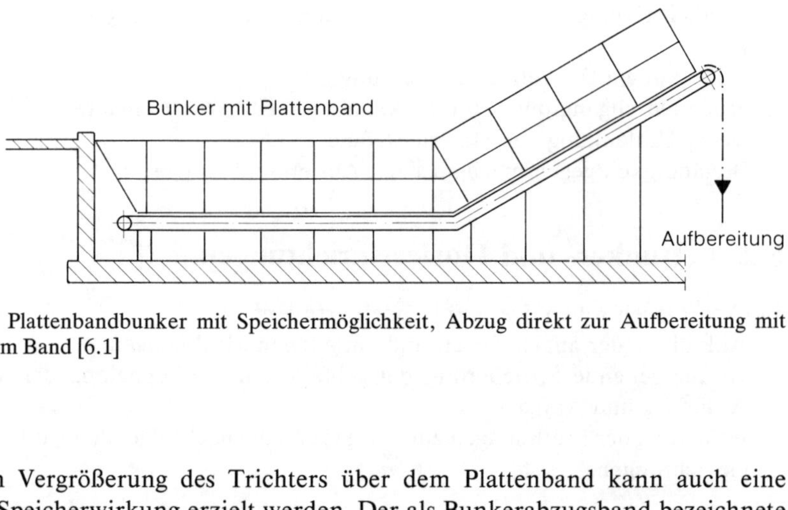

Bild 6.3 Plattenbandbunker mit Speichermöglichkeit, Abzug direkt zur Aufbereitung mit geknicktem Band [6.1]

Durch Vergrößerung des Trichters über dem Plattenband kann auch eine gewisse Speicherwirkung erzielt werden. Der als Bunkerabzugsband bezeichnete Förderer wird dabei in der Regel horizontal angeordnet, die Aufgabe erfolgt von der Längsseite *(Bild 6.2)*. Das nutzbare Speichervolumen wird begrenzt durch die Breite des Plattenbandes (max. 2000 mm) und die Materialhöhe auf dem Band, die bei schweren Bändern bis zu 3,50 m erreichen kann. Die Übergabe des Mülls erfolgt in der Regel auf ein zweites, in Verlängerung zum Bunker oder im rechten Winkel dazu verlaufendes ansteigendes Platten- oder Gurtförderband zur Aufgabe auf die Aufbereitungsanlage. Bei Anlagen mit geringerem Speichervolumen und niedrigerer Materialhöhe können auch abgeknickte Bänder verwendet werden, die direkt zur Aufbereitungsanlage führen *(Bild 6.3)*.

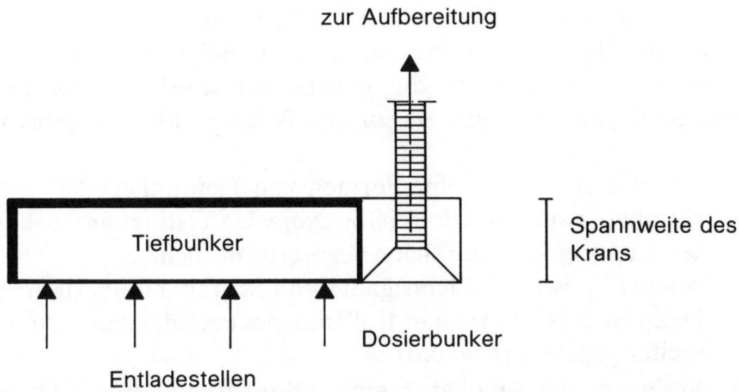

Bild 6.4 Kombination Tiefbunker mit Krananlage (ohne Katze) und Plattenbanddosierbunker für kleinere Anlagen [6.1]

Mehr Sicherheit bei beliebig großem Speichervolumen bieten Kombinationslösungen, bei denen die Funktionen Speichern und Dosieren getrennt sind. Anlagen dieser Art bestehen aus einem Betonbunker ohne Einbauten, der meist als Tiefbunker ausgebildet ist, und einem oder mehreren *Dosierbunkern* mit mechanischen Abzugsvorrichtungen wie Plattenbänder, Scharnierbänder oder Vibrationsförderrinnen. Zusätzlich wird eine Krananlage mit Müllgreifer benötigt *(Bild 6.4)*.

Bei größeren Abfallbehandlungsanlagen, deren Aufbereitungsteil aus mehreren unabhängig voneinander zu beschickenden Gerätelinien besteht, werden mehrere Dosierbunker bzw. Aufgabebunker benötigt. Diese sind in der Regel auf einer höher gelegenen Bühne an der den Entladestellen gegenüberliegenden Längsseite des Tiefbunkers angeordnet. Zur Beschickung der Aufgabebunker werden Brückenlaufkrane entsprechender Spannweite mit Krankatzen eingesetzt *(Bild 6.5)*.

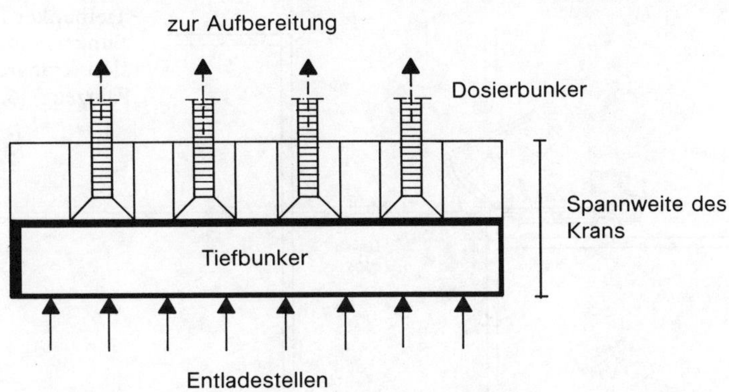

Bild 6.5 Kombination Tiefbunker mit Krananlage (mit Katze) und Plattenbanddosierbunker für größere Anlagen [6.1]

Bei *Tiefbunkern* können für die Bemessung des Bunkervolumens für 1 t Rohmüll 4 m^3 Raumbedarf angesetzt werden. Bei Kompostwerken und Recyclinganlagen reicht in der Regel die Speicherung einer Tagesmenge aus, Müllverbrennungsanlagen benötigen wegen des Wochenendbetriebs bis zu 3 Tagesmengen Speicherkapazität.

Es gibt drei verschiedene Formen von Tiefbunkern:

- □ Kippkante am Rand des Tiefbunkers. Unterstützung der Fahrer durch Einweiser, Lichtsignale oder Schranken erforderlich.
  Nachteilig ist, daß Lichtsignale und Schranken überfahren werden könnten. Dann ist die Gefahr einer Kollision des entladenden Fahrzeugs mit dem Krangreifer gegeben *(Bild 6.6)*.
- □ Verlegung der Kippkante vor die Bunkerkante und Anordnung von schrägen Rutschen. Nachteilig sind die erhöhten Baukosten durch größere Tiefenlage (Grundwasser) und die schlechte Ausnutzung des Bunkervolumens durch die Materialböschung *(Bild 6.7)*.
- □ Verlegung der Kippstellen vor das Bunkergebäude. Entleerung in *Müllbetten* mit Hydraulikschieber. Nachteilig ist der hohe maschinentechnische und bautechnische Aufwand sowie die Begrenzung der Entlademenge, z.B. bei Großcontainern *(Bild 6.8)*.

Tiefbunker und Plattenbandbunker können kombiniert werden. Sie können so angeordnet werden, daß beide zur Entladung zur Verfügung stehen *(Bild 6.9)*. Bei normalen Anfuhren und störungsfreiem Betrieb der Aufbereitung wird nur der Plattenbandbunker beschickt, die Krananlage steht still. Kommen mehr Fahrzeuge an als der Plattenbandbunker momentan verkraften kann, werden diese zum Tiefbunker dirigiert. Der Kran ist weiterhin außer Betrieb. Ist die Fahrzeuganfuhr längere Zeit unterbrochen, leert sich der Plattenbandbunker. Die Kran-

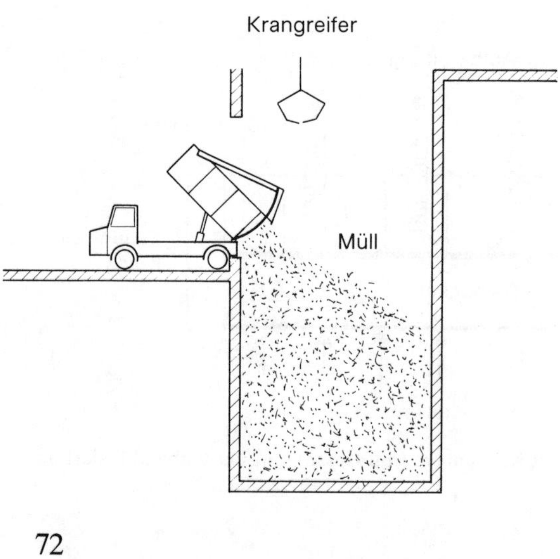

Bild 6.6
Tiefbunker mit Kippkante am Bunkerrand (Gefahr der Kollision Krangreifer/entladendes Fahrzeug) [6.3]

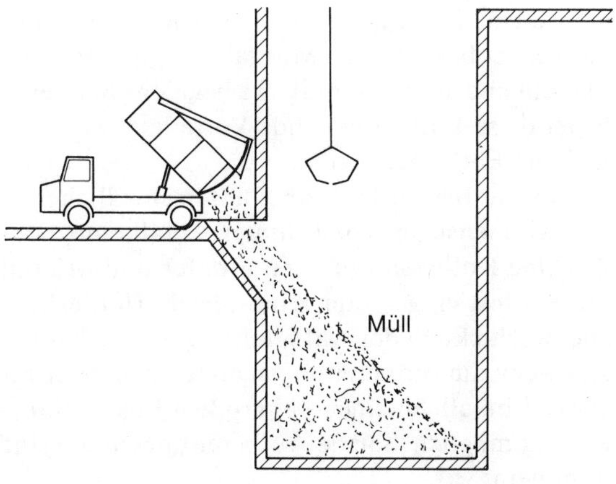

Bild 6.7
Tiefbunker mit vor den Bunkerrand verlegter Kippkante und schräger Rutsche (schlechte Ausnutzung des Bunkervolumens durch Materialböschung) [6.3]

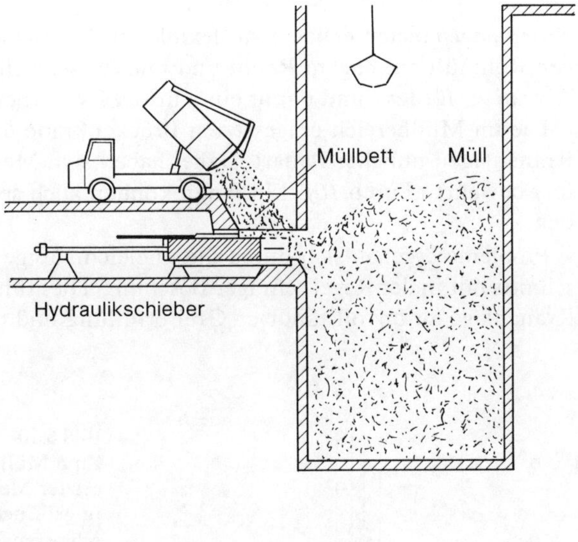

Bild 6.8
Tiefbunker mit Müllbett. Entleerung in den Bunker mit Hydraulikschieber (gute Ausnutzung des Bunkervolumens durch Stapeln bis über die Oberkante des Schiebers) [6.4]

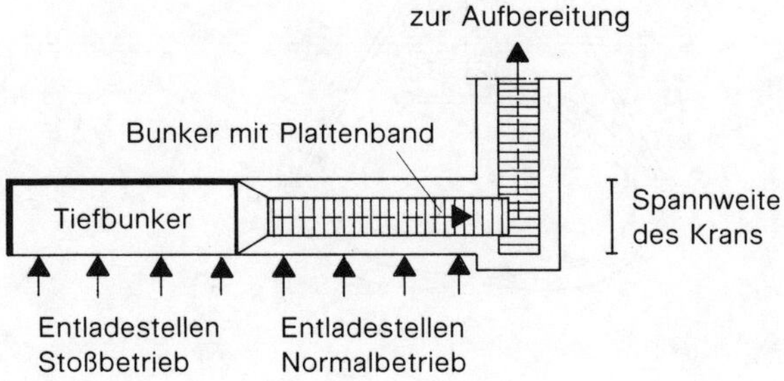

Bild 6.9
Kombination Plattenbandbunker/Tiefbunker mit Krananlage (ohne Katze) für mittelgroße Anlagen [6.1]

anlage tritt in Tätigkeit und beschickt das Plattenband mit Müll aus dem Tiefbunker. Sobald wieder Müllfahrzeuge kommen, wird der Kran stillgesetzt, das Plattenband wird dann direkt beladen. Bei vertretbarem technischem Aufwand bietet diese Lösung folgende Vorteile:

- □ hohe Entladekapazität,
- □ flexible Betriebsweise bei unterschiedlicher Anfuhr,
- □ Zwischenstapeln bestimmter Abfälle möglich (im Tiefbunker),
- □ keine Kollision zwischen Greifer und Müllfahrzeugen,
- □ kein fest eingeteilter Kranführer erforderlich.

Die Beschickung der Aufbereitungsanlage kann auch direkt mit dem Kran erfolgen, wenn die Aufbereitungsmaschinen eine diskontinuierliche Aufgabe zulassen. Dies ist im allgemeinen bei großem Eigenvolumen und langsamer Durchsatzbewegung möglich. Solche Aufbereitungsgeräte sind z.B. Trommelsiebe und Rottetrommeln.

6.2.2 **Krananlagen** [6.1, 6.3]

Krananlagen bieten neben dem flexibleren Beschickungsbetrieb die Möglichkeit, den Rohmüll auf engem Raum und mit wirtschaftlichen Mitteln auf ein hohes Niveau zu fördern und damit ein günstiges Verarbeitungsgefälle zu erzielen.

Die im Müllbereich eingesetzten Brückenkrane unterscheiden sich nicht von Krananlagen üblicher Bauart. Dabei haben sich Mehrschalengreifer (Polypgreifer) bewährt *(Bild 6.10)*. Mit ihnen können auch sperrige Teile gut erfaßt werden.

Probleme ergeben sich durch die ungleichmäßige Befüllung des Bunkerquerschnitts mit in der Regel schräger Böschung. Dies führt bei Automatikbetrieb der Krananlage zu unvollständiger Greiferfüllung und damit zu verminderter Um-

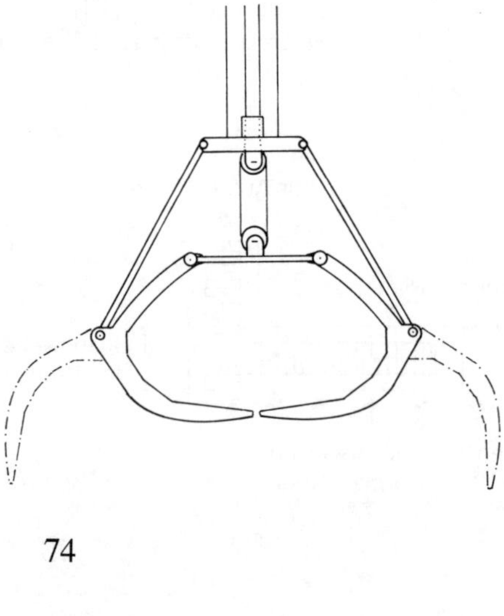

Bild 6.10
Zum Müllumschlag eingesetzter Mehrschalengreifer in geöffnetem und geschlossenem Zustand [6.3]

schlagsleistung. Mit einer Reihe von zusätzlichen automatischen Regelungen kann diesem Effekt entgegengewirkt werden. Beim derzeitigen Stand der Technik kann auf Handbetrieb beim Müll nur unter Inkaufnahme etwas verminderter Umschlagsleistung verzichtet werden.

Bei der Bemessung von Krananlagen kann man von folgender Umschlagleistung $\dot{m}_u$ des Krans in t/h ausgehen:

$$\dot{m}_u = \frac{\varrho_M \cdot V_G}{t} \cdot 60. \tag{6.1}$$

Es bedeuten:

ϱ_M Raumdichte des Mülls im Greifer (bei Hausmüll $\varrho_M \cong 0{,}4 \text{ t/m}^3$)
V_G Volumen des Greifers (m^3)
t Gesamtspielzeit (min)

$$t = 2\,(t_s + t_h + t_k + t_{kr}) \tag{6.2}$$

t_s Schließzeit (0,15 bis 0,25 min)
t_h Hubzeit

$$t_h = \frac{z_h}{w_h} \tag{6.3}$$

z_h mittlere Hubhöhe (m). z_h ist die Differenz zwischen der halben Höhe der Müllfüllung im Tiefbunker und dem Niveau des oberen Randes des Aufgabetrichters plus 1 m. In Bild 6.11 beträgt die mittlere Hubhöhe 15 m.
w_h Hubgeschwindigkeit (40 bis 60 m/min)
t_k Zeit für das Katzfahren

$$t_k = \frac{z_B}{w_k} \tag{6.4}$$

z_B mittlerer Katzfahrweg (m). z_B ist die Differenz zwischen der Längsachse des Tiefbunkers und dem Mittelpunkt des Aufgabetrichters. In Bild 6.11 beträgt der mittlere Katzfahrweg 6 m.
w_k Katzfahrgeschwindigkeit (40 m/min)
t_{kr} Zeit für das Kranfahren

$$t_{kr} = \frac{z_L}{w_{kr}} \tag{6.5}$$

z_L mittlerer Kranfahrweg (m). z_L ist die halbe Differenz zwischen der Mittelachse des Aufgabetrichters und dem am weitesten davon entfernt liegenden Punkt des Tiefbunkers. In Bild 6.11 beträgt der mittlere Kranfahrweg 10 m.
w_{kr} Kranfahrgeschwindigkeit (60 bis 80 m/min).

Falls Kollisionen zwischen dem Greifer und dem entladenden Müllfahrzeug auf der gesamten Bunkerlänge mit Sicherheit ausgeschlossen sind, können Heben

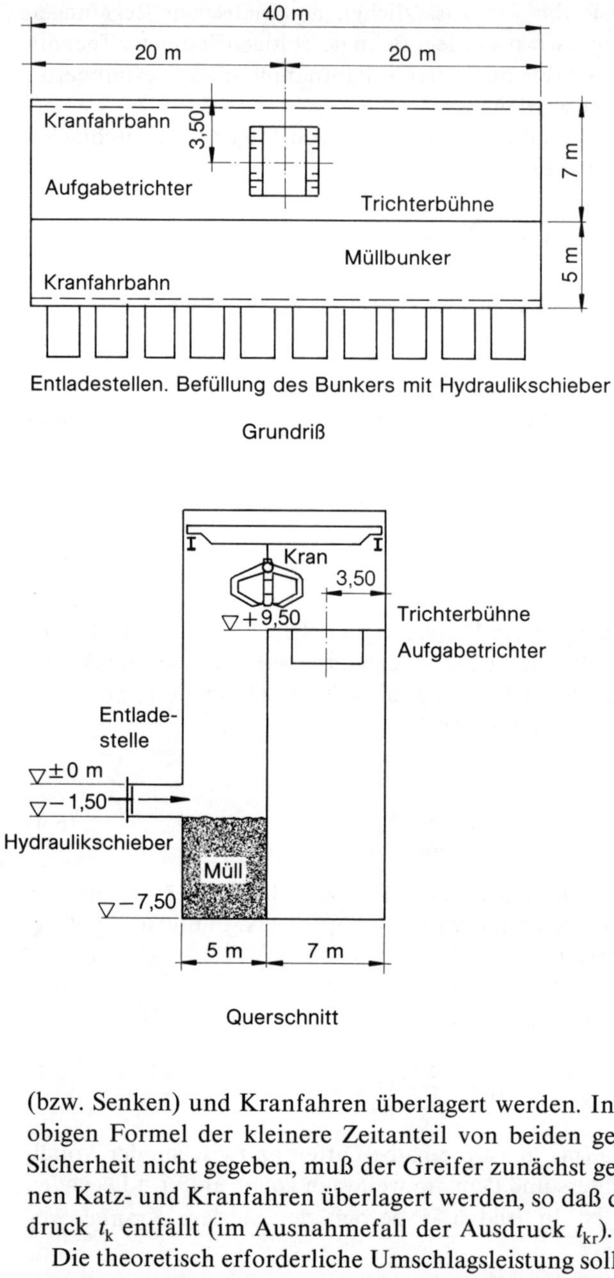

Bild 6.11
Beispiel zur Bemessung der Umschlagleistung einer Krananlage [6.3]

(bzw. Senken) und Kranfahren überlagert werden. In diesem Fall kann aus der obigen Formel der kleinere Zeitanteil von beiden gestrichen werden. Ist diese Sicherheit nicht gegeben, muß der Greifer zunächst gehoben werden. Dann können Katz- und Kranfahren überlagert werden, so daß dann in der Regel der Ausdruck t_k entfällt (im Ausnahmefall der Ausdruck t_{kr}).

Die theoretisch erforderliche Umschlagsleistung sollte bei der Kranbemessung um einen Sicherheitsfaktor von ca. 1,25 erhöht werden.

Nach den Bestimmungen der Technischen Anleitung zur Reinhaltung der Luft *(TA Luft)* muß der Bunkerraum abgesaugt und die Luft in Geruchsfiltern desodoriert werden, nachdem sie vorher in Staubfiltern behandelt wurde. Voraussetzung für eine wirkungsvolle Absaugung des Bunkers zur Entlüftung und Entstaubung ist ein möglichst vollständiger Abschluß an den Abkippstellen durch Tore. In der Praxis werden diese Tore nur selten geschlossen, und das Abzugsystem verliert an Wirkung. Als zweckmäßige Lösung des Problems bietet sich der Bau einer Entladehalle mit nur je einer Toröffnung für Einfahrt und Ausfahrt an. Dadurch wird auch gleichzeitig der gesamte Entlade- und Rangiervorgang optisch und akustisch abgeschirmt.

6.3 Zerkleinerungsaggregate [6.1; 6.3 bis 6.5; 6.8 bis 6.10]

Die Vorzerkleinerung der Abfälle *(Tabelle 6.1)* ist unumgänglich bei der Kompostierung, von Vorteil bei der Verbrennung und von Nachteil bei der Sortierung. Bei der Sortierung wird die gleiche Geräteart jedoch in einer späteren Verfahrensstufe eingesetzt.

Hammermühlen, Prallmühlen und Prallreißer sind schnellaufende Zerkleinerungsgeräte, bei denen die Umfangsgeschwindigkeit nicht selten bei ca. 300 km/h liegt. Dabei tritt hoher Verschleiß auf. Ein weiterer Effekt ist ein durch den Zusammenprall von Metall und anderen harten Stoffen entstehender permanenter Funkenregen im Mühlengehäuse. Dieser Funkenregen stellt eine Zündquelle dar. Mit dem Müll können immer Explosiv- oder Brennstoffe angeliefert werden, auch wenn dies nach der Abfallsatzung streng verboten ist. Häufige Beispiele sind Kanister mit Restinhalten z.B. von Lackverdünnern oder fast leere Campinggasflaschen. Auch Stäube, die in bestimmten Konzentrationen zündfähig sind (z.B. Holzschleifstäube), können im Müll enthalten sein.

Solche Materialien haben bisher schon in fast jeder schnellaufenden Zerkleinerungsmühle zumindest einmal zur Explosion geführt. In Deutschland ist nur ein Fall mit Personenschaden bekannt, die Sachschäden sind in der Regel erheblich. Durch die Druckwelle werden leichte Bauteile wie Fassaden und Dächer weggeschleudert. Die Druckwelle kann auch Müllteile aus der Einlauf- oder Auslauföffnung der Mühle herausschleudern. Da die Maschinen sehr robust gebaut sind, kam ein Wegschleudern von Maschinenbestandteilen bisher nicht vor. Die gefährlichste Explosionswirkung ist die Stichflamme, die durch Einlauf und Auslauf der Mühle kommen kann. Sie gefährdet Menschen und führt häufig zu Bränden, vor allem in den Müllbunkern. Es wurden schon *Explosionsunterdrückungsanlagen* (Flammenerstickungsanlagen), ausprobiert. Dabei wurden im Einlauf- und Auslaufkanal von Mühlen Batterien von Löschpulverbehältern montiert, die unter hohem Stickstoffdruck stehen. Ein Sensor im Mahlraum löst bei plötzlichem starken Druckanstieg die Absprengung der Ventile der Löschpulverbehälter aus; in den beiden Kanälen entsteht dann eine flammenerstickende Atmosphäre. Durch Versuche wurde jedoch ermittelt, daß bei einigen Brenn- und Explosivstoffarten die Zündgeschwindigkeit so hoch ist, daß die Stichflamme schon die Unterdrückungsanlage passiert hatte, bevor diese auslösen konnte. Die Unterdrückungsanlage kann also keinen vollständigen Schutz bieten.

Tabelle 6.1 Zerkleinerungsaggregate, Übersicht

Gerätetyp	Kurzbeschreibung	Bild
Siebraspel	Ähnlich einem Haushaltspassiersieb, stehender Zylinder, ∅ 5 m, zwei Böden. Der obere Boden besteht segmentweise abwechselnd aus Reißstiftplatten und Sieblochplatten. Der Müll wird durch an einer Mittelwelle befestigte Arme über diesen Boden geschleift, zerkleinert und klassiert. Zerkleinerbare Bestandteile fallen auf den unteren Boden und werden über Fegarme kontinuierlich ausgetragen, nicht zerkleinerbare Teile vom oberen Boden durch einen Schieber diskontinuierlich ausgetragen. Guter Wirkungsgrad, geringe Durchsatzleistung (ca. 5 t/h).	6.12
Hammermühle	Ausführung ein- oder zweirotorig. Der Rotor wird aus mit Distanz auf einer Welle aufgezogene Scheiben gebildet. An diesen Scheiben sind die Hämmer in den Zwischenräumen pendelnd befestigt. Bei der Rotation beschreiben die Hämmer einen außerhalb der Scheibe liegenden Schlagkreis. Bei einrotoriger Ausführung schlagen die Hämmer durch einen Reißkamm, bei zweirotoriger Ausführung und gegenläufigem Drehsinn kann dieser Reißkamm entfallen. Bei einigen Typen ist für schwer zerkleinerbare Teile eine Auswurfvorrichtung vorhanden. Durchsatzleistung 8 bis 25 t/h. Hoher Verschleiß, hoher Energiebedarf.	6.13
Prallmühle	Einrotorig. Rotor als Trommel ausgebildet, auf der über den Umfang verteilt sechs bis acht Schlagleisten angebracht sind. Mit verstellbarem Abstand von dem Rotor sind am Mühlengehäuse pendelnd aufgehängte Prallplatten befestigt. Die Schlagleisten schleudern den Müll gegen diese Prallplatten. Die Zerkleinerung erfolgt an den natürlich vorhandenen Spalt- und Trennflächen. Eingesetzt zur Zerkleinerung von Sperrmüll und in größeren Behältern gesammeltem Hausmüll. Verschleiß im Vergleich zu der Hammermühle geringer, ebenso der Energiebedarf.	6.14

Gerätetyp	Kurzbeschreibung	Bild
Prallreißer	Kurze zylindrische, schnellrotierende und stufenlos neigungsverstellbare Trommel. Im feststehenden Trommeldeckel sind mit geringem Abstand vom Umfang ein bis zwei ins Innere der Trommel ragende gleich- oder gegensinnig sehr schnell rotierende Zerkleinerungswerkzeuge befestigt. Sie zerkleinern den durch die Fliehkraft an die Innenwand der Trommel gepreßten Abfall. Hoher Verschleiß, relativ geringe Investitionskosten.	6.15
Messermühle	Auf zwei bzw. vier langsam rotierenden Wellen sind kreisrunde oder unregelmäßig geformte Schneidscheiben versetzt so angeordnet, daß sie sich kämmen. Durch paarweise gegensinnige Drehrichtung werden die Abfälle zwischen den Schneidscheiben eingezogen und durch Scherung zerkleinert. Schwere kompakte Müllteile müssen vor den Mühlen magnetisch oder ballistisch ausgeschieden werden. Für nicht zerkleinerbare Teile sind Ausstoßvorrichtungen vorhanden. Gut geeignet zur Zerkleinerung von Altreifen und Holzkisten, bei der Zerkleinerung von Hausmüll hoher Verschleiß durch Schmirgeleffekt.	6.16
Kaskadenmühle (Kugelmühle)	Langsam rotierende kurze Drehtrommel ∅ 3 bis 10 m mit Durchmesser-Längen-Verhältnis ca. 3 : 1. In den leicht konisch ausgebildeten Stirnwänden erfolgen Eintrag und Austrag durch den vorderen bzw. hinteren Lagerzapfen. Die Trommel ist gepanzert und zu 10 bis 20% ihres Volumens mit Stahlkugeln gefüllt. Der eingefüllte Müll vermischt sich mit den Kugeln. Die Zerkleinerung erfolgt durch Reibung, Walzung und Schlag. Austrag des zerkleinerten Gutes durch eine mit Abstand vor der hinteren Stirnwand angebrachte Siebwand. Geeignet zur Zerkleinerung von Hausmüll sowie zur gleichzeitigen Mischung mit entwässertem Klärschlamm. Wegen der relativ kleinen Einfüllöffnung (max. ∅ 2,20 m) nicht geeignet für Sperrmüll. Großer Verschleiß der Kugeln, hoher Energiebedarf.	6.17

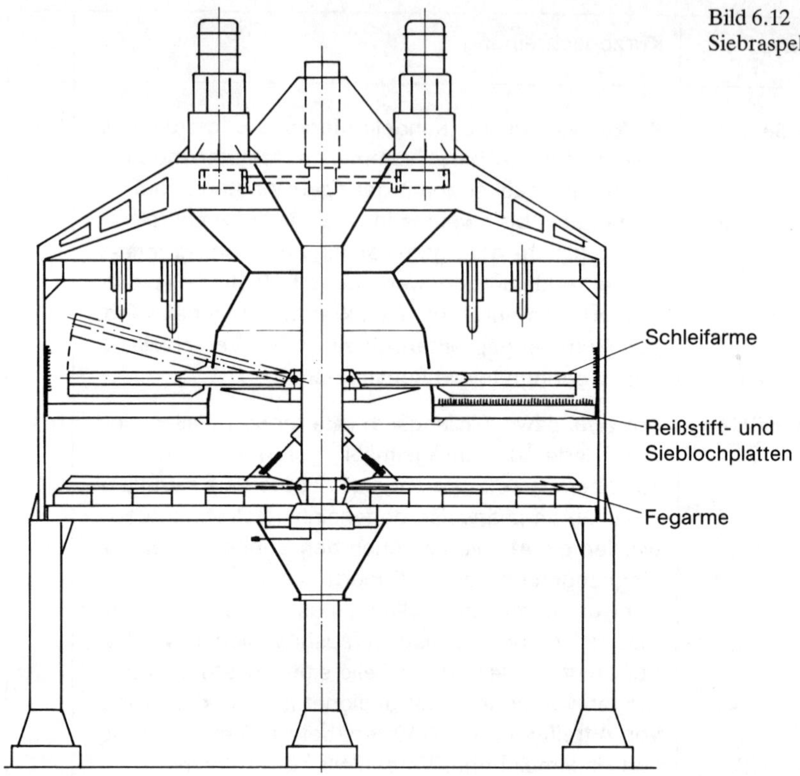

Bild 6.12
Siebraspel [6.1]

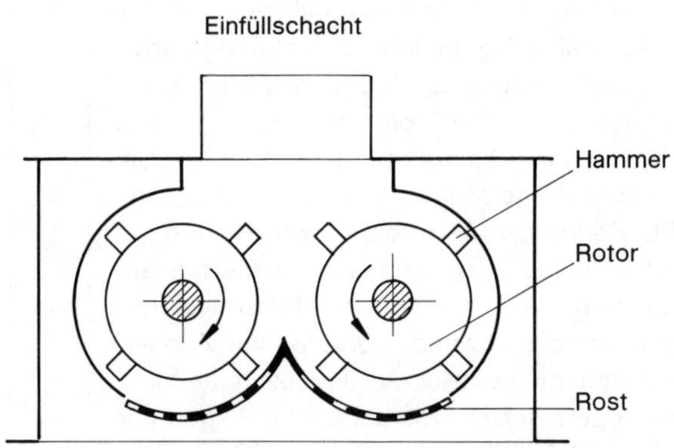

Bild 6.13
Hammermühle
(zweirotorig) [6.5]

Bild 6.14
Prallmühle [6.3]

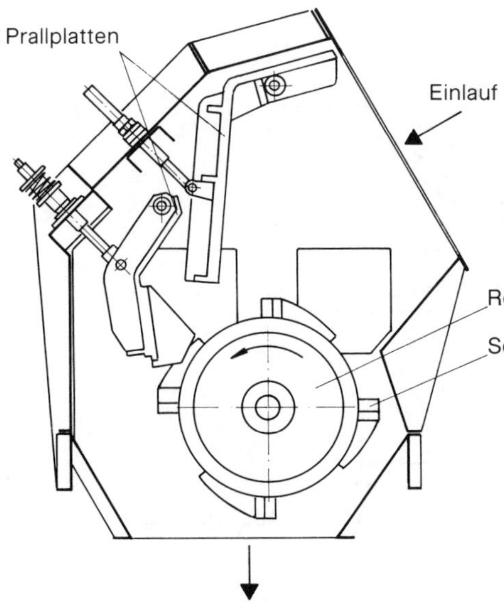

Bild 6.15
Prallreißer [6.1]

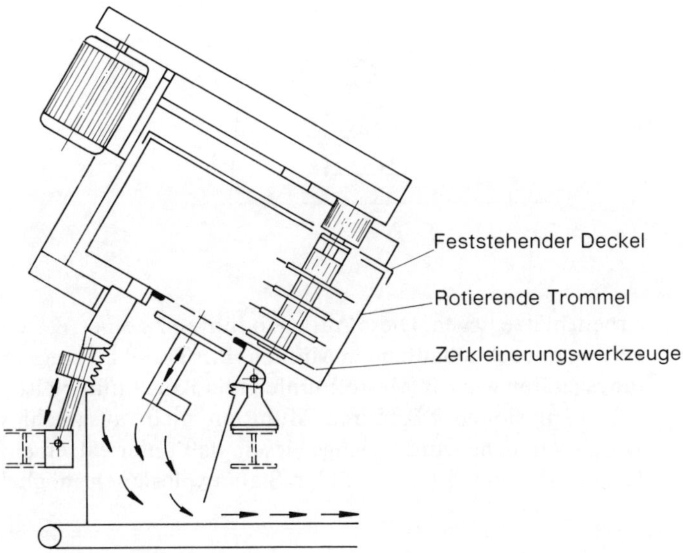

Dies alles führte in den letzten Jahren zur Forderung der Aufsichtsbehörden, daß schnellaufende Zerkleinerungsgeräte in Räumen aus Schwerbauteilen mit Entlastungsöffnungen für den Explosionsfall aufgestellt werden müssen. Während des Mahlbetriebs darf sich in diesen Räumen kein Bedienungspersonal aufhalten. In der Achsrichtung von Ein- und Auslaufkanal der Mühlen dürfen keine

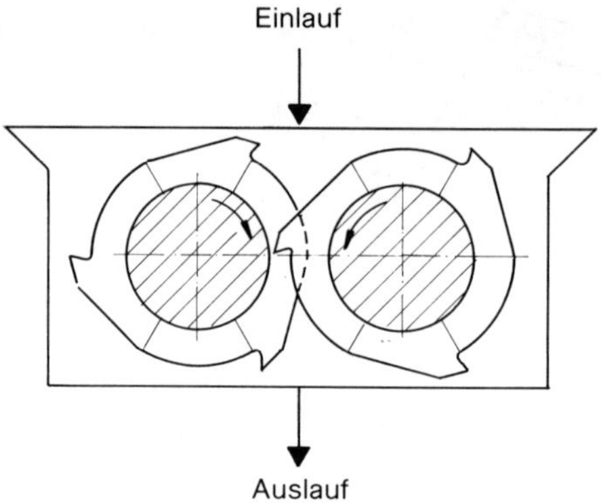

Bild 6.16
Messermühle [6.5]

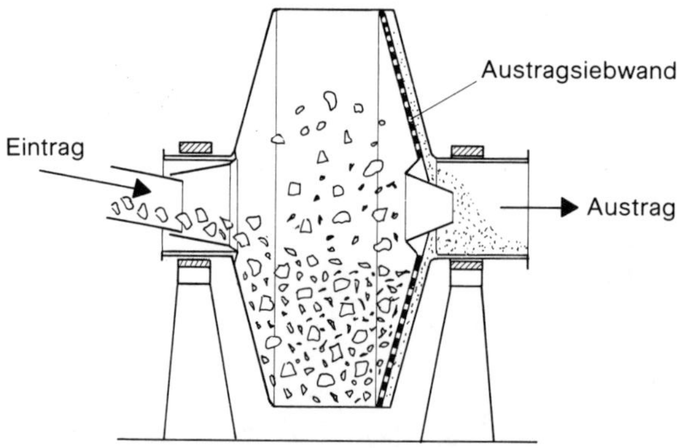

Bild 6.17
Kaskadenmühle (Kugelmühle) [6.1]

Arbeitsplätze liegen. Diese Auflagen führen zu einer Verteuerung bei der Zerkleinerung mit schnellaufenden Mühlen. Ein Trend zu langsamlaufenden Zerkleinerungsgeräten wie z.B. Messermühlen und Kugelmühlen ist vorhanden, wenn auch hier Explosionen z.B. durch Munition nicht ausgeschlossen werden können. Durch Versuche wurde nachgewiesen, daß unter extremen Bedingungen auch in langsamlaufenden Kugelmühlen Staubexplosionen möglich sind.

6.4 Siebmaschinen [6.1, 6.3]

In Abfallbehandlungsanlagen werden an verschiedenen Stellen Siebe eingesetzt:

- □ Vorabsiebung des Feinmülls oder des Grobmülls,
- □ Nachsiebung des zerkleinerten Mülls zur Abscheidung nicht zerkleinerungsfähiger Abfallstoffe,

- □ Nachsiebung des in Reaktoren vorgerotteten Mülls zur Abscheidung schwer oder nicht verrottbarer Abfallstoffe (Kompostierung),
- □ Absiebung des Fertigkompostes zur Erzielung höherer Kompostqualitäten (Kompostierung: Feinkompost).

Je nach Verwendungsart werden verschiedene Siebtypen eingesetzt *(Tabelle 6.2)*. Grundsätzlich wird unterschieden nach *Flach- und Trommelsieben*. Siebe sollten möglichst lang ausgebildet sein, um die Siebstrecke und damit die Siebzeit zu verlängern. Den gleichen Zweck verfolgen Wehre und Stauleisten, die auf der Siebfläche angebracht werden. Ein besonderes Problem sind Verstopfungen durch feuchtes bzw. langfaseriges Material oder durch Textilien. Am schwierigsten gestaltet sich erfahrungsgemäß die Nachsiebung von vorgerottetem Kompost.

Tabelle 6.2 Gebräuchliche Siebtypen

Siebtyp	Charakterisierende Hinweise	Bild
Schwingsieb	Flachsieb als Kreis-, Ellipsen- oder Freischwinger. Nachteil: Großflächige Teile können die Sieböffnungen abdecken und das Passieren von darüberliegenden kleinen Teilen verhindern.	
Spannwellensiebe	Zwei gegenläufige Systeme spannen und entspannen abwechselnd den elastischen Boden eines Flachsiebs. Durch die hohen Beschleunigungskräfte werden die Sieböffnungen freigehalten. Gut bewährt, jedoch teils relativ kurze Standzeit der Siebböden.	6.18
Trommelsieb	Zylindrische oder polygone Trommel aus steifer Tragkonstruktion, die mit austauschbaren gelochten Blechen verkleidet ist. Durch Neigungsverstellung kann die Durchlaufzeit verändert werden. Vorteilhaft ist die dauernde Umwälzung des Materials. Wegen Staubentwicklung müssen Trommelsiebe gekapselt werden.	6.19
Spannwellen-Trommelsiebe	Die Zylinderfläche der Siebtrommel wird durch ein an Mantellinien befestigtes Siebmattensystem gebildet. Die Befestigung erfolgt abwechselnd an Tragrohren und an Spannwellen, die über einen Rollennockenantrieb bewegt werden und die Rüttelbewegung in die Matten einleiten.	6.20

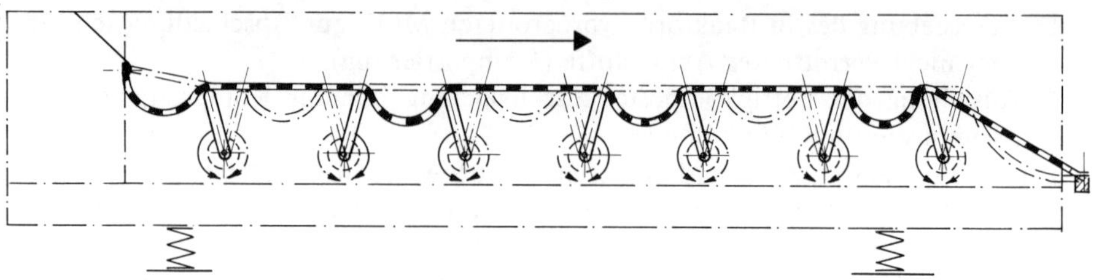

Bild 6.18
Prinzip des Spannwellensiebs [6.6]

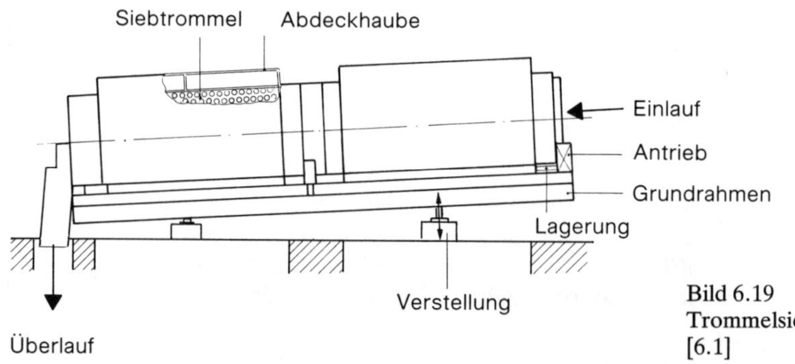

Bild 6.19
Trommelsieb
[6.1]

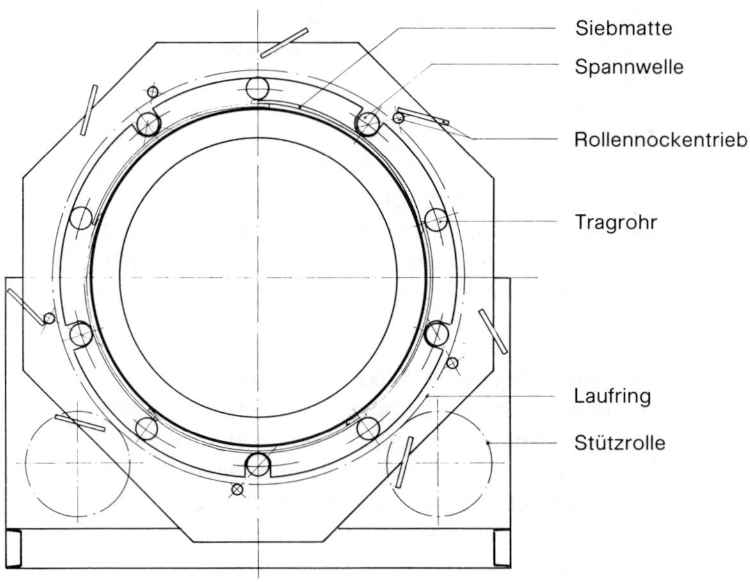

Bild 6.20
Spannwellen-Trommelsieb
[6.1]

6.5 Magnetabscheider [6.5]

Eisenteile im Müll stellen einen Rohstoff dar, dessen Wert nach Marktgesetzen schwankt. Die Eisenauslese ist auch zum Schutz von Aufbereitungsaggregaten notwendig. In Produkten wie z.B. Kompost werden Eisenanteile als störend für die Verkaufsfähigkeit und damit als unerwünscht angesehen. In fast allen Aufbereitungsanlagen werden daher Magnetstationen betrieben. Man unterscheidet drei Arten von Magnetapparaten *(Tabelle 6.3):* Magnetbandrolle, Magnettrommel und Überbandmagnet.

Tabelle 6.3 Magnetabscheider

Typ	Kurzbeschreibung	Bild
Magnetbandrolle	Als Antriebsrolle von Förderbändern am Abwurfende angeordnet. Ein Magnetfeld ist über die ganze Oberfläche im Bereich des aufliegenden Bandes wirksam. Eisenteile werden so vom Gurt bis zum Verlassen der Trommel festgehalten und erst dann abgeworfen, während die anderen Teile durch den Einfluß der Schwerkraft schon vorher abgeschieden werden.	6.21
Magnettrommel	Ähnlich der Magnetbandrolle, jedoch getrennt vom Förderband installiert. Durch gleichmäßige Verteilung bei der Aufgabe gute Trennung.	6.22
Überbandmagnet	Kurzes Förderband, in dessen Mittelteil ein kräftiger Magnet stationär angeordnet ist. Es wird über Gurtförderer in geringem Abstand quer zur Laufrichtung oder am Abwurfende in Laufrichtung angeordnet. Eisenteile werden aus dem Förderstrom ausgehoben, weggefördert und nach Verlassen des Magnetfeldes abgeworfen. Einsatz nur bei vorgesiebtem Material sinnvoll, da die Wirksamkeit mit steigender Spaltweite zwischen Überbandmagnet und Fördergurt rasch abnimmt.	6.23

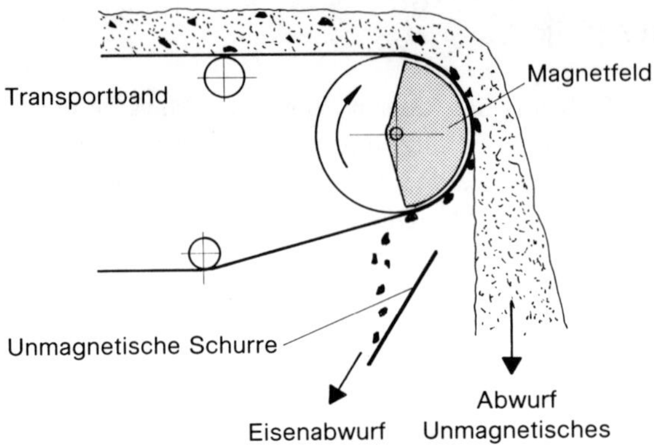

Bild 6.21
Magnetbandrolle [6.5]

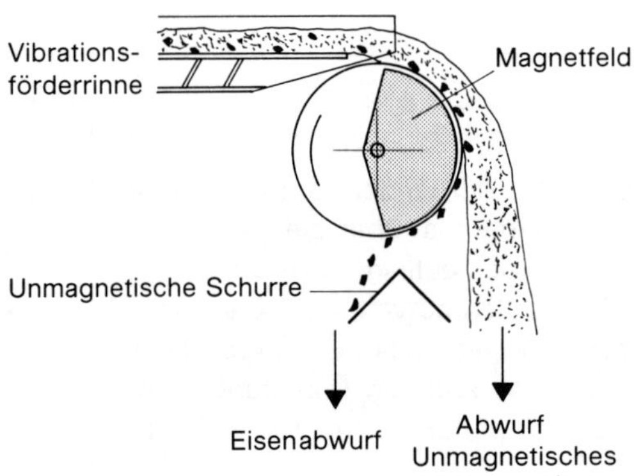

Bild 6.22
Magnettrommel [6.5]

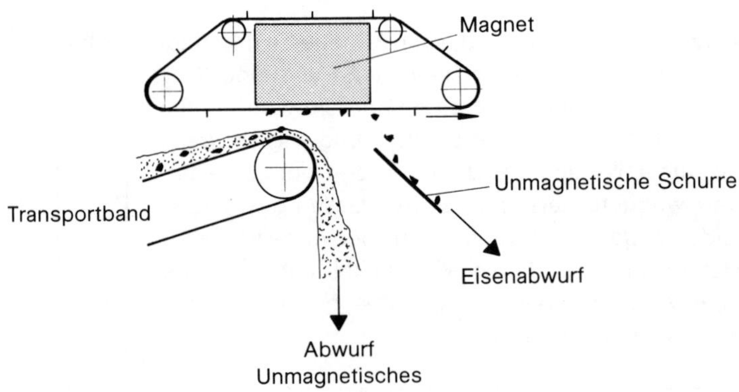

Bild 6.23
Überbandmagnet [6.5]

Bild 6.24
Steigrohrsichter [6.6]

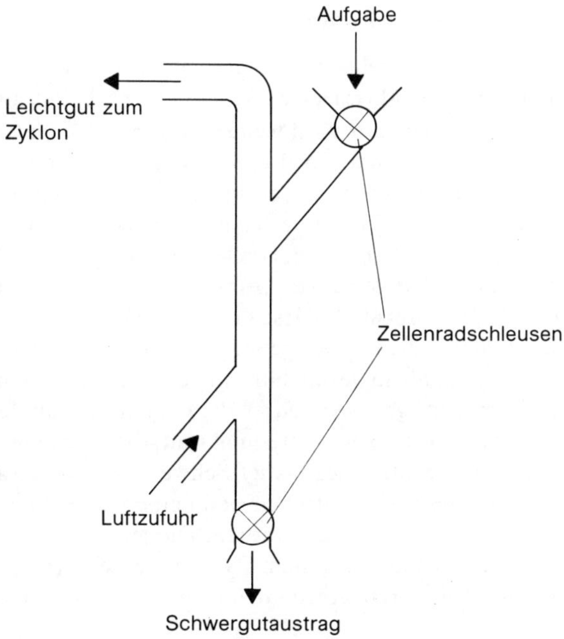

6.6 Windsichter [6.7]

Windsichter werden in der Kompostierung zur Entfernung von Glas und anderen Hartstoffen aus Komposten eingesetzt. Diese Teile wirken als Störstoffe verkaufshemmend. Beim Recycling werden Windsichter zur Gewinnung von Papier und Kunststoffen aus dem Müll eingesetzt. In Windsichtern können Stoffe unterschiedlicher Dichte, Korngröße und Kornform in Gleichfälligkeitsklassen getrennt werden.

6.6.1 Steigrohrsichter [6.6, 6.7]

Der *Steigrohrsichter* ist die einfachste Sichterbauart *(Bild 6.24)*. Die Aufgabe des zu trennenden Materials erfolgt im oberen Drittel des zylindrischen Sichtraums. Die Geschwindigkeit des aufwärts gerichteten Luftstromes muß so eingestellt werden, daß die Stoffe, die in das Leichtgut gelangen sollen, nach oben ausgetragen werden. Die Abtrennung des Leichtgutes von der Trägerluft erfolgt in einem anschließenden Zyklon. Der Austrag des Leichtgutes erfolgt durch eine Zellenradschleuse an der Spitze des Zyklons, die Schwerfraktion wird durch eine Zellenradschleuse am unteren Ende des Steigrohrsichters ausgetragen.

6.6.2 **Zickzacksichter** [6.7]

Zur Erhöhung der Trennschärfe hat sich eine zickzackförmige Ausbildung des Steigrohrs bewährt. Der *Zickzacksichter* arbeitet mit geschlossener Luftführung, d.h., die Arbeitsluft wird weitgehend im Kreislauf geführt. Er besteht aus einem rechteckigen Kanal, der durch zickzackförmige Wände in mehrere Rohre unterteilt ist. (In *Bild 6.25* ist vereinfachend nur eines dieser Rohre dargestellt.) Nach unten ist dieser Kanal durch einen geneigten Siebboden abgeschlossen, durch den die Luft eingeblasen wird. Um Materialablagerungen entgegenzuwirken, bestehen die Wände der Rohre aus Gummibahnen, die an den Knickpunkten über Stahlprofile gespannt sind. Diese Gummiwände vibrieren leicht, so daß Anbackungen vermieden werden. Der geneigte Siebboden besteht ebenfalls aus Gummi.

Das Aufgabematerial fällt auf diesen Siebboden. Leichte Teile werden vom Luftstrom mitgerissen. Durch die Umlenkung an den Knicken in den Sichterrohren findet eine weitere Streuung statt, die eine gute Trennung von leichteren und schwereren Stoffen begünstigt. Schwere Teile fallen auf das Sieb zurück. Durch die Neigung des Siebes rutschen sie in einen Schacht, aus dem sie durch eine Zellenradschleuse ausgetragen werden. Die leichteren Teile verlassen die Sichterrohre am oberen Ende. In einem Zyklon werden sie von der Luft getrennt, die zum größten Teil durch Kreislaufführung wieder zum Gebläse gelangt. Etwa 5 bis 10%

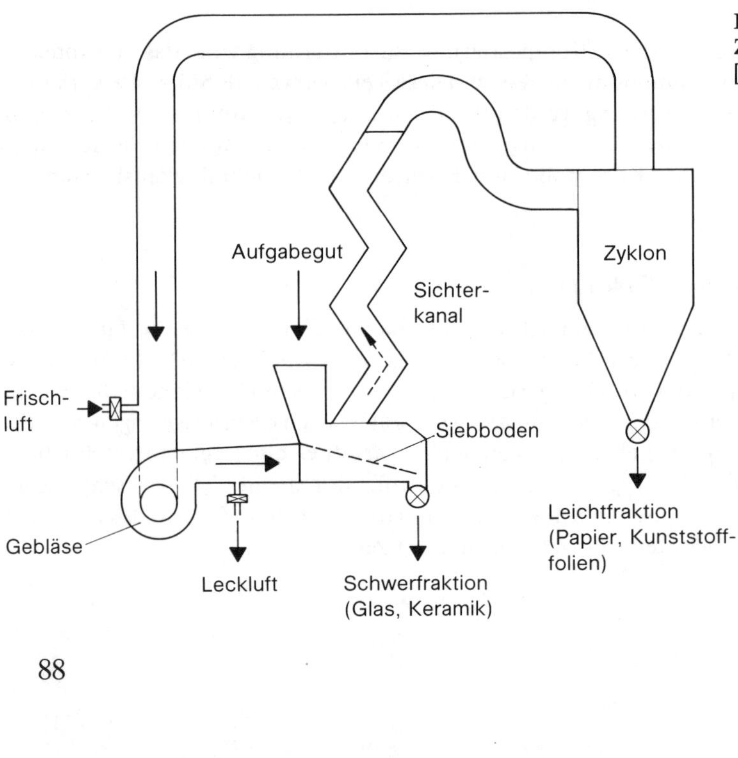

Bild 6.25
Zickzacksichter
[6.6]

der Luftmenge werden als Leckluft abgeschieden, die in einem Staubfilter gereinigt werden muß. Die gleiche Menge Luft wird vom Gebläse frisch angesaugt. Durch eine Zellenradschleuse an der Spitze des Zyklons werden die leichten Stoffe ausgetragen. Als Verstellmöglichkeit ist auf der Druckseite des Gebläses eine Drosselklappe eingebaut.

6.6.3 **Schwebesichter** [6.7]

Eine andere Verfeinerung des Steigrohrsichters ist der *Schwebesichter (Bild 6.26)*. Er ist ein sich im oberen Teil konisch verjüngender stehender Zylinder, der unten mit einem Siebboden mit Lochdurchmesser 3 mm abgeschlossen ist. Unmittelbar über dem Siebboden ist ein rotierender Abstreifer für die Schwerstoffe eingebaut. Durch eine im Konus angeschlossene Rohrleitung ist er mit zwei Zyklonen verbunden. An dem Reinluftausgang dieser Zyklone ist ein Gebläse saugseitig angeschlossen, das die abgesaugte Luft ins Freie abbläst. Alternativ ist geschlossene Luftführung möglich. Als Verstellmöglichkeit ist auf der Druckseite des Gebläses eine Drosselklappe eingebaut. Der Eintrag des Aufgabegutes erfolgt durch eine Zellenradschleuse in den Konus. Das Material fällt auf den Siebboden, der von unten her mit Luft durchströmt wird. Schwere Teile, wie z.B. Glas und Steine, bleiben auf dem Siebboden liegen und werden durch den Abstreifer zu zwei Zel-

Bild 6.26
Schwebesichter [6.7]

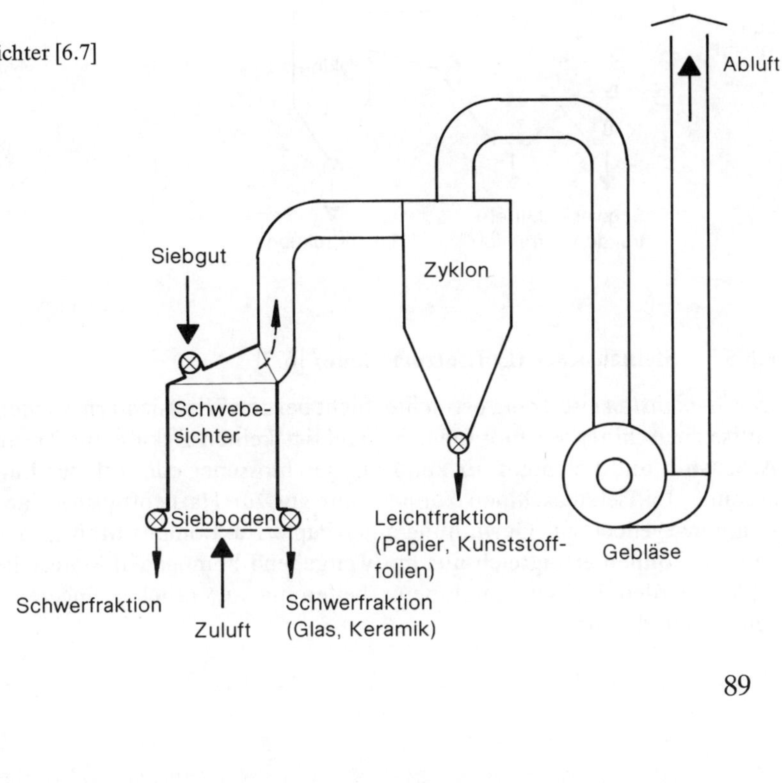

lenradschleusen gefördert und dort auf einen Gurtförderer ausgetragen. Vor dem Ausgang durch diese Schleusen kann durch verstellbare Klappen zusätzlich Luft angesaugt und damit in dem Schwergutstrom eine Nachsichtung erreicht werden. Die leichten Bestandteile werden vom Luftstrom mitgerissen und in dem Abscheider von der Luft getrennt. Der Austrag der Leichtfraktion erfolgt über zwei Zellenradschleusen an den Spitzen der Zyklone.

6.6.4 **Horizontalstrom-Windsichter** [6.6]

Bei dem *Horizontalstromsichter (Bild 6.27)* wird die Luftströmung quer zur Fließrichtung des Aufgabeguts geführt. Schwere Teile durchqueren den Luftstrom senkrecht und werden durch einen Trichter ausgetragen. Mittelschwere Teile werden vom Luftstrom leicht ausgelenkt und fallen ebenfalls in einen am Boden angebrachten Trichter. Leicht flugfähige Teile werden ausgelenkt und mit dem Luftstrom seitlich aus dem Sichter zu einem Zyklon ausgetragen, wo die Trennung von Leichtgut und Transportluft erfolgt. Mit Horizontalwindsichtern lassen sich relativ hohe Durchsatzleistungen erreichen, die Trenngenauigkeit ist allerdings geringer als bei der Sichtung im aufsteigenden Luftstrom.

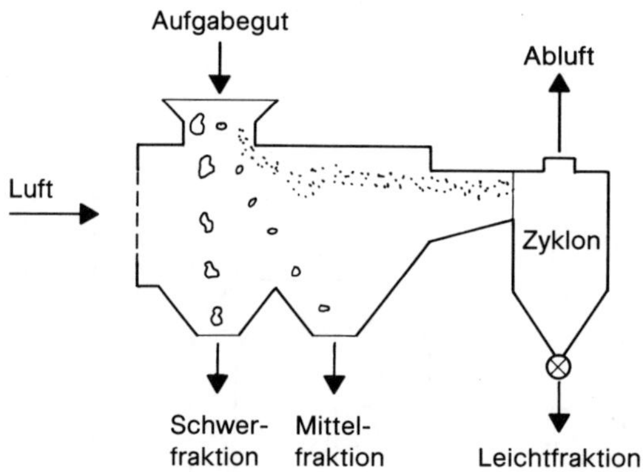

Bild 6.27
Horizontalstrom-Windsichter
[6.7]

6.6.5 **Steinausleser (Luftsetzmaschine)** [6.7]

Der *Steinausleser* ist streng betrachtet nicht bei den Windsichtern, sondern bei den Luftsetzmaschinen einzuordnen. Er benötigt keinen Zyklon zur Trennung von Arbeitsluft und Leichtgut. Er kann mit geschlossener oder offener Luftführung arbeiten. Luftsetzmaschinen können sehr gut zur Hartstoffauslese aus Komposten, nicht jedoch zur Gewinnung einer Papierfraktion aus Müll eingesetzt werden. Sie können erfolgreich nur mit weitgehend homogenen Materialien beaufschlagt werden. Luftsetzmaschinen arbeiten mit wesentlich geringeren Luftmengen als Windsichter.

Die Maschinen arbeiten nach dem Prinzip des *Fließbetts (Bild 6.28)*. Das zu verarbeitende Gut fällt auf ein geneigtes Sieb, dessen ca. 1,5 mm große Öffnungen von unten gerade mit so viel Luft durchströmt werden, daß sich die leichten Bestandteile des Aufgabegutes abheben und durch den Einfluß des Hangabtriebes zur tiefergelegenen Kante des Siebes fließen. Die schweren Bestandteile werden durch die Bewegung des Siebbodens in entgegengesetzter Richtung zur höhergelegenen Kante des Siebs gefördert. Die durch das Sieb fallenden kleinen Hartstoffe können getrennt ausgetragen werden.

Zur Einstellung auf die unterschiedlichen Materialstrukturen ist die Maschine mit zwei Verstellmöglichkeiten versehen: Luftmengenregulierung und Nachsichtung der Schwerfraktion. Die Luftmenge wird durch eine Drosselklappe unmittelbar nach dem Gebläse reguliert, zur Verteilung der Luft sind unter dem Siebboden verstellbare Jalousiebleche eingebaut. Eine vollständig gleichmäßige Belegung des Siebbodens ist die Voraussetzung für das Funktionieren des Verfahrens.

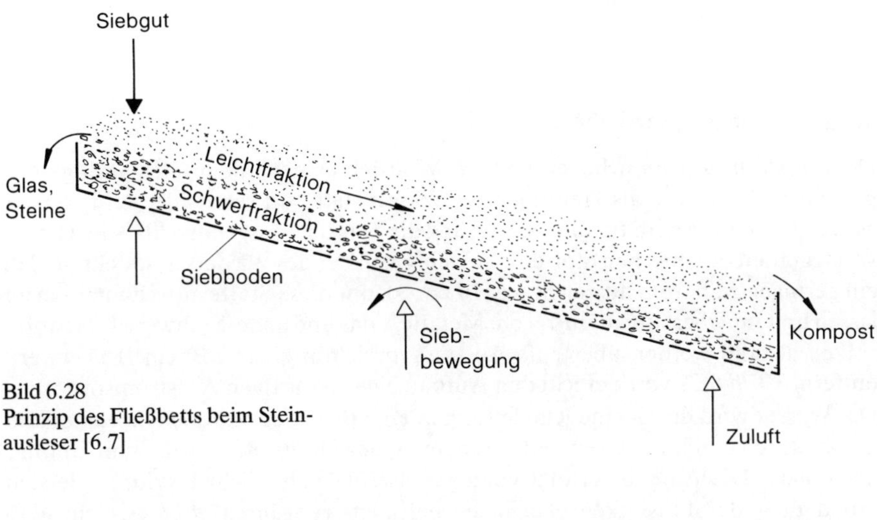

Bild 6.28
Prinzip des Fließbetts beim Steinausleser [6.7]

6.7 Naßtrenngeräte [6.3]

Das in Windsichtern anfallende Schwergut ist eine Mischung von Glas, Steinen, Eisen, NE-Metallen und feuchten organischen Stoffen. Das Eisen kann daraus magnetisch abgeschieden werden. Für die weitere Trennung werden Naßverfahren erprobt, die sich in der Aufbereitung mineralischer Rohstoffe gut bewährt haben.

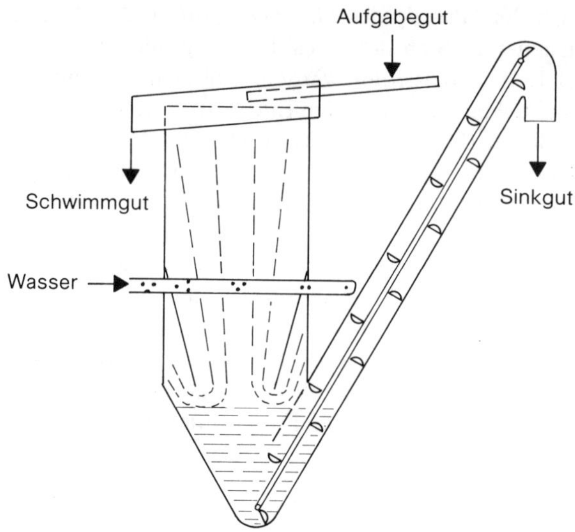

Bild 6.29
Aufstromsortierer [6.6]

6.7.1 **Aufstromsortierer** [6.3, 6.6]

Der *Aufstromsortierer* arbeitet wie der Windsichter nach dem Gleichfälligkeitsprinzip, wobei jedoch als Trennmedium Wasser statt Luft verwendet wird. Bei der Müllaufbereitung wird für eine Sortierung die Tatsache ausgenutzt, daß die Dichte von feuchten organischen Stoffen nur wenig von der des Wassers abweicht, so daß ein geringer Aufstrom ausreicht (ca. 10 cm/s), um diese Stoffe aufschwimmen zu lassen und im Überlauf auszutragen. Metalle, Glas und andere schwere Inertstoffe sinken ab und werden über eine Austragsvorrichtung wie z.B. ein Becherwerk entfernt. *Bild 6.29* verdeutlicht den Aufbau eines derartigen Aufstromsortierers. Das Wasser wird durch eine Ringleitung in eine Beruhigungszone eingeleitet und strömt durch den im unteren Teil verengten Querschnitt im Arbeitsraum laminar nach oben. Die Aufgabe erfolgt vorzugsweise über eine Schwingrinne, die sich direkt über der Flüssigkeitsoberfläche befindet. Hierdurch wird erreicht, daß schwimmfähige Bestandteile nicht tief in das Wasserbad eintauchen, sondern ohne starke Durchfeuchtung auf der Wasseroberfläche ausgeschwommen werden. Beim Sinkgut wirkt sich die Ablösung oberflächlich anhaftender Schmutzteilchen durch den Wasserstrom vorteilhaft für die nachgeschalteten Sortierstufen aus.

6.7.2 **Schwertrübesortierung** [6.3, 6.6]

Die *Schwertrübescheidung* stellt ein reines Dichtetrennverfahren dar, das in der Aufbereitung mineralischer Rohstoffe als eines der wichtigsten Sortierverfahren gilt. Als Trennmedien werden dabei Suspensionen aus Wasser und fein aufgemahlenen Schwerstoffen verwendet, deren Dichte durch Veränderung des Verhältnisses von Wasser zu Schwerstoff eingestellt werden kann. Die Trenndichte dieser Schwertrüben wird im Hinblick auf das zu sortierende Gut so festgelegt, daß die spezifisch leichteren Anteile aufschwimmen und die spezifisch schwereren absinken. Dabei muß die Schwertrübe ständig in Bewegung gehalten werden, um eine Sedimentation des Schwerstoffes zu verhindern. Zur Sortierung der im Müll enthaltenen Inertstoffe ist die Schwertrübeaufbereitung aufgrund ihrer hohen Trennschärfe besonders geeignet. So können ohne Schwierigkeiten Stoffe, die in ihrer Dichte zum Teil eng beieinanderliegenden, wie Nichteisenmetalle, Glas und keramische Stoffe, voneinander getrennt werden. *Bild 6.30* zeigt eine von vielen möglichen Ausführungsformen eines Schwertrübescheiders, bei der das Schwimmgut mit Hilfe eines Kratzbandes über das Austragswehr gespült wird, während das Sinkgut mit einem Becherwerk ausgetragen wird.

Bild 6.30
Schwertrübescheider [6.6]

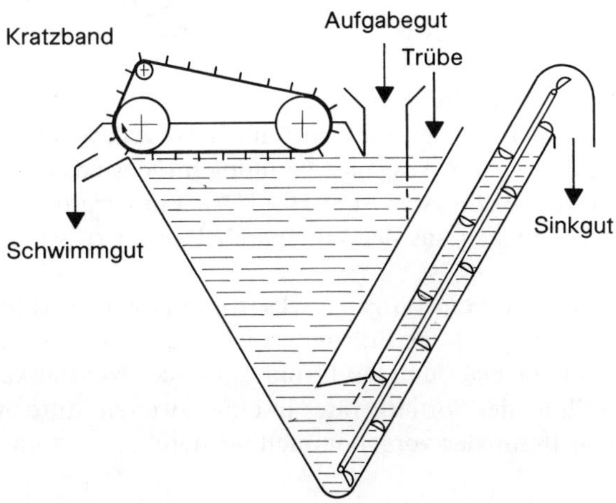

6.8 Optische Sortierung [6.3, 6.6]

Optische Sortiergeräte nutzen zur Trennung von Festkörpern Farb- oder Reflexionseigenschaften von Materialien. Sie besitzen ein System aus Fotozellen zur Erkennung der Unterschiede, eine Auswerteelektronik sowie geeignete Vorrichtungen zur Auslenkung der zu trennenden Anteile. Derartige Sortierverfahren werden für die Trennung mineralischer Rohstoffe und landwirtschaftlicher Produkte schon seit Jahren eingesetzt. Auch zur Farbsortierung von Altglas können derartige Verfahren in Betracht kommen, wenn sie auch derzeit noch nicht wirtschaftlich sind. Die Arbeitsweise eines optischen Sortiergeräts wird aus *Bild 6.31* ersichtlich.

Das vorklassierte Mischglas wird über eine Dosiereinrichtung dem Vereinzelungsband zugeführt und von diesem in eine optische Kammer abgeworfen. Hier

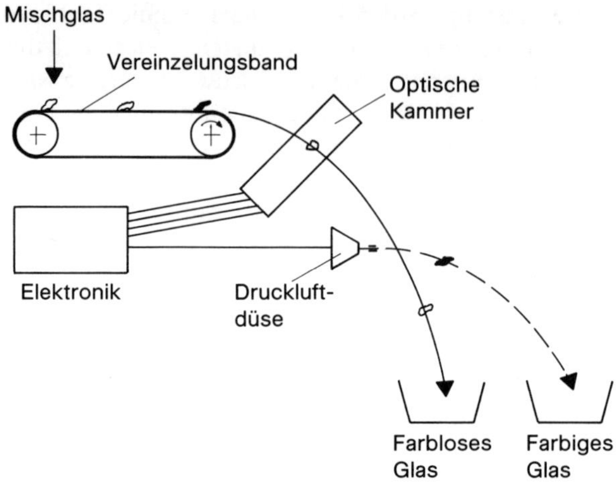

Bild 6.31
Optisches Sortiergerät
[6.6]

wird durch eine Anordnung von Glühlampen und Fotozellen die Reflexionsintensität gemessen und mit einem vorgegebenen Standardwert verglichen. Jede Änderung der Ausgangsspannung mindestens einer Fotozelle bewirkt über eine Elektronik die Auslösung eines Druckluftstrahls, der die vom Sollwert abweichenden Teilchen aus der Wurfparabel auslenkt, so daß zwei Produkte ausgetragen werden.

Bei einer einstufigen Farbsortierung von Glas beträgt der Anteil der Fehlausträge im farblosen Erzeugnis nicht mehr als 2 bis 3 Gew.-%. Neben der Trennung in ein farbiges und ein farbloses Glaskonzentrat kann durch entsprechende Einstellung des Sortiergerätes in einer zweiten Stufe auch eine Sortierung in Grün- und Braunglas vorgenommen werden.

6.9 Fördergeräte [6.1; 6.3; 6.11 bis 6.13]

Abfälle oder daraus gewonnene Produkte, wie z.B. Kompost, Papier, Metall, Glas und Kunststoffe, stellen materialspezifische Ansprüche an Fördergeräte. Abhängig von der Linienführung von innerbetrieblichen Förderwegen können zum Teil nur ganz bestimmte Fördergeräte zur Anwendung kommen.

6.9.1 Gurtförderer [6.1, 6.3]

Durch ihren einfachen Aufbau sind sie besonders für den rauhen Betrieb in einer Abfallaufbereitungsanlage geeignet. Eigengewicht und Verschleiß sind gering. Durch geeignete Anordnung der oberen Tragrollen kann eine Muldung des Gurts erzielt werden, so daß das Material nicht an den Seiten herabfallen kann. Sogenannte Wellkantenbänder haben statt der Muldung seitlich aufvulkanisierte gewellte Borde, durch die ein noch besserer seitlicher Abschluß gewährleistet ist.

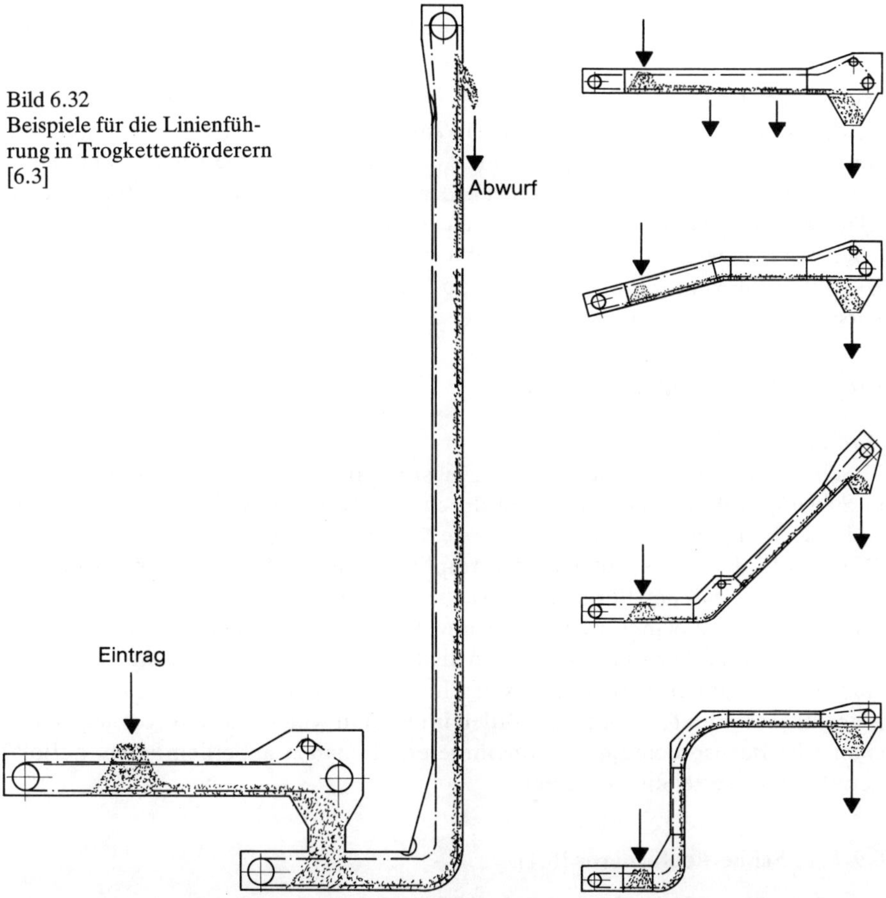

Bild 6.32
Beispiele für die Linienführung in Trogkettenförderern [6.3]

Die Gurte müssen in öl- und fettbeständiger Qualität gewählt werden. Bei der Förderung von Rohmüll sollte die Bandbreite 1200 mm nicht unterschreiten.

Je nach Fördergut sind maximale Neigungen bis 25° möglich. Bei höheren Steigungen geraten Abfälle ins Rutschen. Aufvulkanisierte Rippen und Stollen schaffen hier zwar Abhilfe, die Reinigung der Bänder ist dadurch jedoch erheblich erschwert. Für die Überwindung größerer Höhenunterschiede auf kurzer Entfernung sind *Gurtförderer* nicht geeignet. Die Länge von Gurtförderern ist praktisch unbegrenzt.

6.9.2 Trogkettenförderer [6.1, 6.3]

Im *Trogkettenförderer* wird das Fördergut schleifend und schiebend gefördert. An einer endlosen Kette sind Mitnehmer unterschiedlicher Form angebracht, die das Fördergut über den Boden eines Troges schleifen. Der Fördertrog kann in beliebiger Weise horizontal, schräg oder senkrecht in einer Ebene geführt werden, wodurch eine große Freizügigkeit in der Linienführung gegeben ist *(Bild 6.32)*.

Das Material kann an jeder Stelle des Förderers aufgegeben und abgeworfen werden, es können gleichzeitig mehrere Aufgabestellen betrieben werden, durch den Einbau von Bodenschiebern kann auch die Abwurfstelle variiert werden.

Trogkettenförderer sind für die Förderung von zerkleinerten Abfällen und Klärschlamm geeignet. Eisenteile sollten vor der Aufgabe auf Trogkettenförderer magnetisch abgeschieden werden. Der Verschleiß ist hoch, vor allem durch den Glasanteil im Müll. Eine Auskleidung des Troges mit Schmelzbasalt wirkt dem Verschleiß entgegen und ist relativ preisgünstig.

6.9.3 Schwingförderer [6.1, 6.3]

Man unterscheidet

- □ Schüttelrutschen, die sich nur in Längsrichtung hin und her bewegen;
- □ Schwingförderrinnen, bei denen durch Anheben der Rinne eine senkrechte Förderkomponente und dadurch eine Wurfbewegung erzielt wird;
- □ Wuchtförderer, die mit kleinen Amplituden bei hohen Frequenzen bewegt werden, so daß das Fördergut schwebend transportiert wird.

Vor allem die Schwingförderrinnen und Wuchtförderrinnen kommen für den Einsatz in Abfallbehandlungsanlagen in Frage. Sie werden in erster Linie als Abzugsorgane unter Aufbereitungsmaschinen, aber auch als Zuteiler, z.B. vor der Magnetabscheidung, eingesetzt. Förderrinnen sind widerstandsfähiger gegen mechanische Beanspruchung als Gurtförderer, sie haben außerdem einen auflokkernden und verteilenden Effekt.

6.9.4 Schneckenförderer [6.1]

Sie können in waagerechter oder beliebig geneigter Lage betrieben werden. Sie sind einfach aufgebaut und leicht zu warten. Das Fördergut kann an beliebigen Stellen aufgegeben und abgezogen werden. Nachteilig sind der Verschleiß und der hohe Kraftaufwand durch die Reibung zwischen Fördergut und Fördermittel. *Schneckenförderer* eignen sich nicht für den Transport von Rohmüll oder Siebresten. Sie werden meist nur für geringe Förderleistungen und kurze Förderstrecken verwendet. Wegen ihrer abgedichteten Ausführung sind sie gut geeignet zum Transport stark staubender Güter wie Feinmüll und Asche.

7 Recycling

7.1 Allgemeines [7.1 bis 7.8]

Recycling bedeutet die Wiedereinbringung von Abfallstoffen in den Produktionsprozeß als Ersatz für Primärrohstoffe. Die Definition von Abfall in diesem Sinn könnte lauten: «Abfall ist Rohstoff am falschen Platz.» Die Verwendung von Abfällen als Sekundärrohstoffe ist volkswirtschaftlich sinnvoll, da Primärrohstoffe stetig teurer und knapper werden. Die Wiederverwendung von Produktionsabfällen bei der Erzeugung neuer Güter ist in der Papierindustrie und in der Glasindustrie schon immer üblich. Ebenso wird bei der Eisenerzeugung schon immer Schrott eingesetzt.

Durch die Verwendung von Altmaterialien wird nicht nur die Rohstoffreserve geschont. Gleichzeitig werden erhebliche Energiemengen eingespart. So ist z.B. bei der Glaserzeugung bei der Erschmelzung aus Scherben nur $^2/_3$ des Energieeinsatzes erforderlich, der bei der Erschmelzung aus den Primärrohstoffen benötigt wird. Bei Eisen oder Aluminium liegen die entsprechenden Vergleichswerte im gleichen Bereich.

Der Müll stellt ein Gemisch aus Abfällen dar, in dem auch die interessanten Sekundärrohstoffe als Wertstoffe enthalten sind. Sie müssen durch Sortierung gewonnen werden. Das ist einer der heute praktizierten Wege. Es gibt jedoch auch schon Ansätze zur getrennten Sammlung, bei denen die nicht unproblematische Sortierung entfallen kann. Ein Beispiel ist die getrennte Einsammlung von Altpapier und Altglas. Sie wird normalerweise durch privatwirtschaftliche Initiative durchgeführt. Bei Wegfall von Gewinnmöglichkeiten, z.B. beim periodischen Verfall der Altstoffpreise, wird sie eingestellt. In Schweden ist seit 1980 die getrennte Sammlung von Zeitungen und Zeitschriften gesetzlich vorgeschrieben.

Mit der Müllsortierung ist betriebswirtschaftlich gesehen in den meisten Fällen kein Gewinn erzielbar. Volkswirtschaftlich gesehen können wir auf die Dauer auf das Recycling nicht verzichten.

7.2 Gewinnbare Stoffe und ihr Einsatz [7.1, 7.2]

7.2.1 Papier und Pappe

Der mit am meisten im deutschen Müll vertretene Stoff ist Papier und Pappe. Im Einsatz von Altpapier ist die deutsche Papierindustrie führend in der Welt. 50% des Papierrohstoffs werden aus Altpapier gewonnen. Im holzreichen Schweden sind es zur Zeit noch keine 10%. Dort wurde jedoch durch Gesetz der Holzeinschlag begrenzt, so daß die Papierindustrie künftig ebenfalls zu verstärktem Altpapiereinsatz gezwungen ist. Der Einsatz von Altpapier setzt in der Papierfabrik bestimmte technische Einrichtungen voraus.

Die Unterbringung von aus Müll aussortiertem Papier in der Papierindustrie ist zeitweise schwierig. Dieses Papier ist meist zumindest leicht verschmutzt. Es ist zur Zeit genügend qualitätsmäßig besseres Altpapier aus Produktionsabfällen in der papiererzeugenden oder papierverarbeitenden Industrie verfügbar.

Ersatzweise Einsatzmöglichkeiten für Papier und Pappe sind als Mittelschicht in der Spanplattenindustrie oder als Brennstoff aus Müll (BRAM) gegeben. BRAM wird aus der Leichtfraktion von Windsichtern hergestellt, die vornehmlich aus Papier mit etwas Kunststoffbeimischung besteht. Nach der Zerkleinerung werden daraus Pellets gepreßt, die transport- und lagerfähig sind. Wegen der im BRAM enthaltenen Schadstoffe darf dieser in Deutschland nur in Anlagen mit nachgeschalteter Rauchgaswäsche bzw. bei der Zementherstellung eingesetzt werden (durch die chemischen Vorgänge werden die Schadstoffe unlösbar im Zement eingebunden). In Staaten mit anderer Gesetzeslage (z. B. Frankreich und Großbritannien) erfolgt der Einsatz in Kraftwerken und als Hausbrand.

7.2.2 Kunststoff-Folien

Mit dem steigenden Rohölpreis wird Kunststoff zu einem immer interessanter werdenden Altstoff. Er kann zu Produkten von zweitrangiger Bedeutung wie Paletten oder Rasengitterformsteinen verarbeitet werden. In Rom wird der Müll in Kunststoffsäcken gesammelt. Sie sind zu 50% aus Altkunststoff hergestellt, der aus dem Müll gewonnen wurde.

7.2.3 Eisenschrott

Eisenschrott kann durch Magnete relativ einfach aussortiert werden. Der Einsatz von Schrott in der Stahlerzeugung ist produktionsüblich. Ein Problem stellt der Dosenschrott dar. Meist handelt es sich um Weißblech, das durch Verzinnung korrosionsgeschützt wurde. Dieser Zinn stört beim Verhüttungsprozeß. Er muß chemisch oder thermisch entfernt werden. Ebenso störend ist die Verschmutzung des Schrotts durch andere Müllbestandteile.

7.2.4 Glas

Zur Zeit werden in der Bundesrepublik Deutschland in der Behälterglasindustrie 400 000 t oder 17% Altscherben eingesetzt. Führend in der Wiederverwendung von *Glas* ist die Schweiz. Hier werden bei der Glasproduktion 35% Altscherben eingesetzt. Die Glasindustrie muß auf die Reinheit der Altscherben großen Wert legen. Schon geringe Verschmutzungen durch Steinscherben oder durch Metallverschlüsse führen zu Qualitätsminderungen oder zu lang anhaltenden Produktionsstörungen.

Weiter ist die Glasindustrie an der Farbsortenreinheit interessiert. Im allgemeinen werden Weiß-, Grün- und Braunglas produziert. Zur Erzeugung von Weißglas dürfen praktisch nur Weißglasscherben eingesetzt werden. Hingegen stören Weißglasscherben bei der Produktion von Grün- und Braunglas weniger.

Tabelle 7.1 zeigt die Anforderungen der deutschen Hohlglasindustrie an Fremdscherben (zulässige Beimengungen andersfarbiger Scherben in der Glasproduktion, wenn der Scherbenanteil bei der Produktion von Grünglas 50% und bei der Produktion von Braun- und Weißglas 30 % nicht übersteigt). Aus *Tabelle 7.2* gehen die Werte für die zulässigen Verunreinigungen in den Scherben hervor.

Der Altstoffpreis für Weißglasscherben beträgt das Doppelte des Mischglasscherbenpreises. Wirtschaftlich ist die Farbsortierung nur durch die Handsortierung ganzer Flaschen darstellbar. Die optisch-mechanische Farbsortierung von Scherben ist zur Zeit noch unwirtschaftlich (siehe Abschnitt 6.8).

Tabelle 7.1 Zulässige Beimengungen andersfarbiger Scherben bei der Hohlglasproduktion, wenn der Scherbenanteil bei der Produktion von Grünglas 50% und bei Produktion von Braun- und Weißglas 30% nicht überschreitet

Fremdscherbenzusatz	Herstellung von		
	Braunglas	Grünglas	Weißglas
Braune Scherben	—	≤ 15%	≤ 0,01 %
Grüne Scherben	≤ 5%	—	≤ 0,005%
Weiße Scherben	≤ 10%	≤ 10%	—

Tabelle 7.2 Zulässige Werte für Verunreinigungen in Scherben

Organische Stoffe	≤ 0,05%
Magnetische Metalle	≤ 0,0005%
Nichtmagnetische Metalle	≤ 0,0015%
Nichtmagnetische Hartstoffe (Keramik)	≤ 0,01%

7.2.5 NE-Metalle

Sie spielen beim europäischen Müll noch keine Rolle. Bedeutsam sind sie bei dem US-Müll durch die aus Aluminium hergestellten Getränkedosen. Bei uns wird hier meist Stahlblech verwendet. Außerdem ist der Anteil der in Dosen abgefüllten Getränke relativ gering.

7.3 Methoden der Sortierung [7.1, 7.2]

7.3.1 Siebung

Durch Klassierung auf Sieben kann z.B. der Feinmüllanteil abgeschieden werden, der für die Wertstoffgewinnung uninteressant ist. Ferner kann Müll bis zur Korngröße 50 mm abgetrennt und der Kompostierung zugeführt werden. Die größeren Müllbestandteile sind interessant für die manuelle oder mechanische Sortierung.

7.3.2 Handauslese

Die *Handauslese* ist die am längsten praktizierte Methode der Sortierung. Sie ist gegenüber vielen noch nicht vollständig entwickelten mechanischen Verfahren zur Zeit noch wirtschaftlich. Ähnlich wie auf die Deponie wird man auf sie wahrscheinlich nie verzichten können. Versuche, Stoffe optisch-mechanisch zu erkennen und entsprechend auszusortieren, sind bisher gescheitert.

7.3.3 Zerkleinerung

Die Zerkleinerung der durch Siebung und Handauslese nicht entfernten Stoffe sollte erst jetzt erfolgen. Die Zerkleinerung in einem früheren Stadium bedeutet einen unnötigen Energieaufwand mit der unerwünschten Folge der schlechteren Sortierbarkeit. Als Vorstufe zur Windsichtung ist die Zerkleinerung notwendig, da die hier verarbeitbare Korngröße begrenzt ist. Es können schnell- oder langsamlaufende Geräte eingesetzt werden. Die Art der Vorzerkleinerung ist von Bedeutung für den Erfolg der Windsichtung.

7.3.4 Windsichtung

Durch Windsichtung werden spezifisch leichte und schwere Stoffe getrennt. Die Leichtfraktion besteht im wesentlichen aus Papier mit Beimengung von Kunststoff-Folien. In der Schwerfraktion befinden sich feuchte Materialien organischer Natur sowie Glas, Steine und Metalle.

Je nach dem Verwendungszweck können die Leicht- und die Schwerfraktion weiter aufgetrennt werden. Die bisher behandelten Methoden der Sortierung sind auf dem Abfallgebiet Stand der Technik. Sie sind für eine grundsätzliche Sortierung unerläßlich und können mit verhältnismäßig wirtschaftlichen Mitteln durchgeführt werden. Methoden für die weitere Auftrennung stammen meist aus der Mineralaufbereitungstechnologie. Sie sind oft nur im Labormaßstab für Abfallstoffe erprobt worden. Für die Abfallsortierung arbeiten sie auch meist im Gegensatz zu ihrem ursprünglichen Einsatzgebiet noch nicht wirtschaftlich.

7.3.5 Papier-Kunststoff-Trennung

Für den Einsatz in der Papier- bzw. Kunststoffherstellung muß eine weitgehende Sortenreinheit gefordert werden. Diese Methoden wurden mit Erfolg erprobt:

Naßtrennung

Das Papier-Kunststoff-Gemisch wird befeuchtet. Papier nimmt Wasser in sich auf, Kunststoff-Folien lagern es nur an.

Das feuchte Gemisch kann erneut einer Windsichtung unterzogen werden. Dabei fällt der Kunststoff als Leicht-, das Papier hingegen als Schwerfraktion an.

Das feuchte Gemisch kann auch in einem Zerkleinerungsgerät behandelt werden. Dazu eignet sich z.B. ein Trommelsieb mit innerhalb des Trommelmantels gegenläufiger Messerwelle. Das feuchte Papier wird dabei zerrieben und passiert die Sieblöcher als Siebdurchgang. Die Kunststoff-Folien widerstehen der Zerkleinerung und werden als Siebüberlauf ausgetragen.

Die Methoden der Naßtrennung funktionieren mit befriedigender Effektivität. Sie können jedoch nur dort angewendet werden, wo das feuchte Papier unmittelbar danach in der Papiererzeugung weiterverarbeitet wird. Sonst müßte es getrocknet werden, um das Einsetzen mikrobieller Vorgänge ähnlich der Kompostierung zu unterbinden. Das bedeutet jedoch im Regelfall einen unverhältnismäßig hohen Energieeinsatz.

Trockene Trennung

Bei Vorhandensein einer billigen Energiequelle (z.B. Deponiegas) kann das Papier-Kunststoff-Gemisch einem Hitzeschock unterzogen werden. Papier ändert seine Form dadurch nicht, die Kunststoff-Folien schrumpfen zu Knäueln. Bei einer anschließenden Windsichtung fallen die Papiere als Leichtfraktion, der Kunststoff als Schwerfraktion an.

An mehreren Stellen wird das Prinzip der unterschiedlichen Reißfestigkeit ausgenutzt. Dabei liegt das Papier-Kunststoff-Gemisch z.B. auf einem Rost, der durch einen Rechen gekämmt wird. Das Papier wird dabei zerrissen und fällt durch den Rost. Die Kunststoff-Folien werden auf den Zinken des Rechens aufgespießt und außerhalb des Rostes abgestreift.

Die Trennung durch Hitzebehandlung funktioniert etwas effektiver als die Trennung durch Zerreißen. Beiden Methoden ist der Vorteil gemeinsam, daß das Papier für längere Zeit ohne Veränderung seiner Eigenschaften in trockenen Räumen lagerfähig ist.

7.3.6 Auftrennung der Schwerfraktion

Zur Abtrennung schwimmfähiger organischer Stoffe kann die Aufstromklassierung in Wasser (s. Abschnitt 6.7.1) eingesetzt werden. Zur Trennung von Glas und NE-Metall ist eine Schwertrübescheidung (s. Abschnitt 6.7.2) anwendbar. Glas kann in allerdings unwirtschaftlicher Weise in optisch-mechanischen Sortiergeräten (s. Abschnitt 6.8) nach Farben sortiert werden.

7.4 Beispiele ausgeführter Anlagen [7.1, 7.2]

Im folgenden werden einige typische Betriebs- oder Versuchsanlagen beschrieben.

7.4.1 R-80-Verfahren der Firma Krauss-Maffei

Das *R-80-Verfahren* wurde mehrere Jahre auf einer Versuchsanlage in München erprobt. Seit Frühjahr 1979 ist eine Sortieranlage nach diesem Prinzip in Landskrona in Schweden in Betrieb. Sie ist im Prinzip folgendermaßen aufgebaut (Verfahrensstammbaum siehe *Bild 7.1*):

Der Rohmüll kommt aus einem Dosierbunker über ein schnellaufendes Band zu einer Schneidwalzenmühle, die als Grobzerkleinerung dient. Vor dieser Mühle werden Eisenmetalle durch einen Überbandmagneten ausgehoben. Andere kompakte schwere Teile werden am Abwurfende des schnellaufenden Gurtförderers ballistisch abgeschieden (sie könnten zu Betriebsstörungen in der Schneidwalzenmühle führen). Nach der Grobzerkleinerung ist ein weiterer Überbandmagnet zur Eisenabscheidung angeordnet. Dann werden auf einem Spannwellensieb die feinen Müllteile bis 60 mm Durchmesser zur Kompostierung abgetrennt. Der Siebüberlauf gelangt in einen Horizontalstrom-Windsichter, der pneumatisch und ballistisch arbeitet. Hier entsteht eine Schwerfraktion, eine Mittelfraktion (gefaltetes Zeitungspapier, Kartonagen) und eine Leichtfraktion (Papier). Die Mittelfraktion wird auf einem zweiten Spannwellensieb nachgereinigt. Der Überlauf besteht aus Kartonagen, der Durchgang aus leichten Papieren und Verunreinigungen. In einem Zickzacksichter wird dieser Siebdurchgang von den Verunreinigungen getrennt, die als Schwerfraktion anfallen. Die Leichtfraktion (Papier und Kunststoff-Folien gemischt) wird zusammen mit der Leichtfraktion aus dem ersten Sichter einer Trenneinrichtung (Prinzip: unterschiedliche Reißfestigkeit) zugeführt.

7.4.2 Sortierverfahren der TH Aachen

Dieses Verfahren wurde vom Institut für Brikettierung an der TH Aachen entwickelt *(Bild 7.2)*. Es besteht aus einem «trockenen» Teil mit einer Durchsatzleistung von 1 t/h und einem «nassen» Teil mit einer Durchsatzleistung von 0,1 t/h.

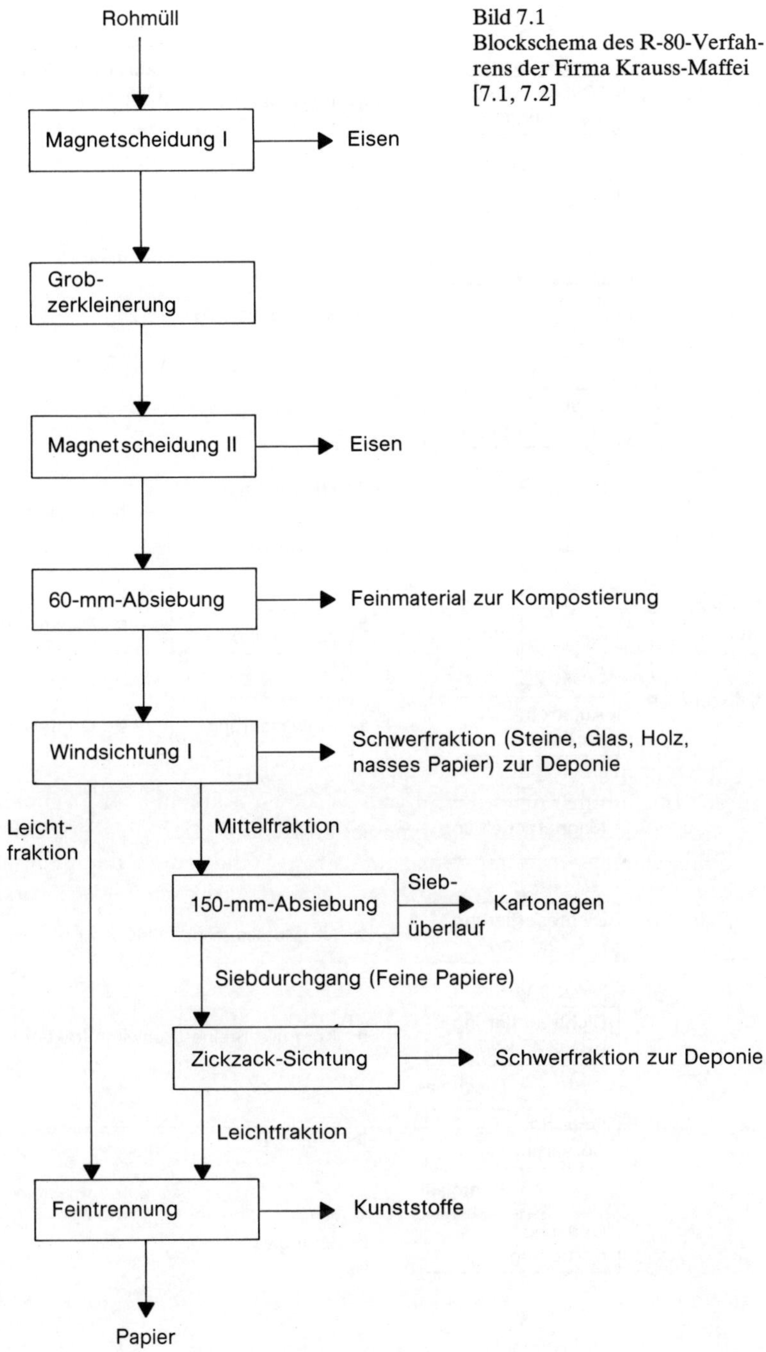

Bild 7.1
Blockschema des R-80-Verfahrens der Firma Krauss-Maffei [7.1, 7.2]

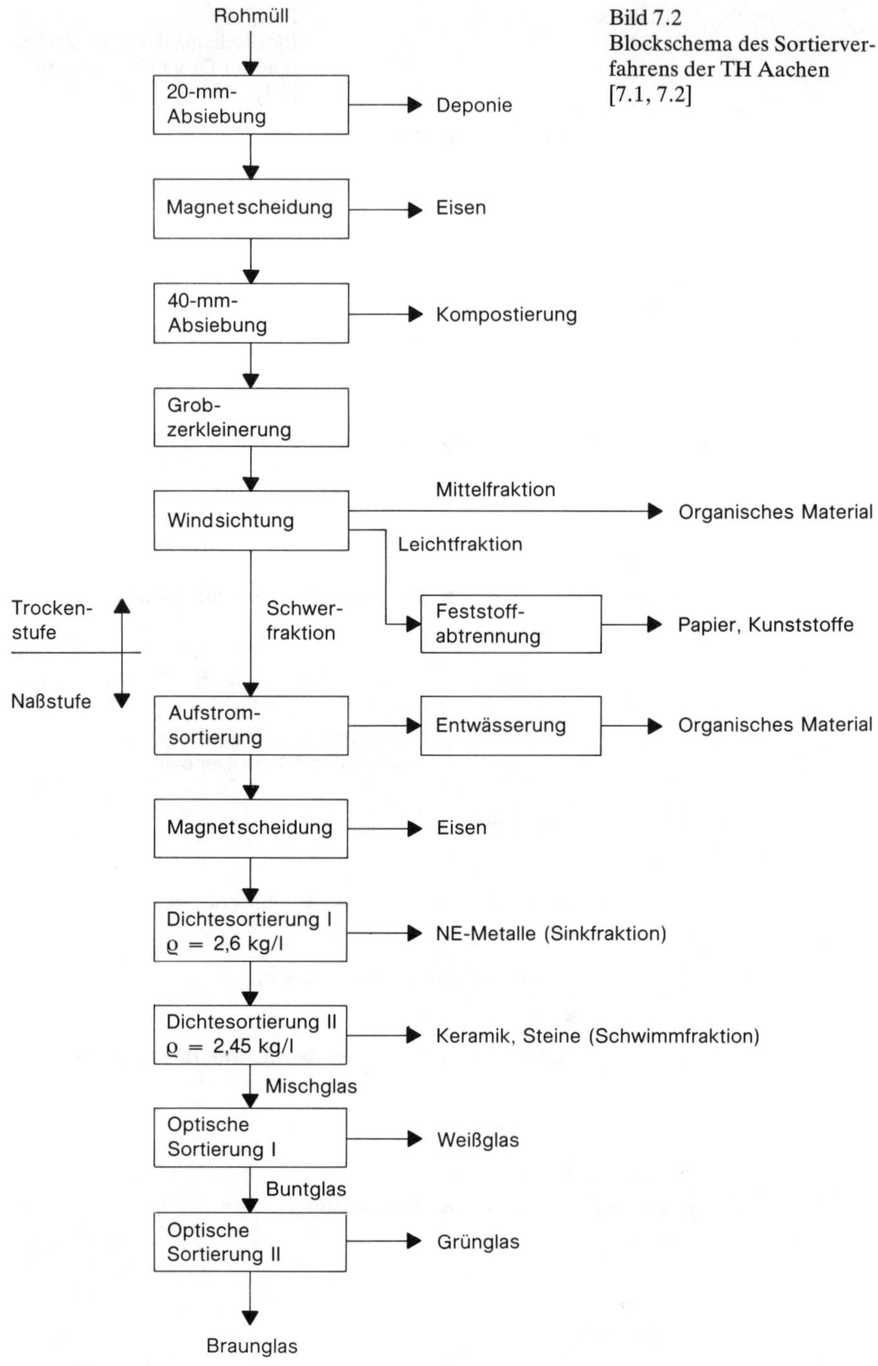

Bild 7.2
Blockschema des Sortierverfahrens der TH Aachen [7.1, 7.2]

Der Müll wird zunächst einer Aufreißvorrichtung zugeführt, in der die in Beuteln und Säcken enthaltenen Abfallstoffe freigelegt werden. In einer nachfolgenden Klassierstufe werden zunächst die Feinbestandteile unter 20 mm abgesiebt und zur Deponierung gebracht. Dann werden nach einer Magnetscheidung die Bestandteile unter 40 mm zur Kompostierung abgesiebt. Der Siebüberlauf wird dann in einem Schneidwalzenzerkleinerer auf unter 100 mm zerkleinert. In einem nachgeschalteten Zickzack-Windsichter erfolgt eine Trennung in drei Produkte: Leichtgut (Papier und Kunststoffe), Mittelfraktion (organische Stoffe und feuchtes Papier) und Schwerfraktion. Die Schwerfraktion wird zunächst in einen Aufstromsortierer geleitet, in dem die organischen Stoffe als Schwimmfraktion abgetrennt werden. In einem Schwertrübescheider werden NE-Metalle und Glas getrennt. Das Mischglas wird nachzerkleinert und in optisch-mechanischen Sortiergeräten nach Farbe getrennt.

7.4.3 Sortierverfahren der Firma Fläkt

Zunächst erfolgt eine Grobzerkleinerung *(Bild 7.3)* in einer doppelrotorigen Hammermühle. In einem Trommelsieb wird das feinere Material zur Deponierung und Kompostierung abgesiebt. In einem Zickzack-Windsichter wird Schwergut und Leichtgut getrennt. Das Schwergut wird nicht weiter behandelt, das Leichtgut weiter zerkleinert und auf einem Feinsieb von anhaftenden Sanden gereinigt. Dann wird die Leichtfraktion in sogenannten Flash-Trocknern einem Hitzeschock unterworfen, der die Kunststoff-Folien schrumpfen läßt. In einem weiteren Zickzacksichter fällt Papier als Leichtfraktion, Kunststoff-Folie als Schwerfraktion an.

Das Fläkt-Verfahren wurde in Stockholm mehrere Jahre als Versuchsanlage mit einer Durchsatzleistung von 10 t/h betrieben. In Holland ist eine Anlage mit einer Durchsatzleistung von 25 t/h seit Anfang 1980 in Betrieb.

7.4.4 Bundesmodellanlage Abfallverwertung

Gegenüber den USA und anderen europäischen Ländern, wie z. B. Italien, Holland und Schweden, hat die Bundesrepublik Deutschland einen erheblichen Nachholbedarf in der Entwicklung von Technologien zur Sortierung von Wertstoffen aus Müll. Unter erheblicher finanzieller Beteiligung der Bundesregierung und des Landes Baden-Württemberg wurde in Dußlingen im Kreis Tübingen eine Müllverwertungsanlage zur Verarbeitung von bis zu 60 t Abfällen/h errichtet.

Die Anlage entsorgt die Kreise Reutlingen und Tübingen. Sie enthält zwei Sortierlinien (für Hausmüll und Gewerbemüll) und eine anschließende Kompostierung für die organische Restfraktion. In einer fünfjährigen Erprobungsphase werden bei den Sortierlinien alternative Systeme erprobt und entwickelt.

Die Linien für die Sortierung von Hausmüll und von Gewerbemüll sind mit den gleichen Verfahrensstufen, jedoch unterschiedlichen Geräten ausgestattet *(Bild 7.4)*.

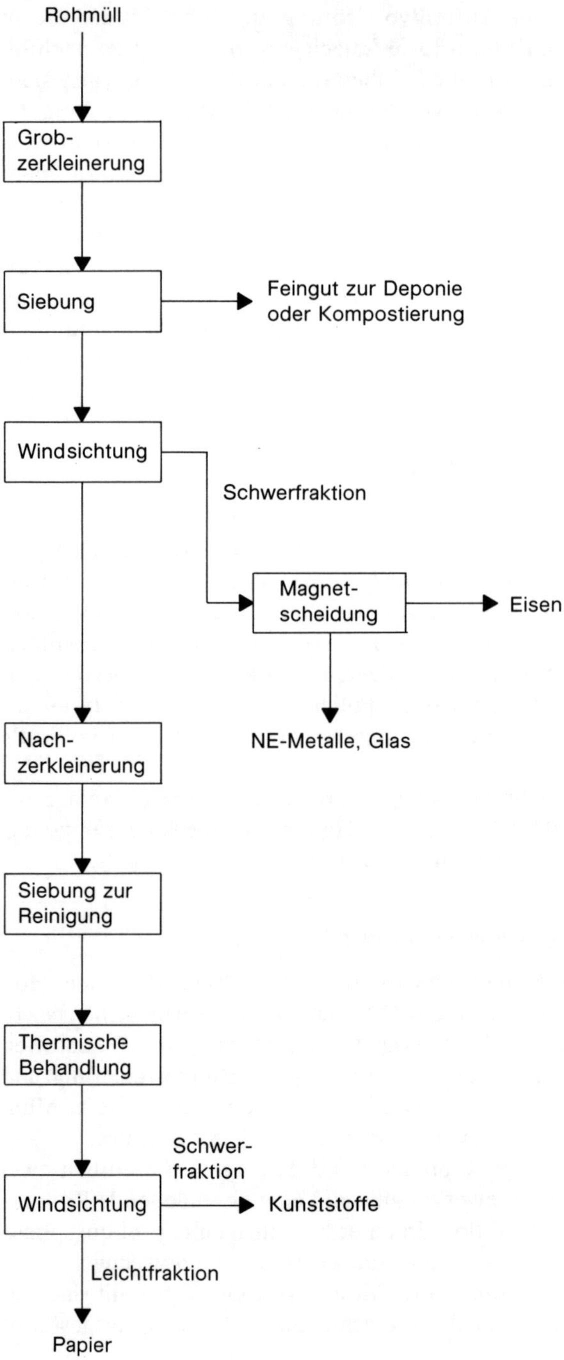

Bild 7.3
Sortierverfahren der Firma Fläkt [7.1, 7.2]

Bild 7.4
Blockschema der Bundesmodellanlage Abfallverwertung
[7.1]

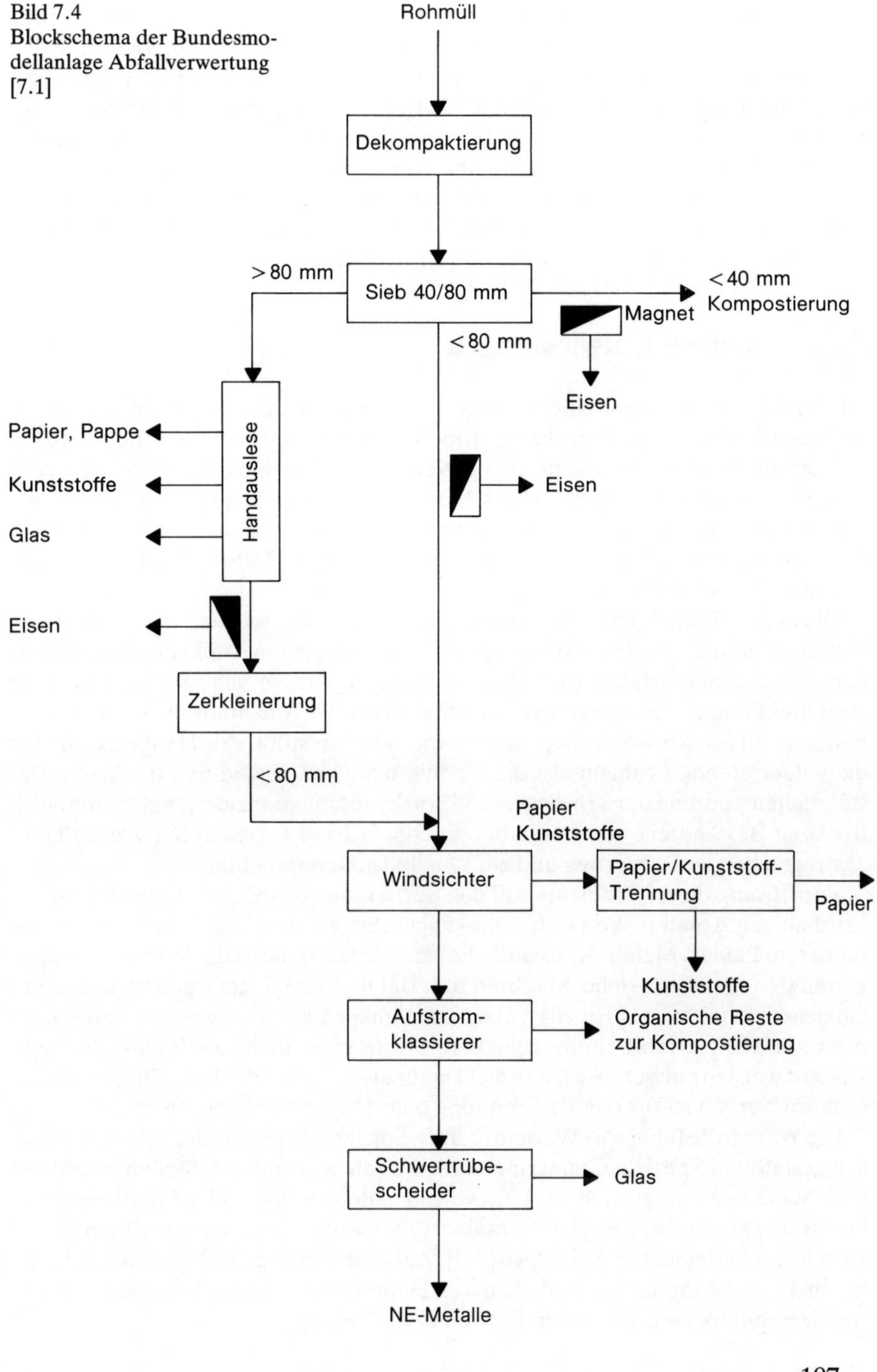

Müllgebinde wie Säcke oder Kartons werden durch schonende Zerkleinerung geöffnet und der Inhalt freigelegt. Dann wird in einem Trommelsieb mit den Lochweiten 40 und 80 mm zunächst der Feinmüll für die Kompostierung abgetrennt, dann der Mittelmüll für die Weiterbehandlung zur Windsichtung. Der Siebüberlauf wird zunächst einer Handauslesestrecke zugeführt. Anschließend daran wird Eisenmetall magnetisch abgetrennt. Dann wird der nichtausgelesene Rest auf unter 80 mm zerkleinert und der Windsichtung zugeführt. Die Leichtfraktion wird in Papier und Kunststoff-Folien aufgetrennt, die Schwerfraktion durch Naßverfahren ebenfalls weiter aufgetrennt.

7.5 Neuere Entwicklungen

Sortieranlagen für gemischten Haus- bzw. Gewerbemüll haben bisher in der Bundesrepublik Deutschland keine große Verbreitung gefunden; Betriebsanlagen gibt es nur auf der Deponie der Stadt Neuss, der Deponie Haus Forst (Kerpen-Manheim) und in Dusslingen als Forschungs- und Entwicklungsanlage im Betriebsmaßstab. Die genannten Anlagen sortieren Wertstoffe aus und stellen Kompost her, während das Rohstoffgewinnungszentrum Ruhr in Herten einen brikettierten Brennstoff aus Müll produziert.

Die in Abschnitt 7.4 beschriebenen Anlagen sind so ausgelegt, daß sie in Haushaltungen und Gewerbebetrieben gemischt gesammelten Müll verarbeiten können. Die Betriebserfahrungen haben gezeigt, daß diese angestrebte Trennung zwar funktioniert, die so erzeugten Produkte jedoch oft qualitativ nicht befriedigen können und ihr Absatz deshalb auf Schwierigkeiten stößt. Als Hauptursache für die aufgetretenen Probleme ist die Vermischung von nassen und trockenen Bestandteilen während der Transport- und Fördervorgänge anzusehen. Ursprünglich trockene Bestandteile werden dabei durchnäßt bzw. verschmutzt, was zu Fehlausträgen bei der Sortierung und zur Qualitätsminderung führt.

Zur Lösung dieser Probleme soll den Sortieranlagen möglichst nur noch wertstoffhaltiger Abfall («Wertstoffmüll») zugeführt werden (z. B. ein Gemisch aus sauberem Papier, Metall, Kunststoff-Folien und Glas) durch die Müllsammlung in getrennten Gefäßen (siehe Abschnitt 5.1.3). Die Recyclinganlagen können dann einfacher gestaltet, das Einzugsgebiet der Anlagen kann vergrößert werden, da nicht zur Weiterverarbeitung geeignete Stoffe nicht mehr als Ballast durchgeschleust werden müssen. Sie fallen nicht mehr als Reststoff der Recyclinganlage an, sondern werden sofort der Verbrennung oder Deponierung zugeführt.

Die Wertstoffe für diese «Wertstoffmüll»-Sortieranlagen werden in unterschiedlich gestalteten Spezialcontainern gesammelt, die an zentralen Stellen in Städten und Gemeinden aufgestellt sind. So verfügen derzeit 98 % aller Landkreise und kreisfreien Städte über Altglas-Container, 75 % über Container für Altpapier und 20 % über Container für Weißblech [7.3]. Zur Zeit sind über 30 Wertstoffmüll-Sortieranlagen, häufig im wesentlichen aus Handsortierbändern bestehend, in der Bundesrepublik Deutschland in Betrieb bzw. Planung.

8 Geordnete Deponie, Rottedeponie, Sonderdeponie

8.1 Geordnete Deponie

Wir alle kennen noch aus eigener Anschauung die kleingemeindeeigene oder wilde Müllkippe in Steinbrüchen, Sand- oder Kiesgruben ohne Deponieordnung, angelegt nach dem Prinzip der Vor-Kopf-Verkippung, in der Abfälle aus größeren Abladehöhen stark aufgelockert über ausgedehnte schräge Kippfronten abrollten, abrutschten und eine hohlraumreiche Ablagerungsmasse mit geringer Schüttdichte und großer Oberfläche für eine Auslaugung durch Niederschlagswasser bildeten. (1971 wurde die Zahl der Ablagerungsplätze auf 50 000 geschätzt, 1975 waren etwa 4500 Deponien mit Deponieordnung eingerichtet. Bundesweit werden derzeit noch knapp 75 % des anfallenden Hausmülls auf Deponien abgelagert, siehe auch *Tabelle 8.1*. In den Stadtstaaten Berlin, Hamburg und Bremen werden keine Hausmülldeponien mehr betrieben. In den übrigen Bundesländern liegt der Entsorgungsanteil über Deponien zwischen ca. 55 % (Bayern und Schleswig-Holstein und fast 100 % (Niedersachsen) [8.4]). Abgesehen von der Landschaftsverschandelung und der Minderung des Nutzungswertes der Umgebung der Müllkippe führte diese ungeordnete Beseitigung des Mülls zu

- □ einer hohen Belastung von Grund- und Oberflächenwasser durch Schadstoffextraktion durch verrieselndes Niederschlagswasser (Zunahme von Härte und Aggressivität bei der Aufnahme von Feststoffen und Gasen; Vergiftung, Anreicherung mit Krankheitserregern bei der Aufnahme öliger und schlammiger Abfallstoffe),
- □ regelrechter Ungezieferzüchtung und damit verbundener Seuchengefahr
- □ einer weitreichenden Luftverunreinigung durch unkontrollierte Brände.

Im Gegensatz zu dieser ungeordneten Ablagerung in Müllkippen, einhergehend mit der beschriebenen erheblichen Umweltbelastung, werden in *geordneten Deponien* allein oder überwiegend feste Siedlungsabfälle, wie Hausmüll, Sperrmüll und hausmüllähnliche Gewerbeabfälle, kontrolliert auf Dauer abgelagert («Hausmülldeponien»). Hinzu kommen gegebenenfalls noch Rückstände aus Abfallreduktionsanlagen, sofern sie nicht Sonderdeponien zugeführt werden müssen. Durch geeignete Maßnahmen wird eine Gefährdung des Wassers ausgeschlossen, hygienischen und ästhetischen Belangen Rechnung getragen und eine spätere Nutzung der Deponieoberfläche vorbereitet.

Das geordnete Deponieren von Abfällen ist eines der umweltfreundlichsten Verfahren der Abfallbeseitigung und mit einem Kostenaufwand von ca. 30 bis

Tabelle 8.1 Übersicht über Deponien mit voraussichtlicher Dauer der Ablagerung, eingeteilt nach Betreibern (Stand 1984)*

Betreiber / Art der Deponie	Deponien insgesamt	davon mit voraussichtlicher Ablagerungsdauer von ... bis unter ... Jahren				
		unter 3	3–6	6–11	11–21	21 und mehr
	Anzahl					
Gemeinde	2210	525	580	615	377	113
Zweckverband	54	11	19	14	6	4
Kreis[1]	579	178	112	159	96	34
Unternehmen	274	100	64	48	43	19
Sonstige[2]	1	1	–	–	–	–
Insgesamt	3118	815	775	836	522	170
davon:						
Hausmülldeponien[3]	385	126	71	90	64	34
Bauschuttdeponien[4]	1971	489	495	543	339	105
Bodenaushubdeponien[5]	728	187	201	197	113	30
Sonstige Deponien[6]	34	13	8	6	6	1

[1] Einschl. kreisfreie Städte
[2] Bund, Land
[3] Deponien für Hausmüll, hausmüllähnliche Gewerbeabfälle
[4] Deponien für Bodenaushub und Bauschutt
[5] Deponien für Bodenaushub (ausschließlich)
[6] Das sind z. B. Altreifendeponien, Klärschlammdeponien, Schlackendeponien

Quelle: Statistisches Bundesamt, Darstellung nach [8.4]

70 DM/t Müll auch das billigste. Jedes Behandlungsverfahren für Müll wie Recycling, Kompostierung und thermische Behandlung durch Verbrennung, Vergasung oder Pyrolyse zum Zwecke einer Reduktion des Müllvolumens und zur teilweisen Ausschöpfung seiner Wertstoffe und seines Energieinhalts bedarf zusätzlich einer geordneten Deponie für nicht mehr weiter verwertbare Rückstände. Während ein direktes Deponieren ohne Reduktionsverfahren selbstverständlich möglich ist, ist also ein Reduktionsverfahren ohne Restedeponie undenkbar, wenn alle Abfallstoffe im Rahmen eines Abfallbeseitigungskonzepts beseitigt werden sollen.

Würden alle den chemischen und biochemischen Reduktionsverfahren zugänglichen Abfallstoffe ohne Rücksicht auf die Kosten dem Müll entzogen, so verblieben noch ca. 40 % oder ca. 250 kg/E · a (ohne Einbezug von Sondermüll und Klärschlamm), die sich allein durch geordnetes Deponieren beseitigen lassen. Es sind dies im wesentlichen folgende Stoffgruppen:

- □ vorwiegend mineralisch zusammengesetzte, nicht reduzierbare Stoffe, wie Abbruch, Schutte, Erden, Schlacken, Aschen;
- □ Rückstände aus Reduktions- und Aufarbeitungsanlagen, wie Siebreste, Flugaschen, Verbrennungsschlacken, Vergasungskoks, Filterkuchen.

8.1.1 Gesetzliche Grundlagen, Standortwahl, Planfeststellung

Damit Abfälle auf Dauer so abgelagert werden können, daß die von ihnen ausgehenden Restemissionen umwelt- und standortverträglich sind, sollte Grundlage von Planung, Bau, Betrieb und Nachsorge der Deponie das sogenannte Multibarrierenkonzept [8.3] sein, mit dessen Hilfe ein mehrfach redundantes System von Rückhaltebarrieren gegen Emissionen geschaffen werden. Als Barrieren gelten dabei

- □ der geeignete Deponiestandort,
- □ die geeignete Abdichtung der Deponiebasis,
- □ der Deponiekörper,
- □ die Deponieoberflächenabdichtung,
- □ die kontrollierte Nutzung und
- □ die Kontrolle des Deponieverhaltens und die Nachsorge.

Bei Errichtung, Betrieb und Stillegung von Deponien sind von allen Beteiligten *Rechts-* und *Verwaltungsvorschriften* und *-anordnungen* zu beachten. Es sind dies insbesondere:

- □ Gesetz über die Vermeidung und Entsorgung von Abfällen (Abfallgesetz AbfG)
- □ Abfallgesetze der Länder,
- □ Gesetz zur Ordnung des Wasserhaushalts (Wasserhaushaltsgesetz und seine Änderung durch das Einführungsgesetz zur Abgabenordnung (EGAO),
- □ Wassergesetze der Länder,
- □ Gesetz über Naturschutz und Landschaftspflege (Bundesnaturschutzgesetz BNatSchG),
- □ Naturschutz- und Landschaftspflegegesetze der Länder,
- □ Gesetz zum Schutz vor schädlichen Umwelteinwirkungen durch Luftverunreinigungen, Geräusche, Erschütterungen und ähnliche Vorgänge (Bundes-Immissionsschutzgesetz BImSchG),
- □ Gesetz zur Verhütung und Bekämpfung übertragbarer Krankheiten von Menschen (Bundes-Seuchengesetz).

Die *Standorte* von Abfallbeseitigungsanlagen sind nach § 6 Abs. 1 AbfG in den Abfallbeseitigungsplänen der Länder festzulegen. Für die Auswahl des Standorts einer Deponie sind insbesondere folgende Gesichtspunkte zu beachten:

- □ die Einwohnerzahl des Erfassungsbereiches für die Deponie sollte 20 000 überschreiten;
- □ der Transportaufwand sollte minimal sein (Standortfestlegung nach Optimierungsrechnung); günstige Anbindung an das Verkehrsnetz;
- □ die hydrogeologische Situation sollte möglichst günstig sein (undurchlässige Unterschicht zur Sickerwasserrückhaltung);
- □ zur Landschaftsgestaltung nach Stillegung der Deponie sollten günstige Bedingungen vorliegen (Steinbruch, Sumpfgebiet, Auffüllgelände);
- □ der Standort sollte in die Gesamtkonzeption für die Abfallbeseitigung der Region passen;

Tabelle 8.2 Bestandteile des Antrags auf Planfeststellung für eine Deponie, vereinfacht [8.1]

Erläuterungsbericht zur Beurteilung des Vorhabens
Veranlassung, Aufgabenstellung und Vertragsregelungen. Flächenauswahl. Nachbarschaft und Einflußbereich. Art, Zusammensetzung, Menge und Herkunft der Abfälle des Entsorgungsgebiets sowie Art der Sammlung und des Antransports. Orographische, meteorologische und wasserwirtschaftliche Standortverhältnisse wie Lage zum Vorfluter, Überschwemmungsgebiet usw. Angaben über Trinkwassergewinnungsanlagen im Einzugsbereich der Deponie. Eignung des Deponieuntergrunds aus geologischer und hydrologischer Sicht. Erschließung und Einrichtung der Deponie einschließlich Ver- und Entsorgung mit Beschreibung der baulichen Anlagen. Ablagerungsvolumen und Betriebszeit der Deponie. Verfügbarkeit von Abdeckmaterial. Geräte und Personalausstattung. Betriebsweise und Maßnahmen zur Arbeitshygiene und zum Immissionsschutz. Investitions- und Betriebskosten der Anlage. Rekultivierungskosten. Gegenwärtige Nutzung des Deponiegeländes und Nutzung nach Schließung der Deponie. Rekultivierungsmaßnahmen
Auslegungs- und Bemessungsunterlagen für die Anlagenteile der Deponie
Einrichtungen für die Wasserversorgung und die Abwasserbeseitigung. Sammlung, Behandlung und Ableitung von Sickerwasser und Grund- und Oberflächenwasser. Statische Nachweise für bauliche Anlagen. Bodenmechanische Nachweise wie Standsicherheit und Setzung des Deponiekörpers und des Untergrunds
Planunterlagen
Übersichtskarten, Lagepläne, Quer- und Längsschnitte und Bauzeichnungen in verschiedenen Maßstäben zur Kennzeichnung des Entsorgungsgebiets, des Standorts, der Verkehrsanbindung, der Deponieumgebung und der Deponie mit Anlagenteilen. Entwässerungsplan für Oberflächen-, Schicht-, Sicker- und Abwässer. Betriebsplan zur Lage von Schüttflächen, Schutzwällen und Deponiestraßen in den einzelnen Betriebsteilabschnitten. Landschaftspflegerischer Begleitplan zur Rekultivierung
Fachgutachten
Geologisches und hydrologisches Gutachten mit Angaben über Untergrund- und Grundwasserverhältnisse, Durchlässigkeit des Untergrunds, erforderliche Abdichtung. Evtl. zusätzlich meteorologisches Gutachten, Emissions- und Immissionsgutachten, bodenmechanisches Gutachten und Gutachten zur Basisabdichtung

□ die technischen Voraussetzungen müssen erfüllt sein (Energien verfügbar, Abdeckmaterial verfügbar, Einbaufläche und -tiefe ausreichend für die während der Betriebsphase anfallende Müllmenge des Erfassungsbereichs).

Der Standort der Deponie wird nach Planfeststellung durch die Planfeststellungsbehörde endgültig festgelegt. Dem Antrag auf Planfeststellung sind die in *Tabelle 8.2* zusammengestellten Unterlagen beizufügen, sofern die zuständige Planfeststellungsbehörde nicht andere vorschreibt.

8.1.2 Aufbau und Betrieb

Eine übliche Deponie zur geordneten Ablagerung von Müll und vorentwässertem Klärschlamm besteht aus den in *Tabelle 8.3* gelisteten und erläuterten Bereichen, Gebäuden und Anlagen.

Tabelle 8.3 Bereiche und bauliche Einrichtungen einer Deponie

Zufahrtsbereich mit Anbindung an das öffentliche Verkehrsnetz und die interne Verkehrsführung zum Entladebereich (Mindestbreite der Fahrbahnen: 6,5 m. Beschilderung nach StVO. Steigungen max. 8 bis 10%)
Betriebsgebäude mit Einrichtungen für das Betriebspersonal, angeschlossen an die öffentlichen Energie- und Wassernetze, Wäge- und Registrierraum, Büroräume, Laboratorium mit Probenaufbereitungsstand und ggf. Analysen- und Prüfgeräten für Müll, Sickerwasser und Deponiegas
Werkstattraum und Garagen mit Wartungsgrube für die Arbeitsmaschinen
Wägebereich mit Baustellenbrückenwaage
Entladebereich, ggf. mit Zerkleinerungsanlage und Einbauzone
Reifenreinigungsanlage für die Anlieferfahrzeuge im Bereich der Abfuhrspuren (Reifenabrollstrecke, Walkrollen, Reifenwaschanlage)
Entwässerungssystem mit Hang- und Randgräben für das Oberflächenwasser. Ggf. Schicht- und Quellwasserableitung
Erfassungs- und Sammelsystem für Sickerwasser mit Sammelbecken und ggf. Aufbereitungsanlage
Ggf. Erfassungs- und Sammelsystem für Zersetzungsgas mit perforierten Gassonden im Müllkörper, Wasserabscheider, Filter, Gasgebläse, Gasbehälter, entsprechende Peripheranlagen für eine energetische Nutzung und Abfackelvorrichtung mit entsprechenden Sicherheitseinrichtungen
Umzäunung mit Papierfangzaun um den Einbaubereich, Schutzpflanzung im Rekultivierungsbereich und äußerer Gesamtumfriedung

Tabelle 8.4 Maßnahmen zur Abdichtung der Deponiebasis. Aufbau der Deponiesohle

☐ Natürliche Abdichtung
mit verdichteten Bodenmaterialien mit ausreichend hohem Ton- bzw. Feinschluffanteil (Mindestschichtdicke 0,6 m)

☐ Künstliche Abdichtung
— mit verschweißten vorgefertigten Dichtungsbahnen aus Kunststoffen wie Polyäthylen, Polyester (Folie auf Feinsandunterlage mit Feinsandabdeckung von 0,2 bis 0,3 m Schichthöhe) oder Bitumina mit Trägerschicht wie Äthylencopolymerisat-Bitumen
— mit örtlich gefertigten Decken aus Gemischen von Bodenmaterialien mit Kunstharzen, silikatischen oder anderen Bindemitteln (Vermörtelungen oder mit Quellmitteln (Betonit)
— ausnahmsweise mit örtlich gefertigten Bitumendecken

Aufbau der Deponiesohle, schematisch*

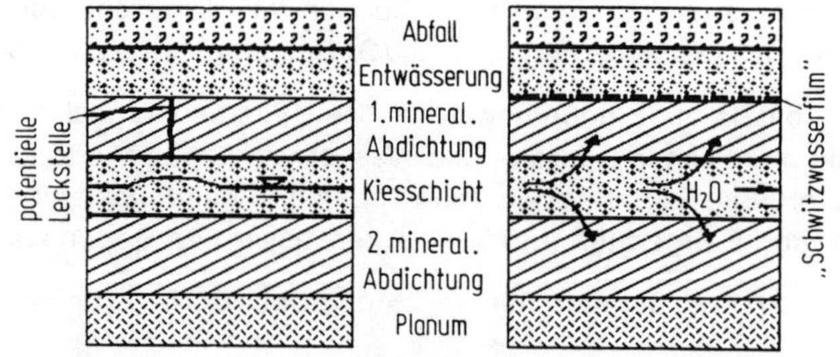

Prinzip einer zweischichtigen mineralischen Basiskonstruktion; **a** mit potentieller Leckstelle; **b** mit inverser Wasserzuleitung

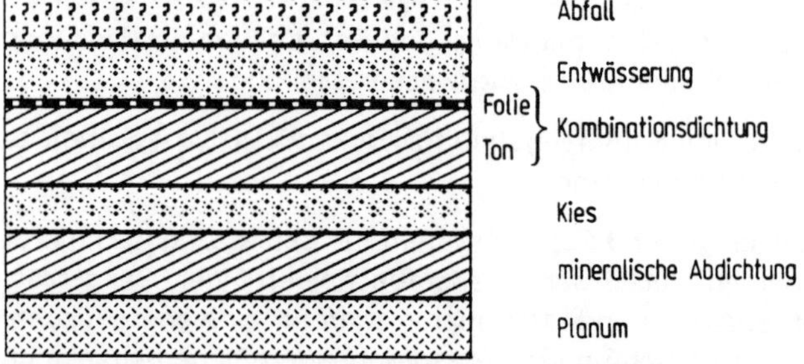

Prinzip einer Basiskonstruktion aus Kombinationsdichtung sowie darunter liegende Kiesschicht und mineralischer Abdichtungsschicht

* Darstellung nach Collins [8.2]

Tabelle 8.4 Fortsetzung

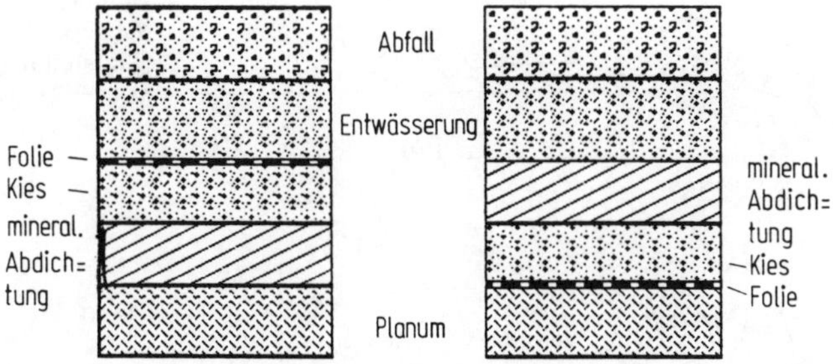

Prinzip von Basiskonstruktionen mit Einzellagen von Folie und mineralischer Dichtung

Der Deponiebetrieb ist durch Betriebsanweisungen für das Deponiepersonal und durch Benutzungsordnung für die Anlieferer der Abfälle geregelt. Der über den Zufahrtsbereich angelieferte Müll wird zunächst über Waagen mit z.T. selbstregistrierenden und -schreibenden Meßwerken erfaßt, wobei Abfallart, Anlieferer, Datum und Uhrzeit EDV-gerecht mit aufgenommen werden. (Eine Waage kann dabei stündlich bis zu 25 Wiegungen bei einer Massenerfassung von bis zu 50 t verkraften.) Nach Abkippen im Entladebereich, eventuellen Vorbehandlungen durch Zerkleinern mit Prallmühlen (20 bis 25 t/h Durchsatz, 160 kW Antriebsleistung), Entschrotten oder Vorrotten (→ Rottedeponie) wird der Müll mit möglichst hoher Dichte in die Einbauzone der Deponie eingebaut.

Falls kein natürlich anstehender, ausreichend wasserdichter Untergrund an der Deponiebasis vorliegt, muß eine Sohlen- und ggf. Flankenabdichtung vorgenommen werden, die ein Einsickern von Wasser in den Untergrund ganz verhindert oder auf zulässige Durchgangsraten einschränkt. In Tabelle 8.4 sind einige Verfahren zur Basisabdichtung von Deponien zusammengestellt und erläutert.

(Bedingt durch die Forderungen nach Kontrollierbarkeit, Reparierbarkeit und Rückholbarkeit und die Altlastenproblematik werden erhöhte Anforderungen an die Gestaltung der Deponiesohle und an die Durchlässigkeit und Haltbarkeit von Dichtsystemen gestellt werden müssen. Eine Kombinationsabdichtung der Deponiebasis, bestehend aus mineralischer Abdichtschicht und aufgelegter Polymerbahn, wird dann einfachen mineralischen oder künstlichen Abdichtungen vorzuziehen sein.)

Der Einbau des Mülls in die Deponie wird im allgemeinen mit Raupen und Stampffußverdichtern vorgenommen. Beim *Flächeneinbau (Bild 8.1)* wird der Müll auf horizontalen oder geneigten Einbauflächen durch mehrmaliges Überfahren mit dem Kompaktor zerkleinert, zusammengepreßt und in Schichten von 0,3 bis 0,5 m Höhe verdichtet. Beim *Kippkanteneinbau* werden die Abfälle ca. 10 m vor der flach zu haltenden Kippkante abgeladen, zerkleinert, über die Kippkante abgeschoben und verdichtet.

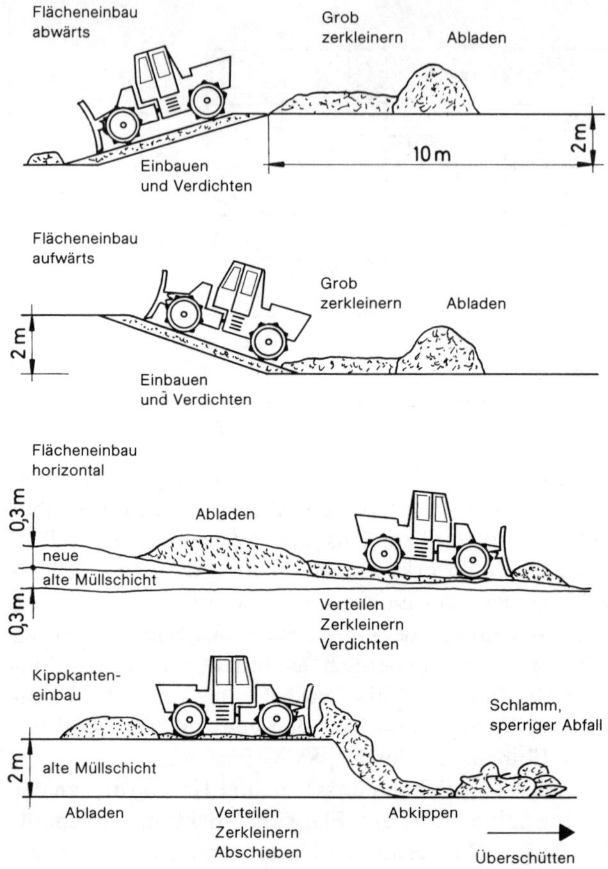

Bild 8.1
Einbau fester Abfälle in die geordnete Deponie (Darstellung nach Kumpf, Maas, Straub [8.1]

Die erste Müllschicht über Deponiesohle und Dränschicht mit Sickerwasserdrängen besteht aus gering verdichtetem Feinmüll. Darüber folgen die in der beschriebenen Weise aufgebrachten Müllschichten von ca. 2 bis 2,5 m Höhe, jeweils abgedeckt mit Abraum, Bauschutt und ähnlichem Inertmaterial, evtl. eingefaßt durch Dränageeinrichtungen und Gassammelsysteme *(Bild 8.2)*.

Nach Beendigung der Ablagerung erhält die Deponie eine Oberflächenabdichtung, an die inzwischen zumindest die gleichen Anforderungen gestellt werden wie an die Deponiebasis *(Tabelle 8.5)*. Die Oberfläche der Deponie wird schließlich mit einer Erdschicht bedeckt, bepflanzt und dem umgebenden Landschaftsbild entsprechend den in der Planfeststellung vorgeschriebenen Rekultivierungsmaßnahmen angepaßt. Die Oberfläche mit einer Mindestneigung von 3 % ist dabei so zu gestalten, daß Niederschlagswasser weitgehend vom Deponiekörper weggeführt wird. Erosionen und Rutschungen sind ggf. durch Sicherungsbauweise nach DIN 18 918 zu vermeiden.

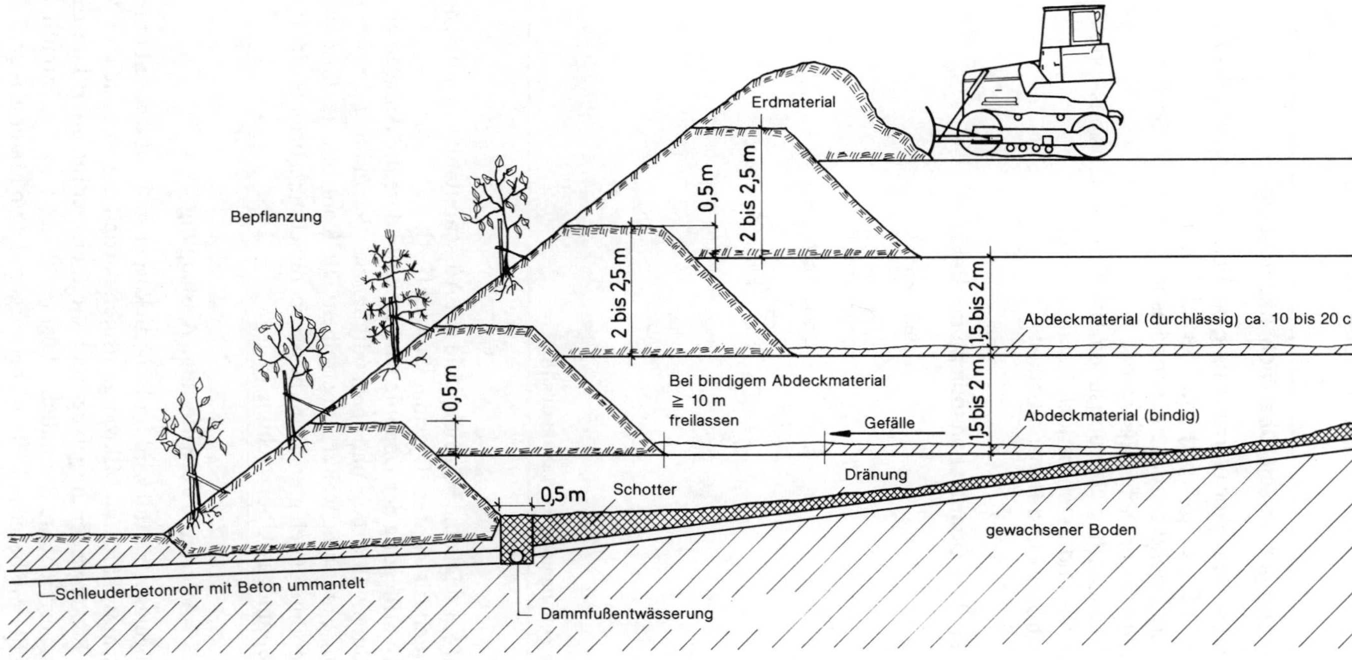

Bild 8.2 Aufbau einer geordneten Deponie (Darstellung nach SCHLAITZER [8.18])

Tabelle 8.5 Oberflächenabdichtung von Deponien, Anforderungen und Aufbau*

Anforderungen an eine Oberflächenabdichtung

- □ Wasserdichtigkeit (Verhinderung der Versickerung von Niederschlagswasser in den Deponiekörper) und Gasdichtigkeit
- □ Oberflächendränage zur schadlosen Ableitung von Niederschlagswasser oberhalb der Dichtungsschicht
- □ Standsicherheit, Setzungsunempfindlichkeit, Erosions- und Frostsicherheit
- □ Begeh- und Befahrbarkeit, Rekultivierbarkeit
- □ Kontrollier- und Reparierbarkeit

Aufbau einer Oberflächenabdichtung (Beispiel)

Abdeckung

Vlies oder
abgestuftes Korn

Dränschicht

Dichtung
z. B. dreilagig mineralisch

kapillar brechende Schicht

Vlies
Abfall

* Darstellung nach RETTENBERGER [8.3]

Bild 8.3 zeigt eine Hügeldeponie mit Ausschnitt mit von unten her zugänglicher Deponiebasis, System Dywidag-Steuler [8.4].

Nach Stillegung der Deponie sind insbesondere die Anlagen zur Sickerwassersammlung, -ableitung und -behandlung, zur Behandlung des Oberflächenwassers und zur Entgasung weiter zu betreiben. Die Kontrolle des Grundwassers aus um die Deponie angelegten Grundwasserbeobachtungsbrunnen läuft weiter, ebenso die Deponiegas-Überwachung [8.14].

8.1.3 Alterung, Verwitterung, Auslaugung

Der abgelagerte Müll wird im Deponiekörper im Lauf der Zeit unter dem Einfluß von Atmosphäre und Mikroorganismen partiell umgewandelt; er verwittert, wird durch Sickerwasser ausgelaugt und altert, er «sedimentiert künstlich». Die nach Setzung erreichbare Raumdichte liegt bei etwa 1 t/m^3 Feuchtmüll, bei Zusatz von Klärschlamm bei etwa 1,2 t/m^3, bei vorgerottetem Material sogar bei etwa 1,5 t/m^3

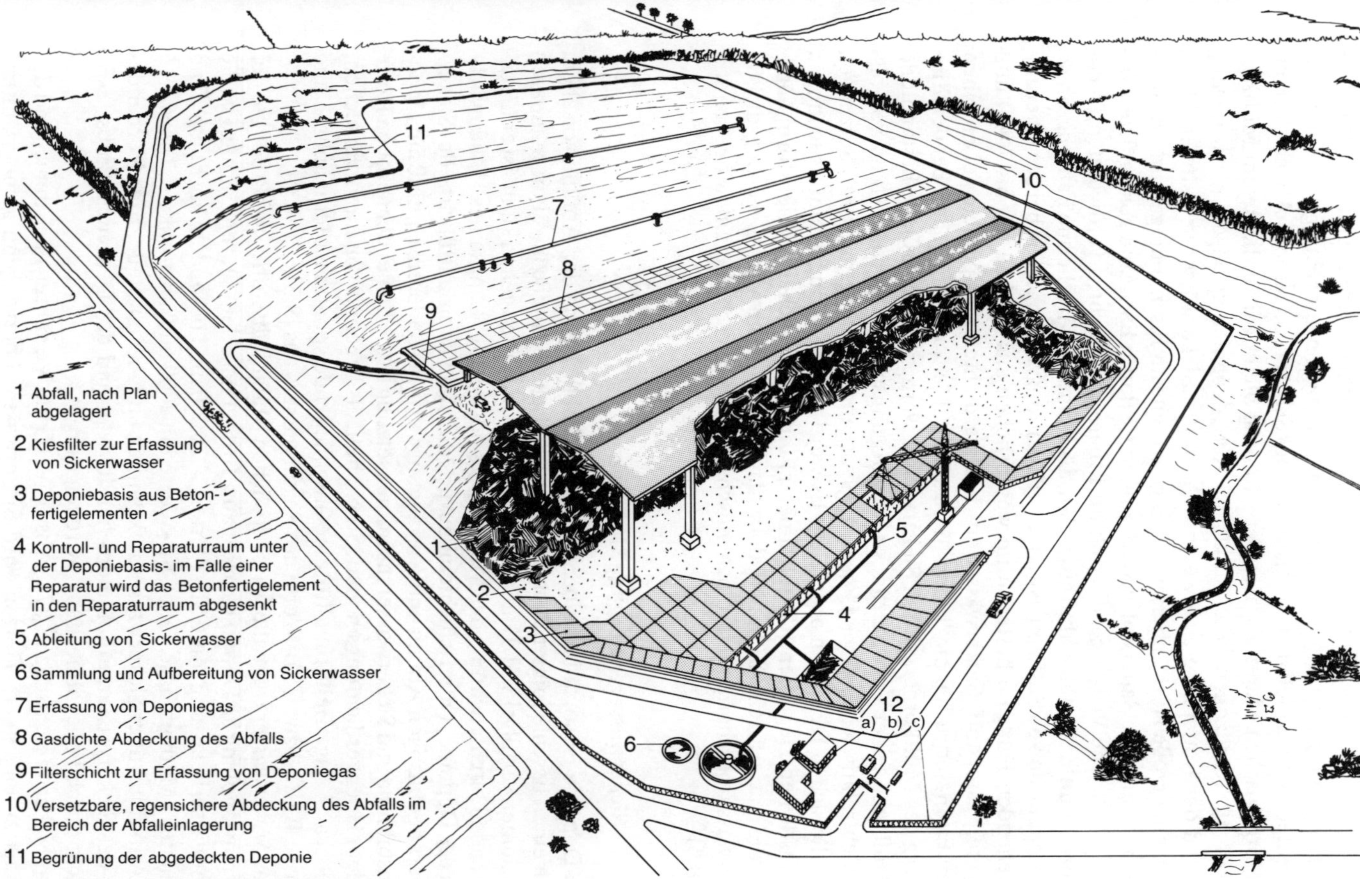

1 Abfall, nach Plan abgelagert
2 Kiesfilter zur Erfassung von Sickerwasser
3 Deponiebasis aus Betonfertigelementen
4 Kontroll- und Reparaturraum unter der Deponiebasis- im Falle einer Reparatur wird das Betonfertigelement in den Reparaturraum abgesenkt
5 Ableitung von Sickerwasser
6 Sammlung und Aufbereitung von Sickerwasser
7 Erfassung von Deponiegas
8 Gasdichte Abdeckung des Abfalls
9 Filterschicht zur Erfassung von Deponiegas
10 Versetzbare, regensichere Abdeckung des Abfalls im Bereich der Abfalleinlagerung
11 Begrünung der abgedeckten Deponie
12 Labor a), Wiegestation b) und Sicherheitszaun c)

Bild 8.3 Querschnitt einer Hügeldeponie mit von unten her zugänglicher Deponiebasis und der notwendigen Anlagenperipherie
(Darstellung nach Unterlagen der Fa. Steuler, Höhr-Grenzhausen [8.5])

[8.6]. Unter *Verwitterung* versteht man die physikalischen, chemischen und biochemischen Vorgänge, die sich unter der Wirkung von Umgebungsluft und Oberflächenfeuchte abspielen, also Rissebildung, Setzungen, aerober Abbau (Verrottung) organischen Materials. Die Verwitterung bleibt bei verdichtetem Müllkörper auf die Randzonen beschränkt, bei Rottedeponien spielt die Verwitterung während der Rottephase eine wesentliche Rolle. Sickerwässer verrotteten Mülls weisen eine große Härte, aber nur geringe Anteile an Eisen, Mangan und Ammonium auf; auch die Sauerstoffbedarfszahlen CSB und BSB_5 sind gering. Die *Alterung* umfaßt jene Vorgänge, die sich im Innern des feuchten verdichteten Deponiekörpers unter Luftabschluß abspielen, also anaerobe exotherme Faulung, anaerobe Reduktion von Sulfaten usw., Denitrifikationsvorgänge. Die bei der Alterung entstehenden Faulgase bestehen im wesentlichen aus Methan (60 bis 70%) und Schwefelwasserstoff. Sickerwässer aus hochverdichteten Deponien weisen einen hohen Eisen- (etwa 500 mg/l) und Mangananteil (etwa 50 mg/l) auf. Bei der *Auslaugung* des Müllkörpers durch Sickerwasser werden wasserlösliche Bestandteile des Mülls und seiner Verwitterungs- und Alterungsprodukte erfaßt. (Man weiß bisher noch relativ wenig über Umsetzungsvorgänge, Fällungsprozesse, Setzungen usw., die sich in Deponien abspielen. Es werden daher Langzeituntersuchungen an künstlichen Deponien (Großlysimeter) unterschiedlicher Betriebsform angestellt, die u. a. Aufschluß über Niederschlagsverteilung im Müll, Lagerungsdichte, Sickerwasserbeschaffenheit, biochemische und hygienische Parameter geben sollen [8.6].)

8.1.4 Sickerwasserentsorgung, Entgasung

Eine Deponie ist so zu betreiben, daß eine Stabilisierung der Abfälle vor allem durch einen beschleunigten Abbau ihrer organischen Anteile in «überschaubaren Zeiträumen» erfolgt [8.3]. Damit dieser Abbau vonstatten gehen kann, ist eine ausreichende Durchfeuchtung des Müllkörpers notwendig. Langsames Höhenwachstum der Deponie, Dünnschichteinbau des Mülls und Kreislaufführung des Sickerwassers begünstigen Abbau und Auslaugung. Von besonderem Einfluß auf Deponiegasbildung und Sickerwasserzusammensetzung ist die Dauer der aeroben Rotte vor dem Hochverdichtungseinbau. So reichen, als Ergebnis von Laborversuchen, bereits ca. 7 Tage Belüftung für eine anschließende spontane Methanphase und niedrige BSB_5- bzw. CSB-Werte des Sickerwassers aus [8.3].

Das *Sickerwasser* trägt alle wasserlöslichen Müllinhaltsstoffe und Produkte der Stoffumwandlung im Deponiekörper aus. In der Phase der «sauren Gärung» ist die Sickerwasserbelastung mit CSB-Werten $> 20\,000$ mg/l besonders hoch, um dann erst in der «Methanphase» auf CSB-Werte um 4000 mg/l abzusinken. *Tabelle 8.6* gibt Aufschluß über Sickerwasseraufkommen und -bestandteile. Eine Verminderung des Sickerwasseraufkommens bereits während des Deponiebetriebs, z. B. erreicht durch Folienabdeckung, wird angestrebt.

Das Sickerwasser ist nach § 7a, Abs. 1 WHG mit Verfahren nach dem Stand der Technik zu entsorgen. Derzeit wird Sickerwasser überwiegend gemeinsam mit

Tabelle 8.6 Aufkommen und Inhaltsstoffe von Deponiesickerwässern
Sickerwasseraufkommen

Sickerwassermengen bei	zu beseitigen		zu fassen
	Jahresmittel	Tagesspitze	Tagesspitze
	$(m^3/(ha \cdot d))$	$(m^3/(ha \cdot d))$	$(m^3/(ha \cdot d))$
oben offener Deponie ohne Kreislaufführung	5	20	20
oben offener Deponie mit Kreislaufführung durch Verregnung	3	8	15
oben gedichteter Deponie mit Kreislauf ohne Verregnung	1 bis 2,5	2 bis 5	5
oben gedichteter Deponie mit Kreislauf durch Verregnung	0,5 bis 2	1 bis 4	5

(Darstellung nach Rettenberger [8.3])

Inhaltsstoffe von Deponiesickerwasser in unterschiedlichen Abbauphasen

«Saure Phase»		«Methanphase»	
Parameter	Menge	Parameter	Menge
pH	6,3-7,2	pH	6,9-8,1
CSB°	19 000 mg O_2/l	CSB	8 600 mg O_2/l
TOC*	6 100 mg C/l	BSB_5**	3 800 mg O_2/l
BSB_5**	13 000 mg O_2/l		
Ameisensäure	500 mg/l		
Essigsäure	4 000 mg/l		
Propionsäure	1 200 mg/l		
Buttersäure	800 mg/l		
Phenol	300 mg/l		
o-Kresol	150 mg/l		
Huminstoffe	540 mg/l		

° Chemischer Sauerstoffbedarf
* total organic carbon = Gesamter organischer Kohlenstoff
** Biochemischer Sauerstoffbedarf in 5 Tagen

(Darstellung nach Blume, Brune [8.7] und Oeltzschner [8.8])

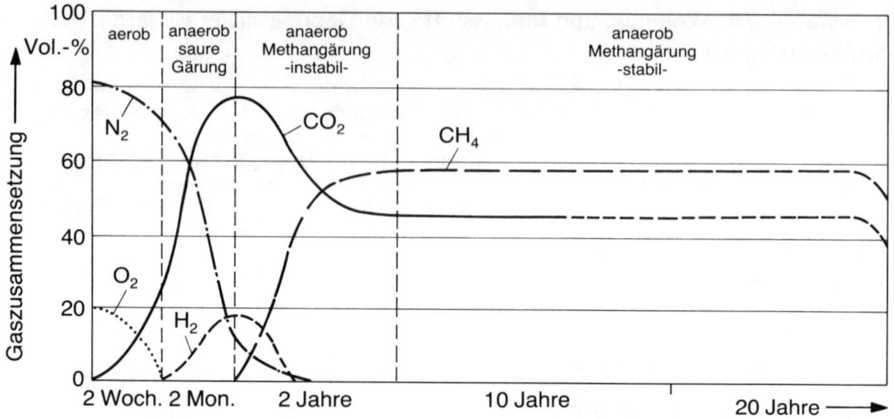

Bild 8.4 Deponiegaszusammensetzung während des Abbaus von Hausmüll (nach G. Y. Farquhar, F. A. Rovers) [8.11]

kommunalem Abwasser gereinigt. Seine wahrscheinliche Einstufung als «gefährlicher Stoff» wird in Zukunft allerdings dazu führen, daß diese gemeinsame Reinigung ohne entsprechende Vor- und Nachbehandlung nicht mehr zulässig sein wird.

Deponiegase fallen beim Abbau organischer Müllanteile an. Während der aeroben Abbauphase entstehen im wesentlichen Kohlendioxid, Wasserdampf und flüchtige Zwischenprodukte des Rottevorgangs, während der «sauren Gärung» fällt zusätzlich Wasserstoff an. In der «Methanphase» werden insbesondere Methan und Kohlendioxid gebildet. *Bild 8.4* zeigt die Deponiegas-Zusammensetzung während des Abbaus von Hausmüll, abhängig von der Abbauzeit. *Tabelle 8.7* gibt eine Übersicht über Deponiegasaufkommen und -zusammensetzung.

Gasmenge und Dauer der Gasentwicklung sind abhängig vom Anteil organischer Stoffe im Müll, von der Temperatur und der Feuchtigkeit in der Deponie. Vereinfacht kann angenommen werden, daß 1 t Müll ca. 3 bis 7 m^3 erfaßbares Gas jährlich produziert. Gut verwertbares Gas entsteht ca. 2 bis 3 Jahre nach der Einlagerung; die Gasproduktion kann 10 bis 20 Jahre anhalten.

Um Schadstoffemissionen in die Atmosphäre, Brand- und Explosionsgefahren und Beeinträchtigungen des Pflanzenwuchses auf der rekultivierten Deponie zu vermeiden, ist eine Deponieentgasung mit nachfolgender Deponiegasbehandlung vorzunehmen [8.10; 8.11; 8.19 bis 8.23]. *Bild 8.5* zeigt in Form eines Grundfließbildes eine mögliche Verfahrensweise bei der Deponiegaserfassung, -weiterbehandlung und -nutzung. Als Entgasungsverfahren wird die «aktive Entgasung» durch Absaugung des Deponiegases aus dem Deponiekörper vorgestellt; eine «passive Entgasung» durch Herausdrücken der Gase aus dem Deponiekörper unter ihrem Eigendruck erlaubt kaum eine kontrollierte Begrenzung der Restemissionen.

In bisher ca. 50 Anlagen in Deutschland wird Deponiegas auch genutzt. Der untere Heizwert von CH_4 entspricht 9,94 kWh/m_N^3. Vereinfacht ausgedrückt kann 1 m^3 Deponiegas mittlerer Zusammensetzung 0,5 l Heizöl substituieren.

Tabelle 8.7 Deponiegas- bzw. Methanaufkommen beim Abbau verschiedener Stoffe und Deponiegaszusammensetzung

Spezifische Deponiegas- bzw. Methanproduktion

Fraktion	Spezifische CH_4-Produktion l/kg	Spezifische Gasproduktion l/kg
Hausmüll	97	172
Zeitungspapier	94	168
Papiermischung	110	201
Sägespäne	24	44
Gartenabfälle	60	95
Gras	216	386
Laub	71	128
Vegetabilien	291	340

Zusammensetzung von Deponiegas im Mittel

Komponente	Anteil der Komponente (in Vol.-% bzw. bei H_2S in mg/m^3)
Methan	ca. 60
Kohlendioxid	ca. 38
Ethan	ca. 0,01
Sauerstoff + Argon	ca. 0,13
Stickstoff	ca. 0,45
Schwefelwasserstoff	ca. 90

(Darstellung nach BLUME, BRUNE [8.7], MENNERICH, WOLFFSON [8.9] und LAMBERT [8.10])

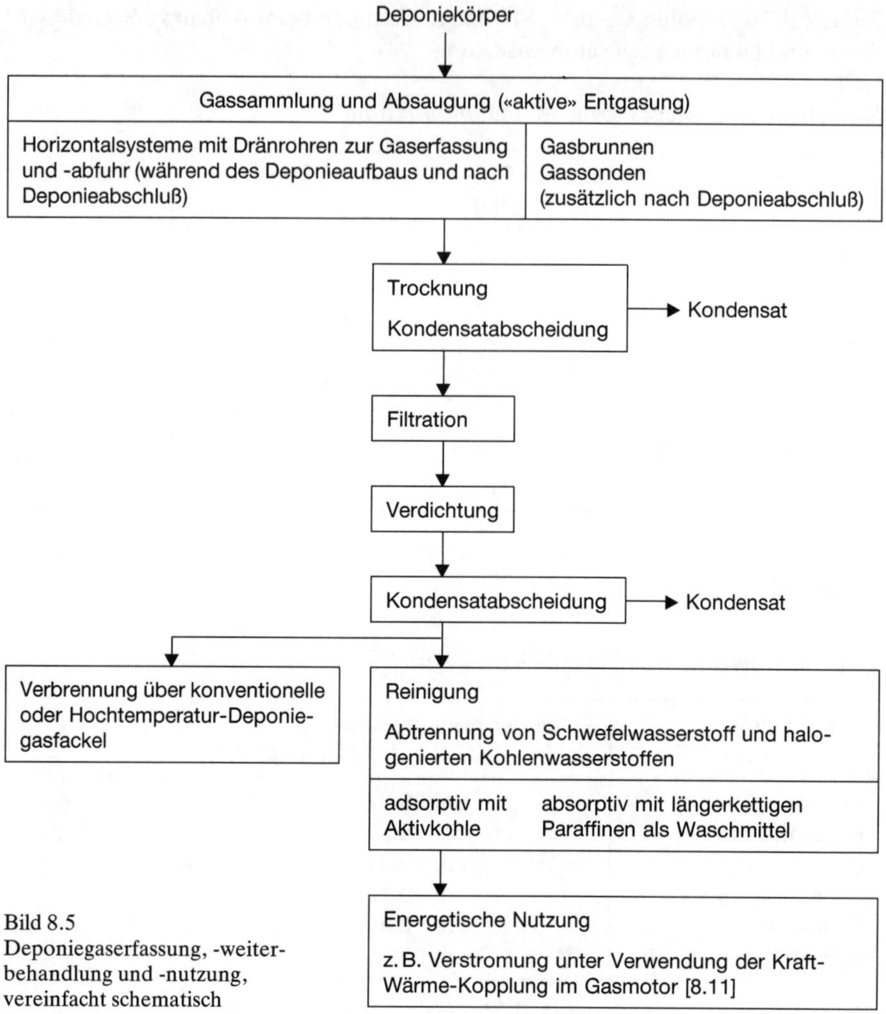

Bild 8.5
Deponiegaserfassung, -weiterbehandlung und -nutzung, vereinfacht schematisch

Bild 8.6 gibt eine Übersicht über die derzeitige Nutzungsmöglichkeiten von Deponiegas. Die Erzeugung von Heiz- und Prozeßwärme sowie von elektrischer Energie haben sich im großtechnischen Maßstab durchgesetzt.

Eine Zerlegung des Deponiegases in einen methanreichen Produktstrom und einen kohlendioxidreichen Permeatstrom könnte mit Hilfe der Membrantechnik durchgeführt werden. *Bild 8.7* zeigt schematisch den Aufbau einer Anlage zur Trennung von Abbaugas der Deponie Croglio (Schweiz). Der Feedstrom wird den als Hohlfasermembranbündel ausgebildeten Modulen zugeführt und aufgrund des

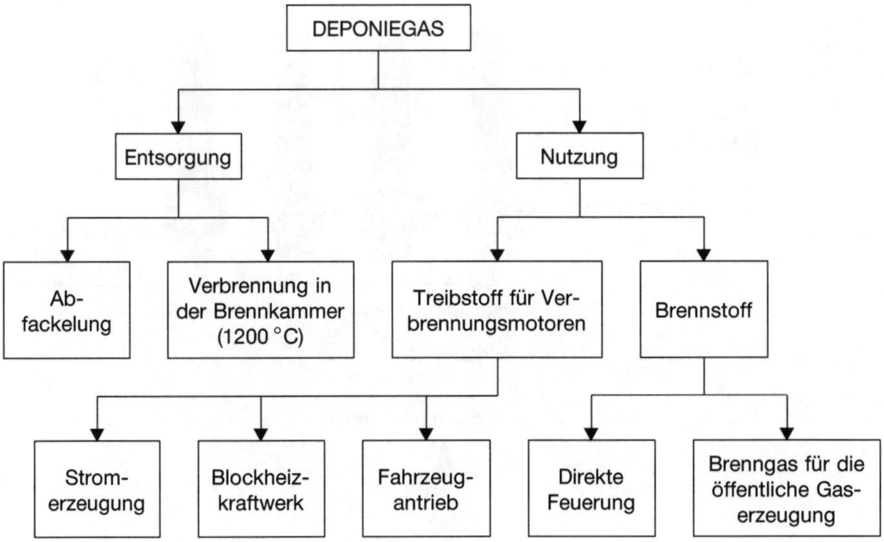

Bild 8.6 Entsorgung und Nutzung von Deponiegas

unterschiedlichen Permeationsverhaltens von Kohlendioxid und Methan in Fraktionen gemäß *Tabelle 8.8* zerlegt. Die Aufbereitung zur Erdgasqualität (Eliminierung des CO_2) mit anschließender Einspeisung in Gasversorgungsnetze befindet sich bei uns im Versuchsbetrieb, in den USA werden mehrere Großanlagen betrieben. Die Nutzung von Deponiegas als Motortreibstoff wurde im Versuchsbetrieb erfolgreich erprobt. Vor der Nutzung muß das Gas entwässert (Kondensatabscheidung) und gefiltert (Staub- und Partikeleliminierung) werden. Vor dem Einsatz in Verbrennungsmotoren müssen oft zusätzliche Maßnahmen zur Vermeidung von Korrosionsschäden getroffen werden [8.15].

Meistens sind Wärmeabnehmer in der Nähe der oft entlegenen Deponiestandorte nicht zu finden. Dann wird die Verstromung angewandt, die den Vorteil der einfachen Übertragungsmöglichkeit der Energie bietet. Der Wirkungsgrad steigt erheblich an, wenn gleichzeitig ein geeigneter Wärmeabnehmer vorhanden ist. Beispiele für Wärmeabnehmer sind Verwaltungs- und Betriebsgebäude der Deponie, Wohngebäude, Großgärtnereien, Krankenhäuser, Tierkörperverwertungsanstalten und Industriebetriebe wie Papierfabriken, Zementwerke und Ziegeleien. Den erzeugten Strom nehmen meist die Elektrizitätsversorgungsunternehmen ab, teils wird er in andere kommunale Einrichtungen wie z. B. Kläranlagen geliefert.

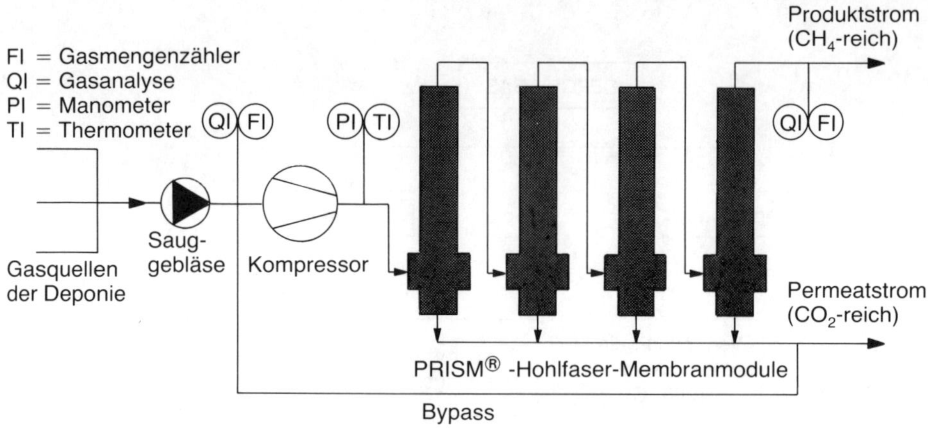

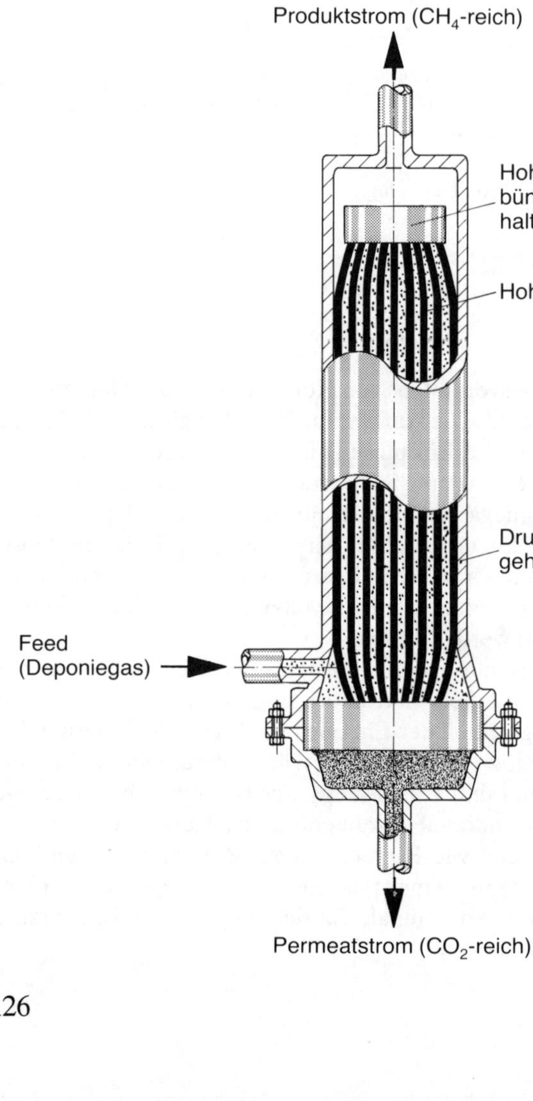

Bild 8.7
Aufbau einer Anlage zur Zerlegung von Deponiegas in einer Serie von Membranmodulen (schematisch, Deponie Croglio, Schweiz) und Schnittskizze eines PRISM-Hohlfasermembranmoduls, Bauart Monsanto (Darstellung nach Simonet [8.11])

Tabelle 8.8 Ergebnisfraktionen bei der Zerlegung von Deponiegas durch Membranpermeation in verschiedenen Anlagen

		Anlage in Florence USA (seit 1983 in Betrieb)	Anlage in Croglio* (ab Mai 1984 in Betrieb)	Projektierte Anlage*
«Feed»				
Gasmenge i. N. (m^3/h):		92	62	1000
Gaszusammensetzung (Vol.-%):	CH_4	55,9	51	54
	CO_2	37,7	42,5	43
	N_2	0,01	5	2,5
	O_2	Spuren	Spuren	0,5
	H_2O	gesättigt	gesättigt	gesättigt
	andere**	Spuren	Spuren	Spuren
Druck (bar):		29	28	24
Produktstrom				
Gasmenge i. N. (m^3/h):		41	26	496
Gaszusammensetzung (Vol.-%):	CH_4	95	87,9	92,5
	CO_2	5	2,6	2,7
	N_2	0,023	8,6	4,4
	O_2	Spuren	Spuren	0,4
	H_2O	Spuren	Spuren	Spuren
	andere**	Spuren	Spuren	Spuren
Druck (bar):		26	25	22
Rückgewinnung (%) CH_4:		81	69	85 %
Permetatstrom				
Gasmenge i. N. (m^3/h):		51	36	504
Gaszusammensetzung (Vol.-%):	CH_4	22,7	31	15,7
	CO_2	76,9	65	80,9
	N_2	Spuren	1,9	0,6
	O_2	Spuren	Spuren	0,6
	H_2O	0,3 Vol.-%	2,1 Vol.-%	2,2
	andere**	Spuren	Spuren	Spuren
Druck (bar):		2,5	2,5	1,5

* Theoretische Werte
** andere Gase wie H_2, H_2S, Mercaptane etc.

(Darstellung nach SIMONET [8.11]

8.2 Rottedeponie

In einer *Rottedeponie* erfährt der zunächst zerkleinerte, im allgemeinen mit Klärschlamm gemischte, in Schichten lose aufgeschüttete Müll eine ungelenkte Kompostierung («Homogenisierung»: Vorstufe einer Kompostierung). Durch relativ rasch ablaufende exotherme aerobe Verrottung bei Temperaturen von ca. 50 bis 70 °C wird ein Teil des organischen Materials abgebaut, «mineralisiert». Während dieser Verrottung ist die Müllschicht mit Netzen, Drahtgeflechten, Schaumstoffen oder Kunststoffvliesen abzudecken. Nach Ablauf der Rottezeit von ca. 4 Monaten folgt der endgültige Einbau des homogenisierten, jetzt besser verdichtbaren Mülls in den Deponiekörper. Setzungen des eingebauten Mülls treten in kleinerem Ausmaß auf als in der Normaldeponie ohne Vorrotte; eine nachträgliche Faulgasentwicklung ist kaum noch festzustellen.

Bild 8.8 zeigt schematisch den Ablauf beim Einbau von Müll und Klärschlamm in eine Rottedeponie nach dem Verfahren der Hazemag mbH. Der Müll wird zerkleinert und zusammen mit Klärschlamm locker auf Mieten gesetzt, nach einer Rottezeit von vier bis sechs Monaten planiert und verdichtet. Eine Rohkompostabgabe kann nach einer zusätzlichen Siebung erfolgen.

Die Zerkleinerung des Mülls vor dem Einbau in die Deponie wird inzwischen in einigen Deponien vorgenommen, jedoch sind ausgesprochene Rottedeponien selten anzutreffen (z. B. Standort Kolenfeld). Wenn eine Verrottung des Mülls angestrebt wird, wird diese immer häufiger gezielt und unter definierten Bedingungen in Kompostierungsanlagen durchgeführt.

8.3 Sonderabfalldeponie, Spezialdeponie

Nicht hausmüllähnliche gewerbliche und industrielle Abfälle (siehe auch Kapitel 2 und 11), die nicht verwertet oder auf andere Art beseitigt werden können, sind geordnet in Sonderabfalldeponien oder unter Tage in Spezialdeponien auf Dauer abzulagern.

Sonderabfalldeponien werden entweder von öffentlich-rechtlichen Körperschaften (Sonderabfalldeponie Gerolsheim, Malsch usw.) oder direkt von Firmen (BASF AG, Flotzgrün; Bayer AG, Leverkusen usw.) eingerichtet und betrieben. Nach Planfeststellung und Einrichtung wird der Betrieb der Deponie durch ein von der Genehmigungsbehörde angeordnetes behördliches Verfahren geregelt. Dieses Verfahren schreibt vor, die angelieferten Abfälle systematisch zu erfassen, zu beurteilen und Maßnahmen zur schadlosen Ablagerung zu treffen *(Bild 8.9)*.

Der Aufbau einer Sonderabfalldeponie ähnelt jenem einer geordneten Hausmülldeponie. Bei der Abdichtung des Untergrundes und der Randzonen, bei der Sickerwassererfassung und -aufarbeitung und bei der Rekultivierung sind allerdings noch höhere Auflagen zu beachten [8.1, 8.17].

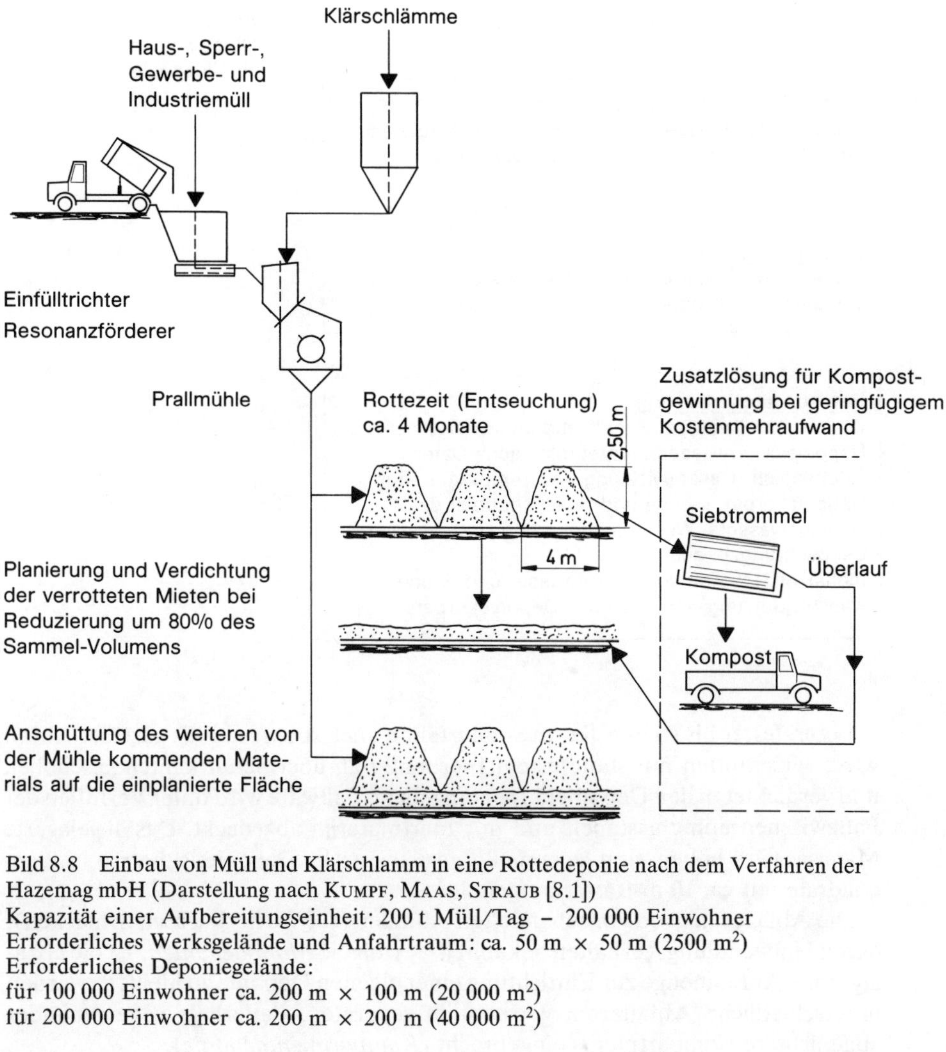

Bild 8.8 Einbau von Müll und Klärschlamm in eine Rottedeponie nach dem Verfahren der Hazemag mbH (Darstellung nach KUMPF, MAAS, STRAUB [8.1])
Kapazität einer Aufbereitungseinheit: 200 t Müll/Tag – 200 000 Einwohner
Erforderliches Werksgelände und Anfahrtraum: ca. 50 m × 50 m (2500 m^2)
Erforderliches Deponiegelände:
für 100 000 Einwohner ca. 200 m × 100 m (20 000 m^2)
für 200 000 Einwohner ca. 200 m × 200 m (40 000 m^2)

Sonderabfall

↓

Datenerfassung bei der Anlieferung:
Lieferschein, Abfall-Begleitschein, Transportgenehmigung, Erhebungsbogen, Entsorgungsauftrag

↓

Eingangskontrolle:
Wägedaten, Sichtkontrolle, Eluatanalyse für repräsentative Stichproben

↓

Betriebsdatenerfassung:
täglich: Abfallanalyse, Pegelstand und Menge des Deponiesickerwassers, meteorologische Daten
wöchentlich: Gasentwicklung und Temperaturen im Deponiekörper, Menge und Beschaffenheit des Dränagewassers, Wasserstand in den Grundwasserbeobachtungspegeln
monatlich: Qualität von Sickerwasser und Grundwasser, Setzungsverhalten des Deponiekörpers

Bild 8.9
Datenaufnahme in Sonderabfalldeponien

Loser, fester bis stichfester, in Sonderfällen auch stichfester bis pastöser Abfall wird, verschnitten mit standfestem Inertmaterial, über Schüttkanten geschoben und verdichtet in den Deponiekörper eingebaut. Faßware wird unter Verfüllen der Faßzwischenräume gestapelt und mit Inertmaterial abgedeckt. Das abgelagerte Material wird höhen- und lagenmäßig registriert; die Deponie ist hierzu in Planquadrate mit ca. 10-m-Raster aufgeteilt.

Die Ablagerung von vorbehandelten Abfällen (z. B. Filterkuchen, Schlacken), deren Umwandlungsverhalten bekannt ist, erfolgt in *Monodeponien*. Ist die abzulagernde Abfallmenge zur Einrichtung einer eigenen Deponie zu klein, so werden unterschiedliche Abfallarten getrennt in separaten, dauerhaft gegeneinander abgedichtete Kompartments eingebracht *(Kompartmentdeponie)*.

Derzeit werden 12 öffentliche Sonderabfalldeponien in der Bundesrepublik Deutschland betrieben, weitere sind in der Planung. Für die Errichtung und den Betrieb von Sonderabfalldeponien sind im Laufe des Jahres 1989 bundeseinheitliche Anforderungen nach dem Stand der Technik durch die Technische Anleitung zur Abfallentsorgung (TA Abfall, s. a. Kapitel 11) geplant. Neben Anforderungen an den Standort und die Systeme zur Basis- und Oberflächenabdichtung sind auch Anforderungen an den betrieblichen Ablauf, die Stillegung und die Nachsorge vorgesehen. Ein Katalog mit Ausschlußkriterien für eine Palette von Stoffen bzw. Stoffeigenschaften soll darüber hinaus fixiert werden, um Belastungen der Umwelt durch den Deponiekörper möglichst gering zu halten. Diese geplanten Anforde-

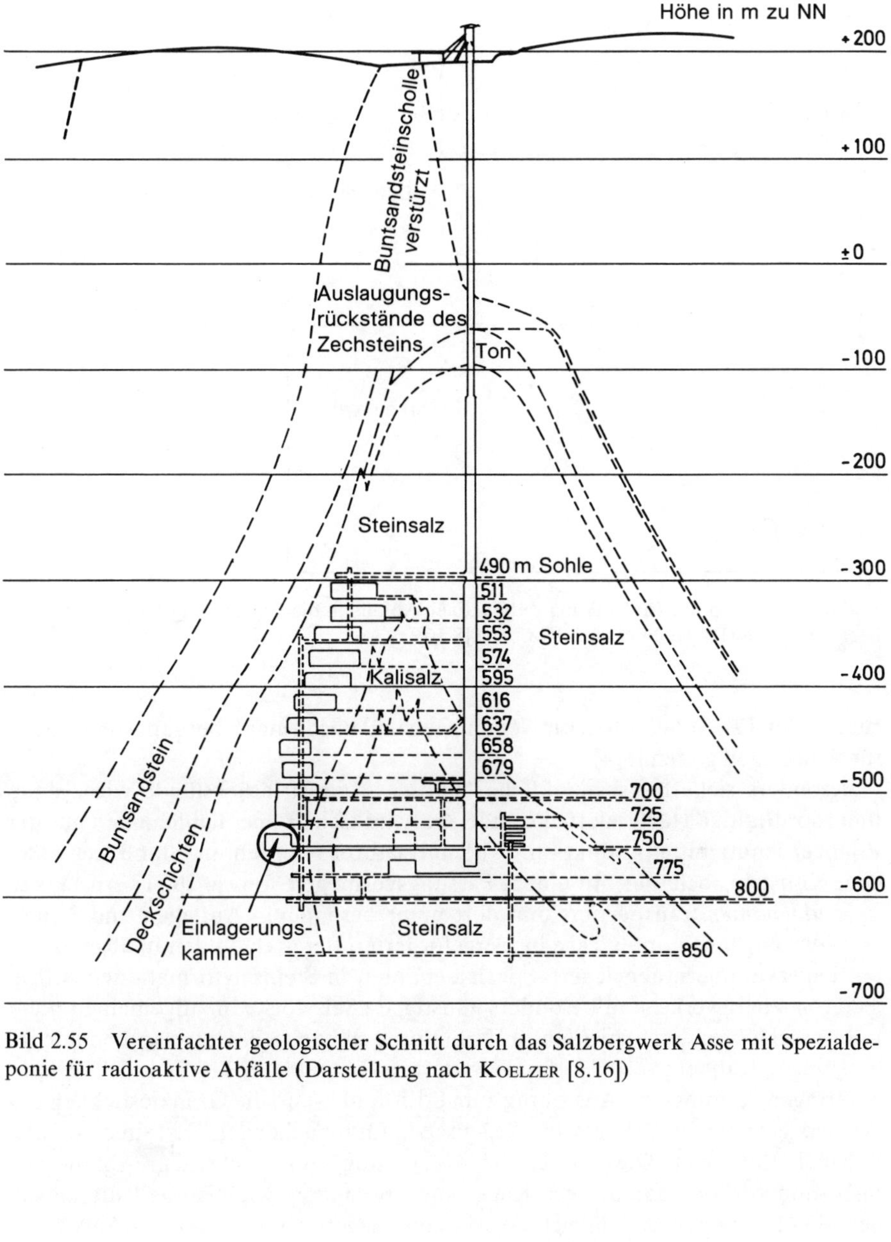

Bild 2.55 Vereinfachter geologischer Schnitt durch das Salzbergwerk Asse mit Spezialdeponie für radioaktive Abfälle (Darstellung nach KOELZER [8.16])

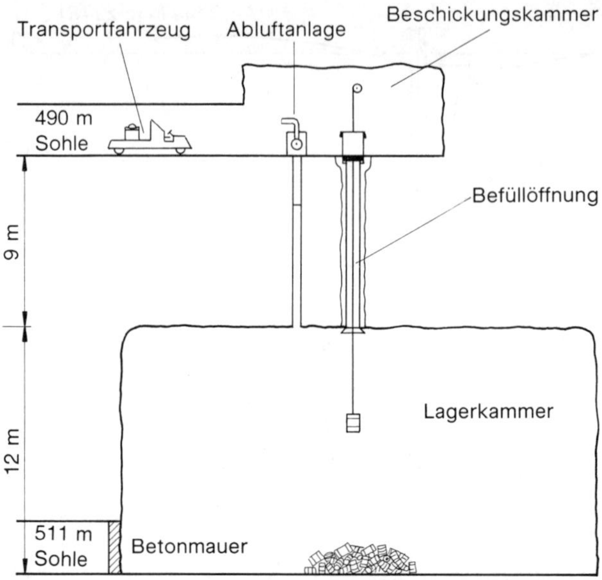

Bild 8.11 Prinzip der Einlagerung radioaktiver Abfälle in die Einlagerungskammer im Salzbergwerk Asse (Darstellung nach KOELZER [8.16])

rungen der TA Abfall sollen für Neuanlagen und nach einer Übergangsphase auch für Altanlagen gelten [8.4].

Besonders sicherheitsbedenkliche, «giftige» Industrierückstände wie zyanat- und nitrathaltige Härtesalzrückstände, Galvanikschlämme, Fehlchargen aus der Pflanzenschutzmittelproduktion, Altkatalysatoren werden in Stahlblechfässer oder Kunststoffbehälter mit einem Fassungsvermögen von ca. 200 l verpackt, zu *Spezialdeponien* transportiert und dort unter besonderen Auflagen und Sicherheitsvorkehrungen unter Tage in leergeförderten Bergwerksteilen in abgemauerten Lagerkammern abgelagert. Spezialdeponien in Steinsalzformationen stillgelegter Salzbergwerke sind besonders günstig, da Salzstöcke im allgemeinen nicht mit wasserführenden Schichten in Verbindung stehen (z.B. Untertagedeponie im hessischen Kalibergwerk Herfa-Neurode bei Hersfeld). Sollte dennoch Wasser eindringen, kommt eine Aussolung zum Stillstand, wenn die Grenzlöslichkeit des Wassers erreicht ist. Salz hat im Gegensatz zum umgebenden Gestein eine hohe Wärmeleitfähigkeit. Dies ist für die Ablagerung selbsterhitzender Abfälle wie insbesondere hochradioaktiver Rückstände besonders wichtig, weil die entstehende Wärme ohne unzulässige Überhitzung abgeführt werden kann. Salz wirkt außerdem aufgrund seiner Plastizität abdichtend, falls Gesteinsrisse oder -spalten entstehen sollten.

Die *Untertagedeponien* sollen insbesondere jene Abfälle aufnehmen, die von oberirdischen Deponien im Hinblick auf die Wasserlöslichkeit oder Mobilisierbarkeit von gefährdenden Inhaltsstoffen fernzuhalten sind. Wie für oberirdische Sonderabfalldeponien sind auch für Untertagedeponien Anforderungen in der TA Abfall geplant. Wie schon erwähnt, werden im Salzbergwerk Herfa-Neurode seit 1972 eine große Palette hochtoxischer Sonderabfälle abgelagert; das Salzbergwerk Heilbronn, seit 1987 in Betrieb, nimmt nur Rückstände aus der Rauchgasreinigung von Müllverbrennungsanlagen an. Die erste Untertagedeponie in Steinkohlebergwerken wurde 1988 in der Zeche Zollverein (Essen) mit der Ablagerung von Rückständen aus der Kohleverstromung in Betrieb genommen [8.4].

Langzeituntersuchungen am 1964 stillgelegten Salzbergwerk Asse II bei Wolfenbüttel ergaben, daß auch radioaktive Abfälle aus Kernkraftwerken, Wiederaufbereitungsanlagen und Forschungszentren in besonderen *Untertage-Spezialdeponien* endgelagert werden können, ohne daß eine Erhöhung der natürlichen Aktivitäten in Wasser und Luft auftritt. (Von 1964 bis 1978 wurden rund 124 000 200-l-Fässer mit schwachradioaktiven und rund 1300 Fässer mit festen oder verfestigten mittelradioaktiven Abfällen eingelagert und dabei Endlagerungstechniken erprobt. *Bild 8.10* zeigt einen vereinfachten geologischen Schnitt durch das Salzbergwerk, *Bild 8.11* verdeutlicht das Einlagerungsprinzip. Die Endlagerung hochradioaktiver Abfallösungen in selbsterhitzenden Glasblöcken mit Innentemperaturen von ca. 500 °C und Wandtemperaturen von ca. 300 °C wurde innerhalb des Bergwerks in speziellen 50 bis 100 m tiefen Lagerbohrungen, simuliert durch elektrische Erhitzer mit entsprechender Wärmeentwicklung, untersucht.)

Bild 8.12 zeigt vereinfacht die Teilsysteme eines integrierten kernverfahrenstechnischen Entsorgungskonzepts:

- □ Transport der Brennelemente von den Kernkraftwerken in die Zwischenlager und ihre Lagerung bis zur Wiederaufbereitung;
- □ Wiederaufbereitung mit Zerkleinerung der abgebrannten Brennelemente, chemischer Auflösung des Kernbrennstoffs, Trennung der Wertstoffe Uran und Plutonium von den radioaktiven Abfällen;
- □ Zwischenlagerung der gasförmig, flüssig und fest anfallenden radioaktiven Abfälle, ihre Volumenreduzierung und ihre Überführung in eine für die Endlagerung geeignete Form;
- □ Endlagerung der speziell behandelten radioaktiven Abfälle in der Untertage-Spezialdeponie.

Spezialdeponien besonderer Art sind die *Schluckbrunnen (Bild 8.13)*. In ihnen werden nicht auf andere Weise verwertbare oder zu beseitigende flüssige Abfälle insbesondere aus der chemischen Industrie unter Tage in hohlraumreichen, gegen grundwasserführende Schichten gut abgedichteten Sandstein-, Kalkstein- oder Dolomitformationen auf Dauer gelagert. Im hessischen Teil des Werra-Kalireviers sind derzeit beispielsweise 10 Schluckbrunnen mit Aufnahmekapazitäten zwischen 100 und 800 m^3/h in Betrieb. Die Tiefen dieser Brunnen liegen zwischen 325 und 525 m. Die Versenkung der flüssigen Abfälle geschieht teils unter Schwerkraft allein, teils unter Injektionsdrücken bis ca. 10 bar.

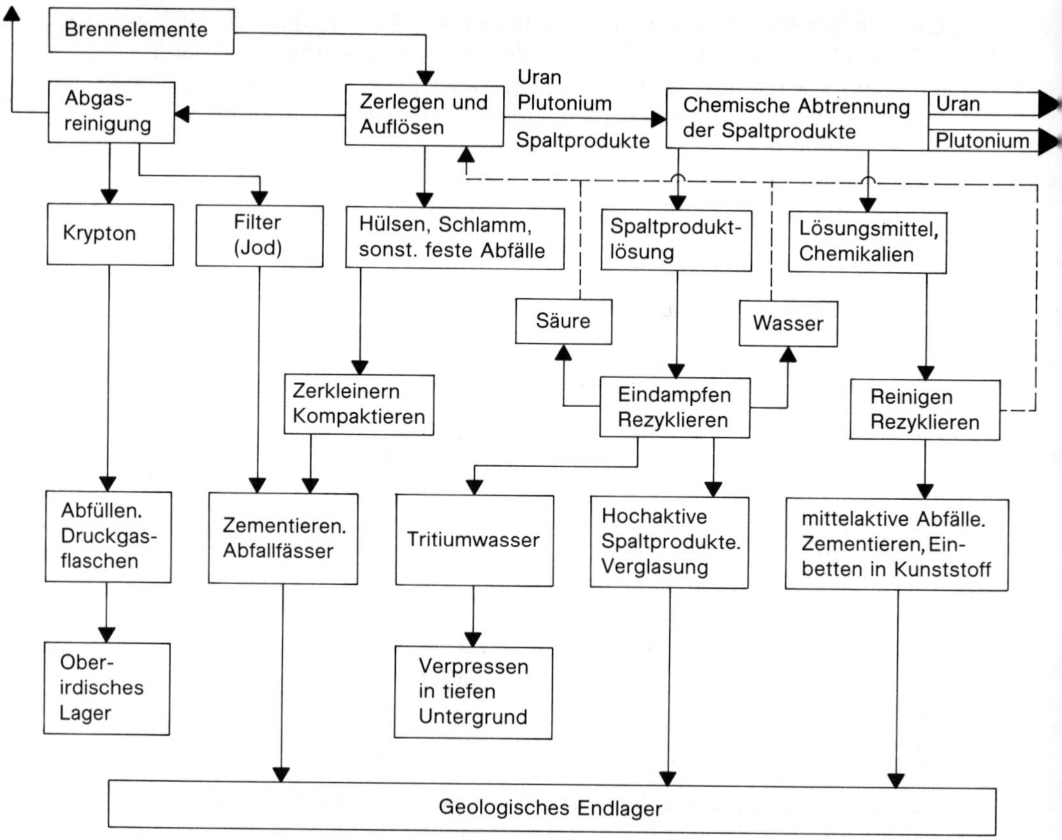

Bild 8.12 Wiederaufbereitung von Brennelementen und Beseitigung der radioaktiven Abfälle, schematisch (Darstellung nach Unterlagen des Hahn-Meitner-Instituts für Kernforschung, Berlin)

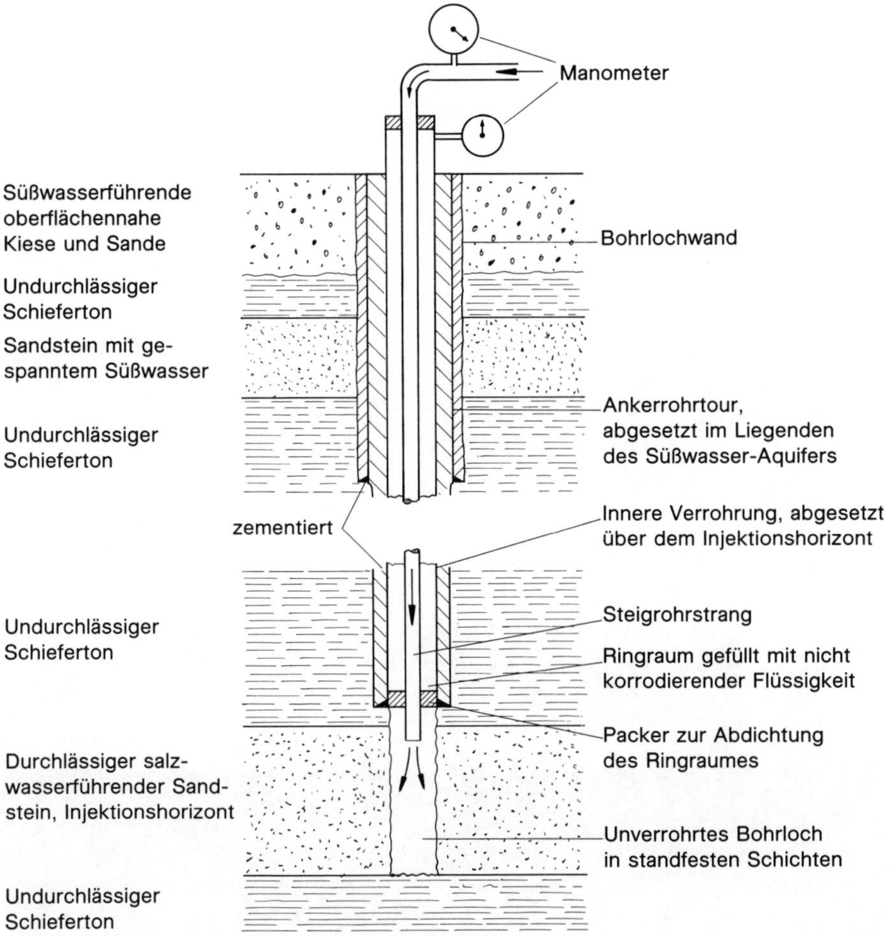

Bild 8.13 Schluckbrunnen für flüssige Sonderabfälle, schematischer Schnitt (Darstellung nach KUMPF, MAAS, STRAUB [8.1])

9 Kompostierung, Vergärung

9.1 Kompostierung [9.1 bis 9.4; 9.8 bis 9.12]

9.1.1 Biochemische Grundlagen [9.1]

Im Pflanzenreich werden ständig organische Stoffe gebildet und von Mensch und Tier als Nahrung genutzt. Mikroorganismen bauen diese organischen Stoffe wieder zu einfachen Verbindungen ab, die den Pflanzen dann als Nahrung zur Verfügung stehen. Dieser Abbau wird als Mineralisation bezeichnet. Als Endprodukte entstehen Kohlendioxid, Wasser und Mineralsalze. Für ihre Arbeit benötigen die Mikroorganismen Energie, die sie ebenfalls aus organischen Stoffen beziehen. Dabei tritt der umgekehrte Vorgang ein. Einfache organische Stoffe werden bei dem Bau- und Betriebsstoffwechsel in komplizierte neue organische Verbindungen umgewandelt.

Für *Mikroorganismen* leicht abbaubare organische Stoffe sind Kohlehydrate (Zucker, Stärke, Zellulose), Eiweiße und Eiweißderivate. Schwer abbaubar sind Lignine, Fette, Harze, Wachse und Gummi.

1 g Müll-Klärschlamm-Gemisch enthält mehrere Milliarden Keime. Im Abbau der organischen Rückstände kann man deutlich hervortretende Stufen unterscheiden. Es handelt sich um biologische Reaktionsketten. Bestimmte Mikrobenarten leiten den Abbau ein, bauen jedoch die Substanz nur bis zu einer bestimmten Stufe ab. Die weiteren Zersetzungsvorgänge werden dann von anderen sich gegenseitig ablösenden Mikroorganismengruppen bei geeigneten Milieubedingungen mit Unterstützung der Kleintiere durchgeführt. So schafft die eine Gruppe die Voraussetzung für die Tätigkeit anderer Gruppen.

Je nach der Durchlüftung laufen die Vorgänge unter Anwesenheit von Luftsauerstoff aerob *(Verrottung)* oder unter Luftabschluß anaerob *(Faulung)* ab.

Die mikrobiologischen Vorgänge laufen unter großer Selbsterhitzung ab (Exothermie). Dieselben Vorgänge spielen sich z.B. in Heustöcken bei der Selbstentzündung ab. Die gleichen Arten von Mikroorganismen sind daran beteiligt.

Unter dem Begriff Mikroorganismen werden verschiedene Gruppen von Kleinlebewesen zusammengefaßt. Der Stoffwechsel in Mikroorganismen vollzieht sich auf chemosynthetischem Weg. Im Gegensatz zu der fotosynthetischen Arbeitsweise der Pflanzen ist die Gegenwart von Licht also nicht notwendig.

Mikroorganismen können die Nährstoffe nur aus wäßriger Lösung aufnehmen, d.h., daß beim Kompostierungsprozeß immer Wasser in ausreichender Menge vorhanden sein muß.

Weiteres wichtiges Nahrungsmittel ist Sauerstoff, der entweder der Luft (Aerobie) oder den Müllstoffen (Anaerobie) entnommen wird. Im anaeroben Zustand entstehen Schwefelwasserstoff, Ammoniak und Merkaptane, also extrem übelriechende Stoffe. Bei dem aeroben Atmungsstoffwechsel werden Kohlenstoffverbindungen mit Hilfe von Luftsauerstoff oxidiert. Dabei kann man zwei biologische Typen unterscheiden: Die vollkommene Oxidation bis zur Endstufe Kohlendioxid und Wasser und die unvollkommene Oxidation, deren Endprodukte einer anderen Mikrobenart als Nahrung und Energiequelle dienen können.

Die Mikroorganismen können in drei Hauptgruppen bezüglich der Temperaturen, in denen sie ihr Arbeitsoptimum entfalten können, eingeteilt werden:

	Temperaturoptimum (°C)
Psychrotolerante	15 bis 20
Mesophile	25 bis 35
Thermophile	50 bis 55

Für einen optimalen Ablauf der Kompostierung sollte der pH-Wert neutral bis leicht basisch sein.

Bei einem Wassergehalt von weniger als 30% kommt die Rotte zum Stillstand. Bei steigendem Anfangswassergehalt nimmt die Intensität der mikrobiellen Aktivität zunächst zu, erreicht dann ein Optimum und sinkt bei weiterer Erhöhung der Feuchtigkeit des Rohgemisches wieder ab. Wasser und Luft stehen in umgekehrtem Verhältnis zueinander. Ein Überschuß an Wasser verdrängt die Luft aus den Poren des Materials und führt zu Sauerstoffmangel, also anaeroben Verhältnissen. Je nach Struktur des Mülls sollte der Wassergehalt 40 bis 55% betragen. Feuchteres Ausgangsmaterial benötigt eine längere Rottezeit.

Die Rotte ist ein exotherm verlaufender biologischer Oxidationsprozeß. Der Verlauf der Temperatur gibt einen guten Maßstab für die Intensität seines Ablaufs. Ein weiteres Kennzeichen ist die CO_2-Produktion. Mit ihrer Messung kann die Menge des verbrauchten Sauerstoffs festgestellt werden. Für den Abbau von 1 g organischer Masse ist die Zufuhr von 0,9 g O_2 erforderlich. Je Tag und kg ursprünglich enthaltene organische Substanz müssen 40 bis 60 l O_2 zugeführt werden.

Die Temperaturentwicklung aufgrund mikrobieller Tätigkeit kann 70 bis 75 °C erreichen. Ein weiterer Temperaturanstieg ist oft zu beobachten. Dem liegen dann aber chemische Prozesse zugrunde. Die Selbsterhitzung ist aus biologischen und hygienischen Gründen notwendig. Die Tätigkeit der Rotteorganismen wird sehr stark intensiviert. Zur Abtötung von pathogenen Keimen, Parasiten, Ungeziefer und Unkrautsamen ist eine längere Temperatureinwirkung zwischen 55 und 65 °C notwendig.

Die Mikroorganismen benötigen zu ihrer Ernährung hauptsächlich Kohlenstoff (C) und Stickstoff (N). Das optimale C/N-Verhältnis liegt bei 35 : 1. Es ist im Hausmüll im allgemeinen vorhanden. In gewerblichen Abfällen ist oft eine einseitige Zusammensetzung gegeben. Ist mehr C vorhanden, kommt die Rotte nur verzögert in Gang. Ist weniger C vorhanden, wird Ammoniak freigesetzt. Ist der Müll zu kohlenstoffreich, kann Klärschlamm zugemischt werden, dessen C/N-Verhältnis im allgemeinen 10 : 1 beträgt. Beim Rotteprozeß wird der Kohlenstoff abgebaut. Das C/N-Verhältnis sollte nicht unter 20:1 sinken, da der Kompost dann von den Bodenorganismen nicht mehr leicht abgebaut werden kann.

9.1.2 Prinzipieller Aufbau eines Kompostwerks [9.1]

In einem Kompostwerk finden drei Hauptarbeitsphasen statt:
- ☐ Aufbereitung der rohen Siedlungsabfälle für ihre Verrottung (Kompostrohstoff);
- ☐ Verrottung der aufbereiteten Rohstoffe zu Frischkompost (Vorrotte);
- ☐ Aufbereitung des Frischkompostes zu Fertigkompost (Nachrotte).

Die biochemischen Reaktionen während der aeroben Rotte laufen um so schneller und weitgehender ab, je sorgfältiger die Rohstoffe für die Verrottung aufbereitet und je günstiger die Wachstumsbedingungen für die Mikroorganismen eingestellt werden.

Tabelle 9.1 verdeutlicht schematisch als Massenbilanz Rohmüll- und Klärschlammeinsatz sowie Kompostausstoß für das Beispiel eines Kompostwerks mit dynamischer Vorrotte und statischer Nachrotte.

Es gibt derzeit in der Bundesrepublik Deutschland 18 Kompostierungsanlagen, von denen 14 «Mischmüll» verarbeiten, während 4 Anlagen Komposte aus «Biomüll» herstellen. «Biomüll» oder «Kompostmüll» ist die in den Haushaltungen separat gesammelte, organische, leicht abbaubare Fraktion des Hausmülls, die bei der Kompostierung qualitativ bessere «Biokomposte» mit einem geringeren Schwermetallanteil liefern (s. Abschnitt 9.1.8.1). Diese geringere Schwermetallbelastung der Biokomposte ist auch ein Grund für die zukünftige Umstellung weiterer Kompostierungsanlagen von Mischmüll auf Biomüll im Hinblick auf die Verbesserung der Absatzsituation der erzeugten Komposte [9.4].

9.1.2.1 *Aufbereitung der rohen Siedlungsabfälle für die Verrottung (Kompostrohstoff)* [9.1]

Die angelieferten Abfälle sollten mengenmäßig erfaßt werden, damit eventuell notwendige Mischvorgänge gesteuert werden können. Die vorübergehende Speicherung erfolgt in Bunkern, getrennt nach festen und flüssigen Abfällen. Die granulometrische Zusammensetzung der festen Siedlungsabfälle muß durch Zerkleinern und Sieben vergleichmäßigt werden. Der Feinmüll <10 mm ist im allgemeinen nicht für die Kompostierung geeignet. Gut geeignet ist die Fraktion 10 bis 80 mm, die auf Korngrößen unter 20 bis 30 mm zerkleinert werden muß. Das Überkorn >80 mm sollte abgeschieden werden. Feinmüll <10 mm und Grobmüll >80 mm bestehen weit überwiegend aus mineralischen Stoffen. Schwer verrottbare Altstoffe wie z.B. Textilien werden z.T. von Lesebändern durch Handauslese entfernt, da sie in Aufbereitungsaggregaten durch Zopfbildung zu Störungen führen könnten. Eisen wird magnetisch abgeschieden.

Durch Mischung mit Klärschlamm und eventuelle Befeuchtung mit Wasser wird die physikalische, chemische und biologische Zusammensetzung vergleichmäßigt.

Tabelle 9.1 Massenbilanz eines Kompostwerks mit dynamischer Vorrotte (Trommelsystem) und statischer Nachrotte (Miete). Schematisches Beispiel

Rohmüll	280 t
– 5% Schrott (entfernt durch magnetische Abscheidung)	– 14 t
verbleiben als feste Abfälle	266 t
+ **Klärschlamm** (mit 15% Feststoffgehalt)	+ 80 t
Kompostrohstoff (Gemisch in der Trommel)	346 t
– 20% Siebrest auf 50-mm-Sieb	– 70 t
Frischkompost, aufgesetzt zur Miete	276 t
– 40% Rotteverlust (Wasserdampf, CO_2 usw.)	– 110 t
Fertigkompost (grob)	166 t
– 18% Siebrest auf 10-mm-Sieb	– 30 t
verbleiben als **Landbaukompost**	136 t
– 12% Hartstoffe (Windsichtung)	– 16 t
verbleiben als hartstoffarmer **Gartenbaukompost**	120 t
Produkte: Gartenbaukompost	120 t
Eisenschrott	14 t
Auf geordneter Deponie abzulagernde Reste	116 t
Siebrest 50 mm	70 t
Siebrest 10 mm	30 t
Hartstoffe (evtl. als Zuschlagstoffe im Straßenbau verwendbar)	16 t

9.1.2.2 Verrottung der aufbereiteten Rohstoffe zu Frischkompost (Vorrotte) [9.1]

Hier muß erreicht werden, den Mikroorganismen durch optimale Einstellung von Wassergehalt und Luftversorgung gute Lebensbedingungen zu bieten. Dies kann in aufgeschichteten Mieten erfolgen, die ab und zu umgesetzt werden, oder in Gärzellen mit ruhender Lagerung bzw. mit Materialumwälzung. Man hat lange Zeit geglaubt, durch Gärzellen den Rotteprozeß wesentlich abkürzen zu können. Das hat sich nicht bestätigt. Heute ist eine Rückentwicklung zur Mietenrotte zu verzeichnen.

9.1.2.3 Aufbereitung des Frischkomposts zu Fertigkompost (Nachrotte) [9.1]

Die mikrobiellen Vorgänge sind am Ende der Vorrotte nicht abgeschlossen. Frischkompost kann ohne Pflanzenschädigung im Nutzpflanzenbau nicht angewendet werden (Schädigungen durch Sauerstoffentzug und Hitze). Durch eine *Nachrotte* auf Mieten und anschließende Siebung und/oder Sichtung wird ein verkaufsfähiges ohne Schädigung anwendbares Produkt hergestellt.

9.1.3 Die hauptsächlichen Verfahren der Kompostierung

9.1.3.1 Kompostierung in Mieten [9.1]

Diese Methode beruht auf der Beobachtung, daß für die Massenentwicklung der Mikroorganismen eine bestimmte Abfallmenge, ein bestimmtes Volumen benötigt wird. Nur im Abfallhaufen kann sich die für die Massenentwicklung der Bakterien erforderliche Wärme bilden und auch halten, nur in der Miete werden die Abfälle vor zu schneller Austrocknung geschützt. Andererseits wird der Luftzutritt zu den Abfallstoffen durch die Bildung größerer Haufen erschwert. Die Sauerstoffversorgung ist daher stets das Hauptproblem bei der Mietenkompostierung.

Zweckmäßig sollten die Abfälle vor der Aufschichtung in Mieten zerkleinert werden. Durch die Vorzerkleinerung wird die gesamte Oberfläche der rohen Abfälle vergrößert, den bei der Kompostierung beteiligten Bakterien werden größere Angriffsflächen geboten. Die biologischen Vorgänge können so schneller ablaufen. Auch der Betrieb der mechanischen Verfahrensstufen, vor allem die Mischung des Hausmülls mit Klärschlamm oder auch mit kompostierbaren Industrieabfällen, wird durch die Zerkleinerung erleichtert. Die Kompostausbeute steigt. Hauptsächlich für die Vorzerkleinerung eingesetzte Geräte sind Siebraspeln und Hammermühlen. Bei Hammermühlen wird ein Sieb nachgeschaltet. Die Siebreste bzw. Raspelreste müssen abgelagert oder verbrannt werden.

Gegebenenfalls erfolgt in Mischern eine Zugabe von Klärschlamm zum Siebgut. Die Zerkleinerung kann auch in einer Kaskadenmühle erfolgen, in der gleichzeitig Klärschlamm zugemischt wird.

Infolge Luftmangels neigen die Abfälle in der Miete sehr schnell zu anaerober Fäulnis. Als Gegenmaßnahme müssen die Abfälle in geringer Höhe aufgeschüttet und innerhalb der ersten zwei Monate mehrmals umgewendet werden. Für das Aufsetzen der Mieten werden fahrbare Krananlagen oder Schaufellader eingesetzt. Das Umsetzen kann mit Schaufelladern oder durch mit Fräsen ausgerüstete Umsetzgeräte erfolgen. Diese Geräte überfahren die liegende Miete. Entsprechend angeordnete Arbeitswerkzeuge nehmen das Material auf und durchwirbeln es sehr intensiv. Danach wird das Rottegut im gleichen Arbeitsgang neu aufgeschüttet und mittels Abstreifer als Miete neu geformt.

Der Flächenbedarf der *Mietenkompostierung* ist relativ hoch. Bei Mietenhöhen von ca. 1,5 m bei Mieten mit Dreieck- oder Trapezquerschnitt werden je 1000 Einwohner ca. 200 m^2 Grundfläche benötigt. Dabei ist eine Rottezeit von 6 Monaten zugrunde gelegt.

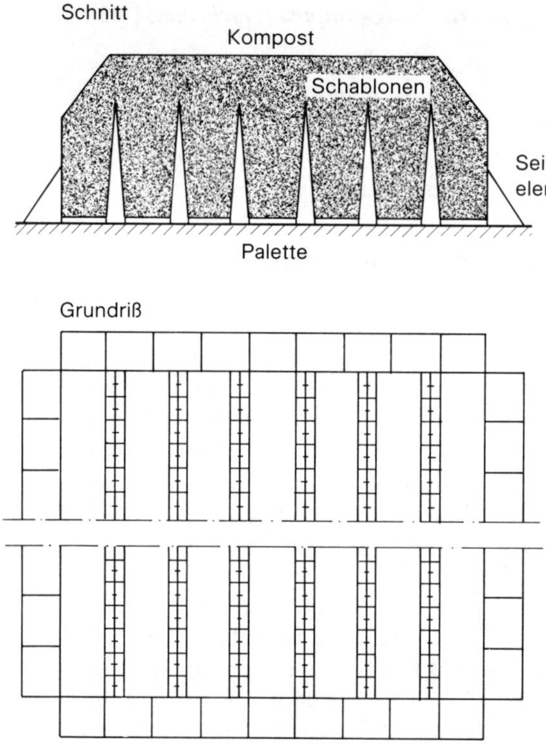

Bild 9.1
Schema der Tunnelmiete (Paletten, Schablonen und Seitenwandelemente bestehen aus mit Maschendraht bespannten Stahlrahmen) [9.2]

Niederschlagswasser dringt in frische und sehr warme Mieten nicht weiter als ca. 10 cm ein. Neu aufgesetzte ältere Mieten können bei lang anhaltenden Niederschlägen durchnäßt werden. Besonders in niederschlagsreichen Gebieten sollte der Rotteplatz zweckmäßig überdacht werden.

Ein gewisses Problem ist die Geruchsentwicklung beim Umsetzen der Mieten. Kompostwerke mit Mietenrotte sollten in größerer Entfernung von bewohnten Gebieten errichtet werden.

9.1.3.2 Kompostierung in belüfteten Großmieten [9.1; 9.2]

Durch größere Mietenhöhen kann Platz eingespart werden. Allerdings stößt hier der Umsetzbetrieb auf technische und wirtschaftliche Grenzen. Deshalb wurden Systeme entwickelt, bei denen der für die biologischen Umsetzvorgänge erforderliche Sauerstoff durch Belüftung der Mieten zugeführt wird. Im Boden des Rotteplatzes sind dazu Luftkanäle eingebaut, durch die über Gebläse Luft abgesaugt werden kann. Die abgesaugte geruchsbehaftete Luft kann in Filteranlagen desodoriert oder in Resteverbrennungseinrichtungen verbrannt werden.

Ein weiteres Großmietensystem ist die *Tunnelmiete,* bei der auf künstliche Be- und Entlüftung verzichtet wird. Sie wird 4 m hoch aufgeschüttet. Durch die Aufstellung von Schablonen entstehen tunnelartige Hohlräume, durch die die Belüftung im natürlichen Zug erfolgt *(Bild 9.1)*.

9.1.3.3 Kompostierung von gepreßten Abfällen [9.1; 9.3]

Eine Sonderform der Kompostierung ist das sogenannte *Brikollare-Verfahren*. Bei diesem Verfahren wird der zerkleinerte und mit Schlamm vermischte Müll nicht in lockerer Form in Mieten aufgesetzt, sondern zunächst zu Formlingen gepreßt. Diese Preßkörper mit einem Wassergehalt von ca. 50% werden in Stapeln auf Paletten gelagert. Durch den Preßvorgang wird das Wasser in den Formlingen von innen nach außen gefördert und damit eine Trocknung bewirkt. Gleichzeitig setzen aerobe Rottevorgänge sowie eine starke Verpilzung und eine Erwärmung bis auf Temperaturen von über 60 °C ein, die etwa 10 Tage anhalten, dann jedoch infolge der fortschreitenden Austrocknung der Preßlinge rasch wieder absinken. Nach ca. 3 Wochen sind die biologischen Prozesse durch den Wasserentzug zum Stillstand gekommen. Das Material ist praktisch konserviert und kann bei einem Wassergehalt von ca. 20% beliebig lang ohne Geruchsbelästigung gelagert werden.

Die Preßlinge werden bei Bedarf in einer Mühle zerkleinert und das Mahlgut entweder als Frischkompost verwendet oder auf Mieten zu Fertigkompost nachgerottet.

9.1.3.4 Kompostierung in Zellen [9.1]

Dieser Entwicklung lag die Überlegung zugrunde, den Verlauf der Rotte soweit wie möglich zu überwachen und zu beeinflussen, wobei die Zuführung von Luft und Wasser im Vordergrund stand. Stellvertretend soll das Atemverfahren nach Dr. Spohn beschrieben werden.

Der vorzerkleinerte Müll wird mit Schlamm vermischt und in Betonzellen mit Rostboden eingefüllt. Die Hohlräume unter den Rosten sind an ein zentrales Saugsystem über motorisch betriebene Schieber angeschlossen. In jeder Zelle wird kontinuierlich der Sauerstoffgehalt der Rotteluft und die Materialtemperatur gemessen. Sinkt der Meßwert unter einen eingestellten Wert ab, so wird der entsprechende Schieber über eine Programmsteuerung geöffnet und so lange Luft durch das Rottegut von oben nach unten gesaugt, bis der Sauerstoffgehalt sein oberes Niveau wieder erreicht hat. Gleichzeitig kann Wasser zur Einregulierung des optimalen Feuchtigkeitsgehaltes aufgegeben und über den Schüttkörper verteilt werden. Die Luft- und Feuchtigkeitszufuhr bewirken eine nahezu gleiche Rottetemperatur von 70 °C im gesamten Rottegut. Die abgesaugte Luft wird in Filtern desodoriert. Mit zunehmendem Abbau der organischen Stoffe werden die Abstände zwischen den Belüftungsphasen immer länger. Nach 2 bis 3 Wochen Vorrotte wird das Material über einen Kran ausgetragen und zur Nachrotte auf Mieten aufgesetzt.

Tabelle 9.2 Behältersysteme zur Kompostierung

System	Kurzbeschreibung
Etagenlose Türme	Stehende Zylinder, die teils durch senkrechte Wände unterteilt sein können. Der Kompostrohstoff wird oben eingefüllt. Unten ist der Zylinder durch einen Düsenboden abgeschlossen, durch den Luft eingeblasen wird. Mit einer umlaufenden Schnecke wird das Material unten ausgetragen. Keine Mischung, meist Bildung von Luftkanälen in der Materialsäule, dadurch ungleichmäßige Verrottung.
Turmbehälter mit Etagenböden	Stehende Zylinder, die durch horizontale Böden mehrfach in Etagen unterteilt sind. An einer senkrechten Zentralachse sind Arme mit Pflügen befestigt, die den Kompostrohstoff auf den einzelnen Zwischenböden auflockern, mischen und fördern. In jedem Boden befindet sich eine relativ kleine Durchfallöffnung, durch die das Material den Turm von oben nach unten durchwandert. Luftzuführung in jeder Etage seitlich mit zentralem Abzug. Gute Mischung, gute Verrottung, hoher Verschleiß.
Rottetrommeln	Liegende, langsam rotierende Zylinder, in denen die Abfälle unter Luftzufuhr durch das Verdrängungsprinzip durchwandern. Gute Mischung, Zerkleinerungswirkung, Verschleiß geringer als bei Etagentürmen. Kombiniert mit Trommelsieben.

9.1.3.5 Kompostierung in dynamischen Behältersystemen [9.1]

Im Gegensatz zu den bisher beschriebenen Verfahren werden die Abfälle bei den kontinuierlichen dynamischen Behältersystemen dauernd mehr oder weniger intensiv bewegt. Die Behälter arbeiten entweder mit Zwangsaustrag oder nach dem Verdrängungsprinzip *(Tabelle 9.2)*.

9.1.3.6 Wirkung der Kompostierung in Behältersystemen [9.1; 9.3]

Die Kompostierung in dynamischen Behältersystemen wird im allgemeinen als Kurz- oder Schnellrotte bezeichnet. Alle bisher bekannten Systeme eignen sich nur zur Durchführung der Vorrotte. Sie dienen dem Zweck, die rohen Abfälle in möglichst kurzer Zeit weitgehend zu entseuchen und so weit vorzubehandeln, daß das Material anschließend als *Frischkompost* für spezielle Anwendungen verwertet werden kann.

Zur Erzeugung von stabilisiertem universell anwendbarem Kompost *(Fertigkompost)* muß das frische Material weiter kompostiert (ausgerottet) werden. Kompostwerke mit dynamischen Schnellrottesystemen benötigen daher stets eine zweite Rottestufe, meist in Form einer Mietenkompostierung. Diese kann bei entsprechender Intensität und Dauer der Vorrotte unter Umständen ohne Umsetzen betrieben werden. Ein maschinelles System zur Herstellung eines Fertigkompostes in nennenswert abgekürzter Zeit gibt es nicht. Die mikrobiellen Vorgänge brauchen ihre Zeit, lediglich der Start kann beschleunigt werden. Einen großen Vorteil haben alle Behältersysteme gemeinsam: Es handelt sich um geschlossene Systeme, aus denen die Abluft abgesaugt und einer Desodorierung zugeführt werden kann. Dies ist vor allem in der Phase der Vorrotte wichtig, da hier die intensivste Geruchsentwicklung auftritt.

9.1.4 Desodorierung durch Geruchsfilter [9.1; 9.3]

Die Kompostierung von Abfallstoffen ist ein thermophiler aerober Vorgang, bei dem leicht abbaubare organische Substanzen unter intensiver Wärmeabgabe oxidiert werden. Zum Teil bilden sich Zonen mit anaeroben Verhältnissen, in denen eine fermentative Vergärung stattfindet. Vor allem hier treten sehr unangenehm riechende gasförmige Zwischen- und Endprodukte auf.

Bei der Eiweißzersetzung entstehen neben anorganischen Gasen wie Schwefelwasserstoff und Ammoniak auch organische Dämpfe wie Amine und Merkaptane. Beim anaeroben Abbau von Kohlehydraten entstehen vor allem Fettsäuren, Aldehyde, Ester und Alkohole, von denen einige sehr üble Geruchsempfindungen hervorrufen.

Das zumindest zeitweilige Auftreten von Gerüchen kann bei der Müllrotte nicht ausgeschlossen werden. Bei geschlossenen Vorrottesystemen wird daher die Abluft gefaßt und einer Desodorierung zugeführt. Dies kann in einer Gassorption mit Chlor und Aktivkohle erfolgen. Es treten bei der Kompostierung jedoch zum Teil Geruchsstoffe auf, die auf diese Weise nicht vollständig zu beseitigen sind. Ein sicheres, jedoch aufwendiges Behandlungsverfahren ist die Nachverbrennung der Abluft. Eine sehr einfache Behandlungsart ist die Biofiltration in *Kompostfiltern,* die sich an vielen Stellen gut bewährt hat. Diese Methode funktioniert grundsätzlich bei organischen Geruchsstoffen. So kann z.B. auch die früher nicht völlig beherrschbare Abluft aus Tierkörperbeseitigungsanstalten mit dieser Methode sicher behandelt werden.

Die Wirkungsweise dieser Art der Gasreinigung beruht auf physikalisch-chemischen und biologischen Wechselwirkungen zwischen einem Luftstrom, der durch eine Kompostschicht fließt, und den stationären Kompostpartikeln, wobei das daran angelagerte Wasser eine wichtige Funktion hat. Aus der Luft (bewegliche Phase) diffundieren während des Durchströmens des Porenraums der Kompostschicht die Gasmoleküle an die Oberfläche der Kompostpartikel (feste Phase) und werden dort vorwiegend vom Wasser absorbiert. Sorptive Bindungskräfte sind für die Elimination der Geruchsstoffe maßgebend. In einem simultan verlaufenden zweiten Schritt werden die sorbierten Substanzen von den im Kompost befindlichen Mikroorganismen resorbiert und abgebaut. Auf diese Weise ist es möglich, daß ein Kompostfilter durch kontinuierliche biologische Regeneration arbeitsfähig bleibt und seine sorptive Kapazität nicht verliert. Die angelagerten Geruchsstoffe werden als Substrate von den Mikoorganismen aufgenommen und sorgen so für eine kontinuierliche Aktivität des Regenerationsmechanismus.

Um eine befriedigende Reinigungsleistung zu erzielen, muß die Filtermasse ausreichend feucht sein (40 bis 50% Wassergehalt). Ablufttemperaturen über 100 °C können die Organismen schädigen und auch zu einer starken Austrocknung des Filters führen.

Für die Bemessung des Kompostfilters kann eine Mindestbelastung von 50 $m^3/(m^2 \cdot h)$ in jedem Fall angenommen werden. Je nach der Art der Geruchsstoffe und Konzentration kann sie höher gewählt werden (bis 150 $m^3/(m^2 \cdot h)$).

9.1.5 Kompostierung von Abwasserschlämmen [9.1; 9.3]

Abwasserschlämme können zusammen mit Müll kompostiert werden. Die Behandlung einwohnergleicher Mengen ist nur nach Vorentwässerung des Schlamms auf ca. 30 bis 40% Feststoffgehalt möglich. Flüssiger Schlamm kann wegen des maximalen Wassergehalts der Mischung nur in begrenzten Mengen beigegeben werden. In vielen Kompostwerken ist die gemeinsame Kompostierung die Regel. Es gibt jedoch auch Anlagen zur ausschließlichen Kompostierung von Klärschlamm.

Bei der ausschließlichen Kompostierung von Klärschlamm ist die Beimengung eines Trägermaterials erforderlich. Dieses Trägermaterial soll zur notwendigen Auflockerung des Schlamms mit dem Effekt des ausreichenden Luftzutritts dienen. Dazu werden in der Regel Sägespäne, Sägemehl, Baumrinde, Papier oder Stroh verwendet. Die biologische Wirkung dieser Trägermaterialien ist von untergeordneter Bedeutung. An der Kompostierung von Klärschlamm sind die gleichen Mikroorganismen wie an der Kompostierung von Müll beteiligt.

9.1.6 Anwendung von Kompost [9.1; 9.3]

Kompost ist in erster Linie ein *Bodenverbesserungsmittel,* die eigentliche Düngewirkung ist nur gering. Schwere bindige Böden werden zur besseren Durchlüftung aufgelockert, sandige Böden erhalten eine bessere Wasserhaltekraft und eine deutlich erhöhte Widerstandskraft gegen Erosion. Hauptsächliches Anwendungsgebiet ist zur Zeit der Weinbau. Mit anderen Produkten wie z.B. Torf und zerkleinerter Baumrinde gemischter Kompost können gut im Gartenbau verkauft werden. Eine Zielgruppe des Kompostabsatzes ist derzeit die Landwirtschaft. Ein Problem stellt dabei das wirtschaftliche Aufbringen auf den Feldern dar.

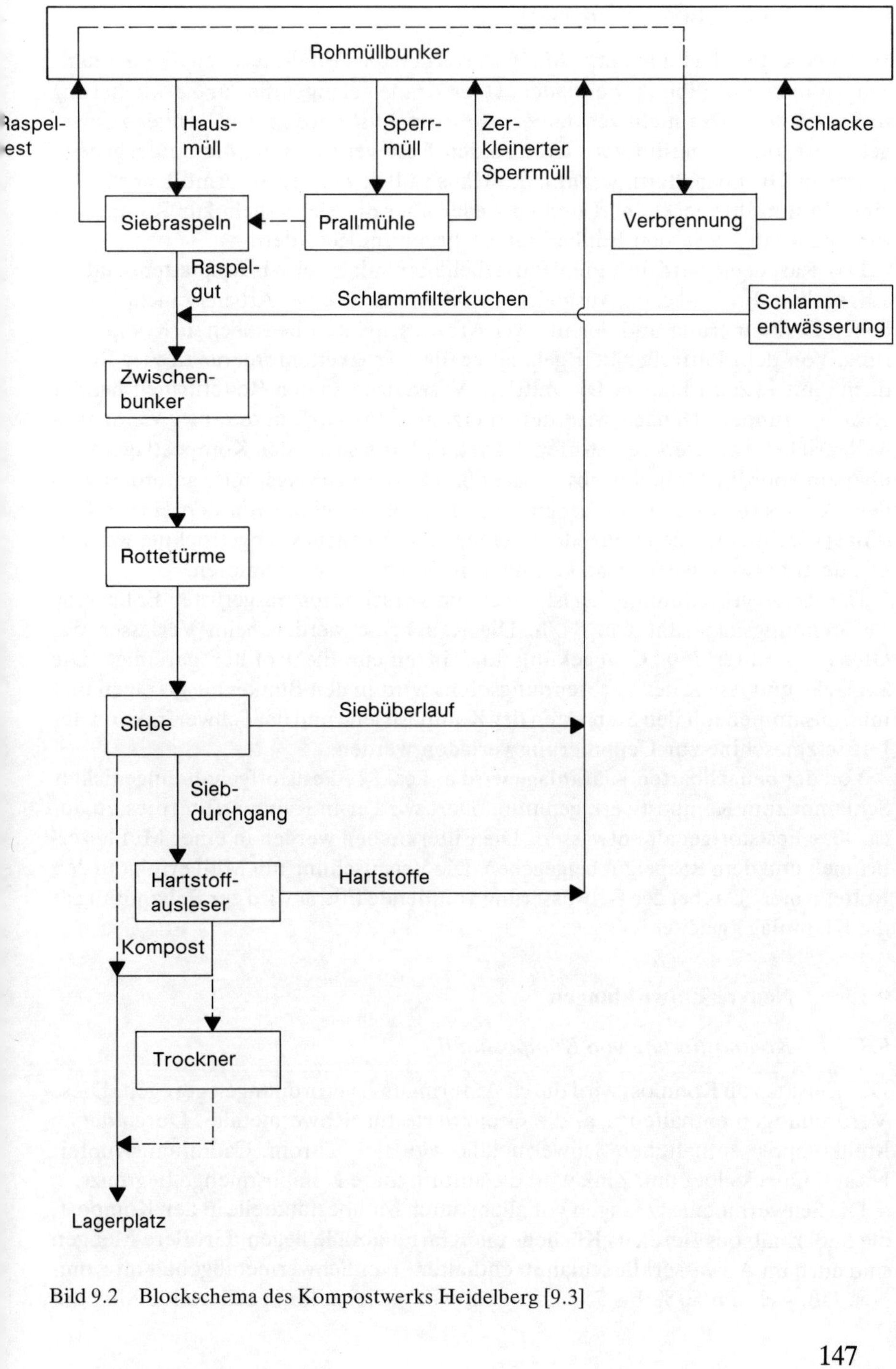

Bild 9.2 Blockschema des Kompostwerks Heidelberg [9.3]

9.1.7 Kompostwerk Heidelberg

Im Kompostwerk Heidelberg *(Bild 9.2)* werden die Abfälle aus den Sammelfahrzeugen in den Müllbunker entladen. Über Krane gelangen sie zur Zerkleinerung in Siebraspeln. Der nicht zerkleinerbare Raspelrest wird in den Bunker zurückgefördert und wiederum vom Kran in den Resteverbrennungsofen aufgegeben.

Der in Großbehältern gesammelte Hausmüll sowie der Sperrmüll werden in einer Prallmühle zerkleinert und entweder über die Siebraspeln zur Kompostierung oder zurück in den Bunker zur Verbrennung gefördert.

Das Raspelgut wird in einen Pufferbehälter mit zwei Abzugsplattenbändern aufgegeben. Er dient zum Ausgleich zwischen der in einer Arbeitsschicht betriebenen Zerkleinerung und der in zwei Arbeitsschichten betriebenen Kompostierung. Von dem Pufferbehälter gelangt er über Trogkettenförderer in vier Rottetürme mit je zehn Etagen. Die mittlere Verweilzeit in den Rottetürmen beträgt etwa 24 Stunden. Danach wird der so erzeugte Frischkompost auf zwei Spannwellensieben von gröberen Stoffen befreit. Er kann so auf den Kompostlagerplatz über ein koordinatenmäßig absetzbares Bandsystem zur Nachrotte gefördert werden. Alternativ kann er vorher in einer Luftsetzmaschine von den Hartstoffen (Glas) gereinigt werden und/oder in einem Trommeltrockner getrocknet werden. Die dazu notwendige Wärme kommt vom Resteverbrennungsofen.

Der Resteverbrennungsofen ist mit einem Vorschubrost ausgerüstet. Er hat eine Verbrennungskapazität von 5 t/h. Die Rauchgase werden beim Verlassen des Ofens auf unter 350 °C abgekühlt und in einem Elektrofilter gereinigt. Die Schlacke und Asche des Verbrennungsofens wird in den Bunker ausgetragen und muß zusammen mit den Siebresten der Kompostsiebe und der Schwerfraktion der Luftsetzmaschine zur Deponierung verladen werden.

Von der benachbarten Kläranlage wird auf ca. 8% Feststoffgehalt eingedickter Schlamm zum Kompostwerk gepumpt. Dort wird er in Kammerfilterpressen auf ca. 40% Feststoffgehalt entwässert. Die Filterkuchen werden in einer Mühle zerkrümelt und dem Raspelgut beigegeben. Die Vermischung mit Müll erfolgt in den Rottetürmen. Das bei der Entwässerung anfallende Filtrat wird zur Behandlung in die Kläranlage geleitet.

9.1.8 Neuere Entwicklungen

9.1.8.1 Kompostierung von Kompostmüll

Der Einsatz von Kompost wird durch Aufbringungsverordnungen geregelt. Diese Verordnungen enthalten u. a. die Grenzwerte für Schwermetalle. Durch die im Müllkompost enthaltenen Schwermetalle wie Blei, Chrom, Cadmium, Kupfer, Nickel, Quecksilber und Zink wird die aufbringbare Kompostmenge begrenzt.

Die Schwermetalle gelangen vor allem durch Müllbestandteile in den Kompost, die außerhalb des Bereichs Küchen- und Gartenabfälle liegen. Größere Mengen sind auch im Abwasserklärschlamm enthalten. Der Schwermetallgehalt im Kompost läßt sich um 50 % bis 75 % senken, wenn der zu kompostierende Müll auf

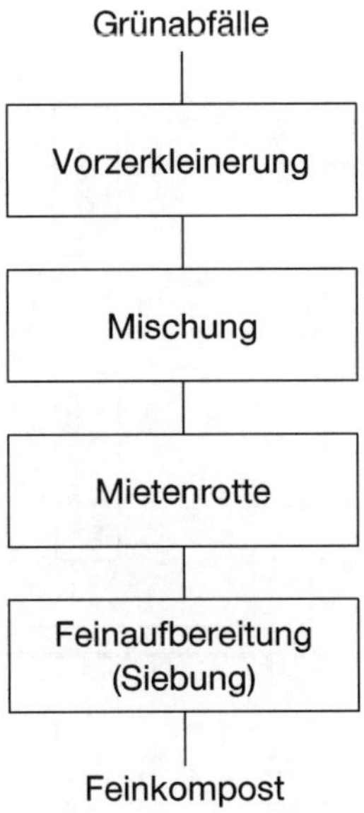

Bild 9.3 Notwendige Verfahrensschritte bei der Kompostierung von Grünabfällen

Küchen- und Gartenabfälle sowie unbedrucktes Papier beschränkt wird. Durch das Prinzip der getrennten Sammlung (siehe Abschnitt 5.1.3) kann dem Kompostwerk dieser «Kompostmüll» zur Verfügung gestellt werden.

Kompostmüll weist mit 65 % einen erheblich höheren Wassergehalt als Mischmüll (40 %) auf. Bei der Kompostierungstechnik muß dies durch vermehrten Sauerstoffeintrag und optimale Homogenisierung und Mischung berücksichtigt werden.

Im Einzugsgebiet mehrerer Kompostwerke wurde die getrennte Sammlung bereits eingeführt, die Kompostwerke wurden entsprechend umgerüstet. Wegen der Absatzlage werden künftig nur noch Kompostwerke zur Verarbeitung von Kompostmüll gebaut werden.

9.1.8.2 Kompostierung von Grünabfällen

Grünabfälle entstehen bei der Pflege von Friedhöfen und Parkanlagen. Sie bestehen hauptsächlich aus Strauchschnitt, Rasenschnitt, Blumen- und Kranzresten. Grünabfälle wurden bisher hauptsächlich deponiert. Wegen des knapper werdenden Deponieraums wird die aufwendigere, aber ökologisch sinnvollere Kompostierung notwendig.

Etwa 30 mittlere Anlagen sind bereits in Betrieb, weitere sind im Bau.

Bei der Kompostierungstechnik muß der Homogenisierung, der Mischung und der ausreichenden Sauerstoffzufuhr besonders große Beachtung geschenkt werden. Bild 9.3 zeigt das Blockschema einer Anlage zur Kompostierung von Grünabfällen.

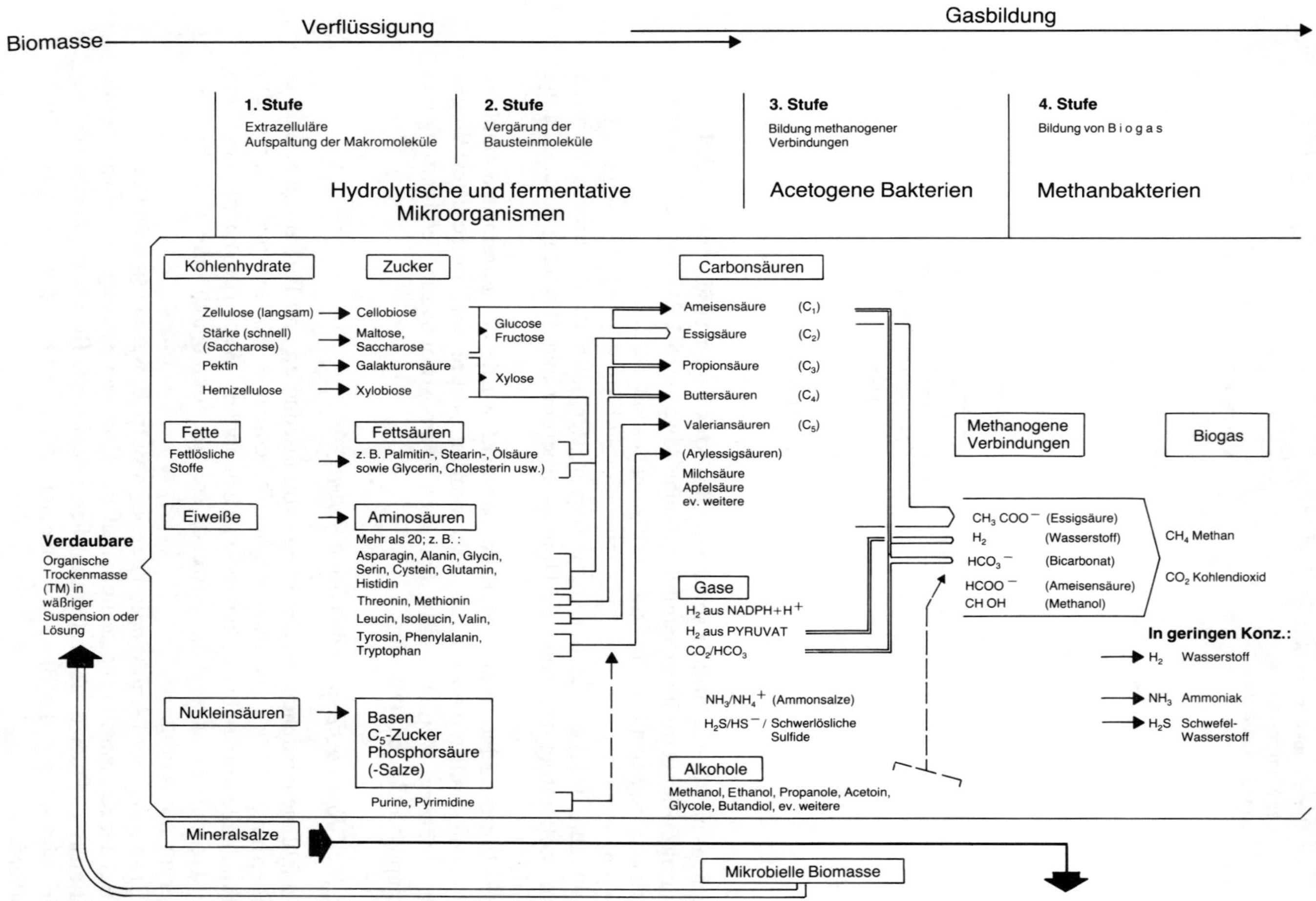

Bild 9.4 Anaerobe Abbauprozesse (schematisch)
(Darstellung nach Maurer et al. [9.6] bzw. Stegmann [9.5])

Beim Absatz von Kompost aus Grünabfällen machen Schwermetalle keine Probleme. Lediglich Grasschnitt von Böschungen stark befahrener Straßen kann höhere Bleigehalte aufweisen.

9.2 Vergärung

9.2.1 Biochemische Grundlagen [9.5; 9.6]

Während bei der Kompostierung von Müll die organischen Anteile aerob in Anwesenheit von Sauerstoff mikrobiell zu Kohlendioxid, Wasser und festen Kompostrückständen umgesetzt werden, läuft die *Vergärung (Faulung, Fermentation)* anaerob unter Luftabschluß ab. Die organische Fraktion wird dabei in den Phasen Hydrolyse, Säurebildung («saure Gärung») und Methanbildung («Methangärung») mikrobiell in Methan, Kohlendioxid und feste Rückstände umgewandelt *(Bild 9.4)*.

9.2.2 Verfahrensweise. Fermentationsanlagen [9.5]

Die Faulung wird bei der industriellen Abwasserreinigung und Klärschlammbehandlung mit Erfolg eingesetzt. Die dort angewandten Verfahren sind allerdings nicht direkt auf eine Fermentation von z. B. Biomüll zu übertragen, da sie für Flüssigkeiten bzw. Schlämme mit Feststoffanteilen < 10 Ma-% ausgelegt sind. Bei der Vergärung von Müll liegen dagegen nicht mehr rühr- bzw. pumpfähige Feststoffgemenge mit Wasseranteilen von ca. 60 bis 70 Ma-% als Ausgangsstoffe vor, die zunächst durch Wasserzugabe auf Wasseranteile von ca. 90 Ma-% eingestellt werden müssen (*«nasse Fermentation»*, s. Schema der Müllvergärungsanlage Rottweil, *Bild 9.5*). Neuere Vergärungsverfahren arbeiten mit Biomüll mit einem Wasseranteil von 60 bis 70 Ma-% *(«trockene Fermentation»)*. Das bei der Fermentation entstehende Biogas mit einem Methananteil von ca. 55 bis 65 % ist vielseitig nutzbar und speicherfähig.

Die Verfahren zur anaeroben Fermentation organischer Fraktionen des Hausmülls lassen sich in einstufige und zweistufige einteilen. Beim *einstufigen Prozeß* laufen Hydrolyse, Säure- und Methanbildung neben- bzw. nacheinander in einem Fermenter ab; beim *zweistufigen Verfahren* erfolgen Hydrolyse der organischen Fraktion und Säurebildung in einem Hydrolysereaktor, während die Fermentation der Säuren zu Methan anschließend in einem Methanfermenter stattfindet. Der anaeroben Fermentation ist abschließend eine relativ kurze Nachkompostierungsphase für die festen Vergärungsrückstände nachzuschalten.

Tabelle 9.3 kennzeichnet einige Verfahren zur anaeroben Fermentation von Müll. In [9.5] wird ein inzwischen im Labormaßstab entwickeltes und auf den Pilotmaßstab übertragbares einstufiges Verfahren der Technischen Universität Hamburg-Harburg (T.U.H.H.-Verfahren) zur trockenen Fermentation von Biomüll beschrieben, das im Falle seiner Realisierbarkeit im technischen Maßstab eine investitions- und betriebskostengünstige Vergärung erwarten läßt.

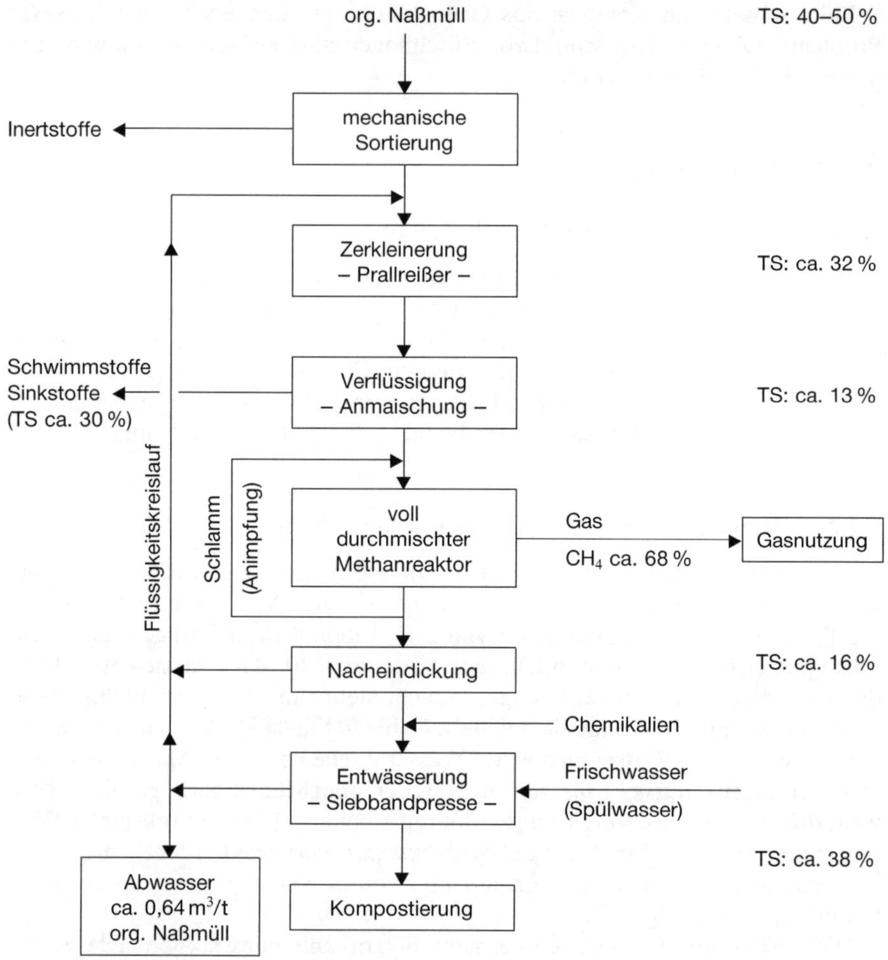

Bild 9.5 Grundfließbild der Müllvergärungsanlage Rottweil*

Betriebsdatenbeispiel für die Pilotanlage:
Ausgangsmaterial: Substrat aus der Biotonne (Küchen und Gartenabfälle)
Einwohnerzahl des Erfassungsbereichs: 4000 bis 5000
Fermentervolumen: 45 m^3
Verweilzeit im Fermenter: 12 bis 15 Tage
Temperatur im Fermenter: 35 °C (mesophiler Bereich)
Dauer der Nachkompostierung: ca. 8 Wochen

* Darstellung nach Spendlin und Stegmann [9.5]

Tabelle 9.3 Verfahren zur anaeroben Fermentation (Vergärung, Faulung) von Müll

Name des Verfahrens	Substrat	Vorbehandlung	Verfahren Stufe 1	Verfahren Stufe 2	Mischen	W (%)	T (°C)	Abwasseranfall	Gasproduktion (m³/t)	Dauer (Tage)
Dranco	H.M.	Zerkleinern < 5 cm Vorrotte?	Fermentation	Nachfermentation	Nein	65–60	35/55	kein	140–200	16–21
Valorga	H.M.	Zerkleinern	Fermentation	–	Ja	65	37	?	100–140	14
Rottweil	B.M.	Sortieren Zerkleinern Anmaische	Fermentation	–	Ja	87	35	0,64 m³/t	112*	12–15
AN – Bremen	B.M.	Zerkleinern Trennen	Hydrolyse	Flüssigph. ferment.	–	?	34	?	90–150	5–10
BTA – München	N.M.	Pulper Laugung	Hydrolyse	Flüssigph. ferment.	–	90	1. St. 35 2. St. 35	0,3 m³/t	144*	2–4

H.M. ≙ Hausmüll
N.M. ≙ Naßmüll (Reststofftonne)
B.M. ≙ Biomüll
W = Wassergehalt bezogen auf das Feuchtgewicht
oTS = organische Trockensubstanz

* Berechnete Werte mit: W: 65 %, oTS: 65 %

(Darstellung nach SPENDLIN und STEGMANN [9.5])

Die anaerobe Fermentation (Vergärung, Faulung) von Biomüll mit kurzer Nachkompostierungsphase könnte zukünftig durchaus eine echte Verfahrensalternative zur Biomüll-Kompostierung darstellen, wenn schwermetall- und ballastfreies Ausgangsmaterial zur Verfügung steht.

10 Thermische Behandlung von Abfällen

Im Gegensatz zum biochemischen aeroben und anaeroben Langzeitabbau verwertbarer, auch brennbarer organischer Bestandteile von Abfällen lassen sich diese durch thermische Behandlung sehr schnell in ihre Endoxidationsstufen oder in weiterverwertbare gasförmige oder flüssige Produkte überführen. Die thermische Behandlung voraufbereiteter Abfälle umfaßt folgende Methoden:

- □ *Verbrennung,* bestehend aus den Einzelvorgängen Entgasung, Vergasung, Ausbrand des fixen Kohlenstoffs und Verbrennung der entstandenen Gase zu Kohlendioxid, Wasser, Schwefel- und Stickoxiden und Asche;
- □ *Entgasung* oder *Pyrolyse* als thermische Zersetzung unter weitgehendem Ausschluß von Vergasungsmitteln. Sie führt zu zwischen 250 und ca. 900 °C ausgetriebenen flüchtigen Stoffen, bestehend aus gebundenem Wasser, Schwelgasen, Kohlenwasserstoffen und Teeren sowie aus Inerten und fixem Kohlenstoff zusammengesetzten festen Rückständen;
- □ *Vergasung* als thermische Umsetzung bei hohen Temperaturen unter Einsatz von Vergasungsmitteln wie Dampf, Kohlendioxid, Sauerstoff und Luft.

Die *thermische Trocknung* mit konvektiv und durch Strahlung an die voraufbereiteten Abfälle übertragener Wärme geht dabei als jeweils erste Stufe der Vergasung, Entgasung und Verbrennung voraus.

10.1 Verbrennung

Die Verbrennung von heizwertarmen und ballastreichen Abfällen wird je nach Art und betriebsstündlichem Anfall in Verbrennungsanlagen unterschiedlicher Größe vorgenommen. Man hat

- □ Kleinanlagen für Sonderabfälle, z.B. für Krankenhausabfälle;
- □ Großanlagen für die Beseitigung von Hausmüll, hausmüllähnlichem Gewerbemüll, in Sonderfällen auch unter Zuschlag von Sonderabfällen und vorentwässertem Klärschlamm, bevorzugt mit Wärmenutzung (Mülldurchsatz bis ca. 50 t/h und darüber);
- □ spezielle Verbrennungsanlagen für feste, pastöse und flüssige Sonderabfälle;
- □ Verbrennungsanlagen für Reste und Rückstände aus anderen vorgeschalteten Abfallverwertungsanlagen wie Kompostierung, Recycling usw.

zu unterscheiden. *Tabelle 10.1* gibt einleitend eine Übersicht über Leistungsbereiche und charakteristische Daten verschiedener Müllverbrennungsanlagen.

Tabelle 10.1 Leistungsbereiche von Verbrennungsanlagen für Abfälle nach Rasch [10.1]

Verbren-nungsanlage	Heizwert der Abfälle kJ/kg	Raumdichte der Abfälle (t/m³)	Leistung			Wärme-nutzung
			m³/h	kg/h	GJ/h	
Kleinstver-brennungs-öfen für Akten usw.	< 12 500	> 0,1	0,05 bis 0,5	5 bis 50	0,08 bis 0,6	ohne
Kleinver-brennungs-öfen	< 12 500	> 0,1	0,3 bis 5	30 bis 500	0,4 bis 6	meist ohne
Mittelver-brennungs-anlagen	< 10 000	> 0,2	1 bis 15	200 bis 3000	2 bis 30	ohne oder mit
Großver-brennungs-anlagen	< 8 000	> 0,2	> 7,5	> 3000	> 25	meist mit

Derzeit sind in der Bundesrepublik Deutschland 48 Verbrennungsanlagen für Hausmüll in Betrieb. In diesen Anlagen werden jährlich ca. 9 Mio. t Müll verbrannt (rund 9,6 % der Gesamt-Müllmasse aus einem Einzugsbereich von etwa 21 Mio. Einwohnern, einem Anteil von ca. 35 % der Gesamtbevölkerung). 99 % der Verbrennungsanlagen sind dabei solche mit Wärmeverwertung (Strom, Fernwärme, Dampf) [10.2].

Von den ca. 47 Mio. t kommunalen Klärschlamms, mit einem Trockensubstanzanteil von ca. 5 Ma-%, die derzeit in der Bundesrepublik Deutschland anfallen, werden etwa 4,5 Mio. m³ jährlich in Klärschlammverbrennungsanlagen entsorgt. In 11 Anlagen dienen Wirbelschichtöfen als Verbrennungssystem, 3 Anlagen arbeiten mit Etagenöfen, und in einer Anlage wird ein Etagenwirbelofen eingesetzt [10.2]. Von Bedeutung für die Energienutzung ist der Trend zur gemeinsamen Verbrennung von Abfällen und Klärschlamm, wie sie derzeit in 8 Großanlagen praktiziert wird. Konditionierung, Entwässerung und Trocknung des Klärschlamms erfordern nämlich einen hohen Wärmeeintrag [10.3].

Ein großer Anteil der Sonderabfälle (s. a. Kapitel 11) aus Industrie und Gewerbe läßt sich derzeit weder vermeiden noch verwerten. Auch die strengere Kanalisierung der Abfallströme durch die Anforderungen der TA Abfall und die Sanierung von Altlasten wird darüber hinaus den Bedarf an Verbrennungskapazitäten für Sonderabfälle in den nächsten Jahren stark ansteigen lassen. Zur Zeit liegt die Gesamtverbrennungskapazität der in der Bundesrepublik betriebenen 26 größe-

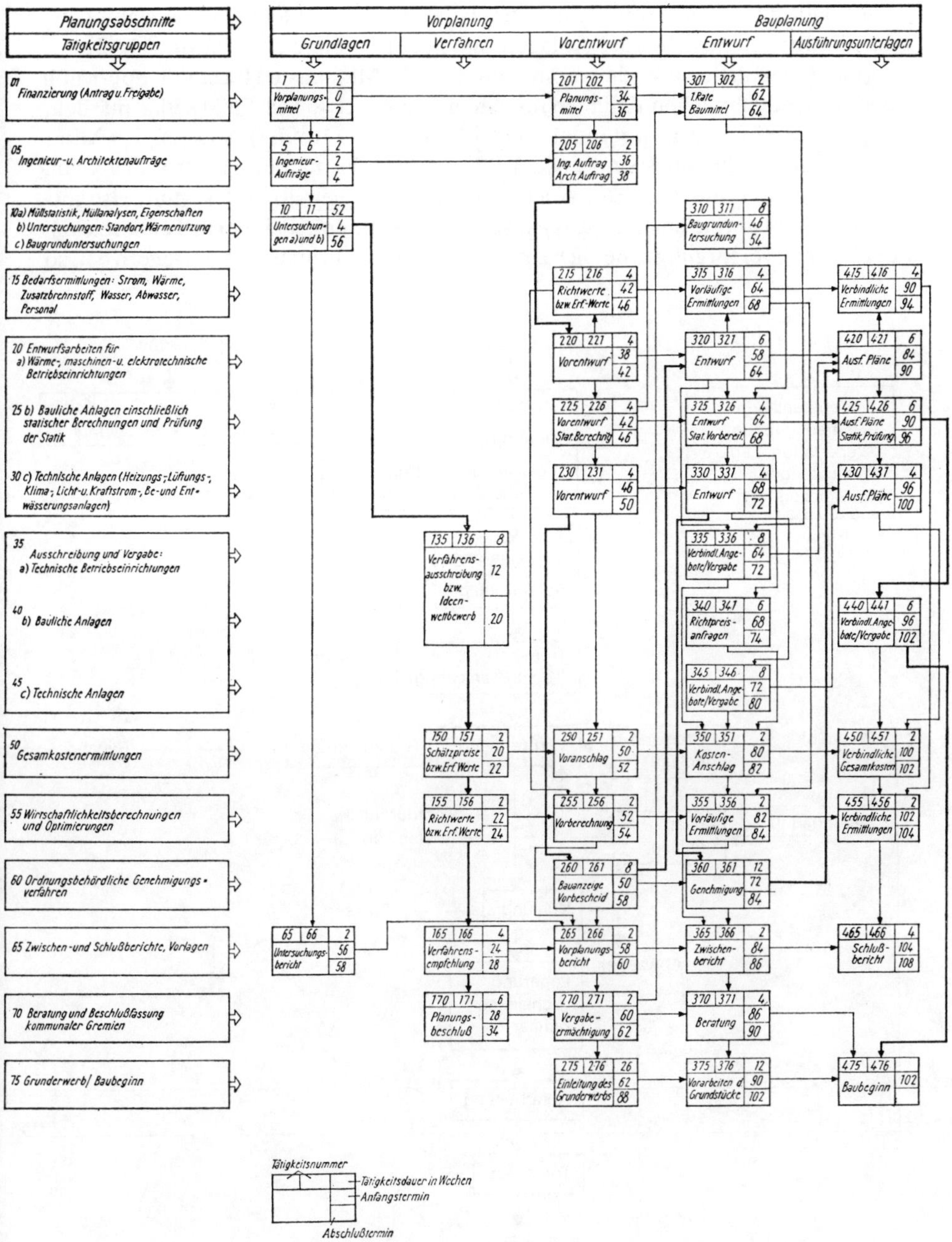

Bild 10.1 Ausführungsplanung für eine Abfallverbrennungsanlage mit Netzplan (Darstellung nach Kumpf, Maas, Straub [10.3])

ren Sonderabfallverbrennungsanlagen bei etwa 740 000 t/a. 8 Neuanlagen bzw. Erweiterungen bestehender Anlagen sind in der Planung bzw. im Bau [10.2].

(Geht man davon aus, daß momentan etwa 29 Mio. t/a an Hausmüll, Sperrmüll und hausmüllähnlichen Abfällen mit einem Heizwert von ca. 7520 kJ/kg anfallen, ergibt dies ein Energiepotential von 218 TJ/a ($218 \cdot 10^{12}$ J/a), was ca. 7,5 Mio t SKE/a entspricht. Dies sind etwa 1,9 % unseres Primärenergieverbrauchs von derzeit ca. 400 Mio. t SKE/a. Auch wenn der Energiebeitrag des Mülls also insgesamt recht gering ausfällt, so trägt seine Verbrennung regional in Teilbereichen der Energieversorgung erheblich zur Einsparung von Primärenergieträgern bei, so

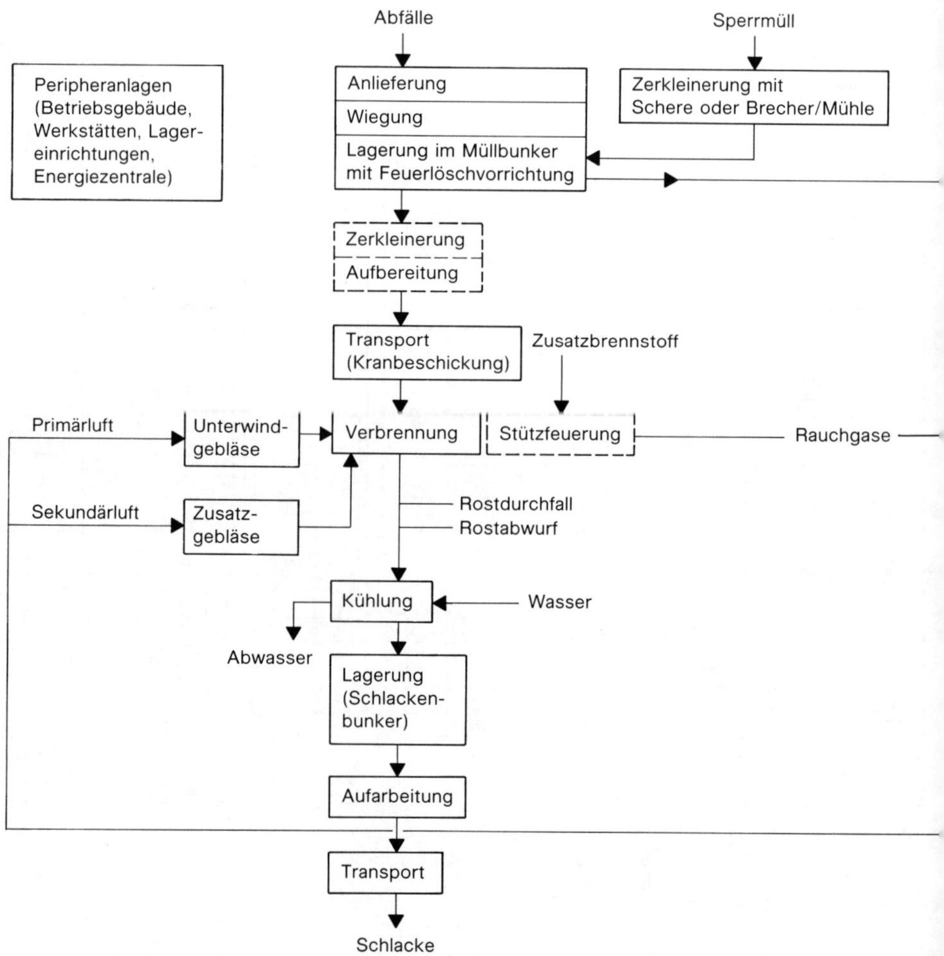

Bild 10.2 Übersichtsblockdiagramm einer Abfallverbrennungsanlage mit Wärmenutzung zur Stromerzeugung und Rauchgasreinigung

z.B. in München, wo der Anteil der Müllverbrennung an der städtischen Strom- und Fernwärmeerzeugung etwa 20% ausmacht.)

Die Ausführungsplanung von Abfallverbrennungsanlagen umfaßt, beginnend mit der Planungsidee und endend mit dem Baubeginn, eine Reihe von Einzeltätigkeiten. Sie sind als Planungsablaufdiagramm für eine Planungsabwicklung mit Netzplan in *Bild 10.1* dargestellt.

10.1.1 Aufbau und Betrieb von Abfallverbrennungsanlagen

Bild 10.2 zeigt in Form eines Übersichtsblockdiagramms die wesentlichen Teile einer Abfallverbrennungsanlage mit Nutzung der Rauchgaswärme. In den *Bildern 10.3 und 10.4* werden diese Anlagenteile weiter detailliert und im folgenden kurz beschrieben.

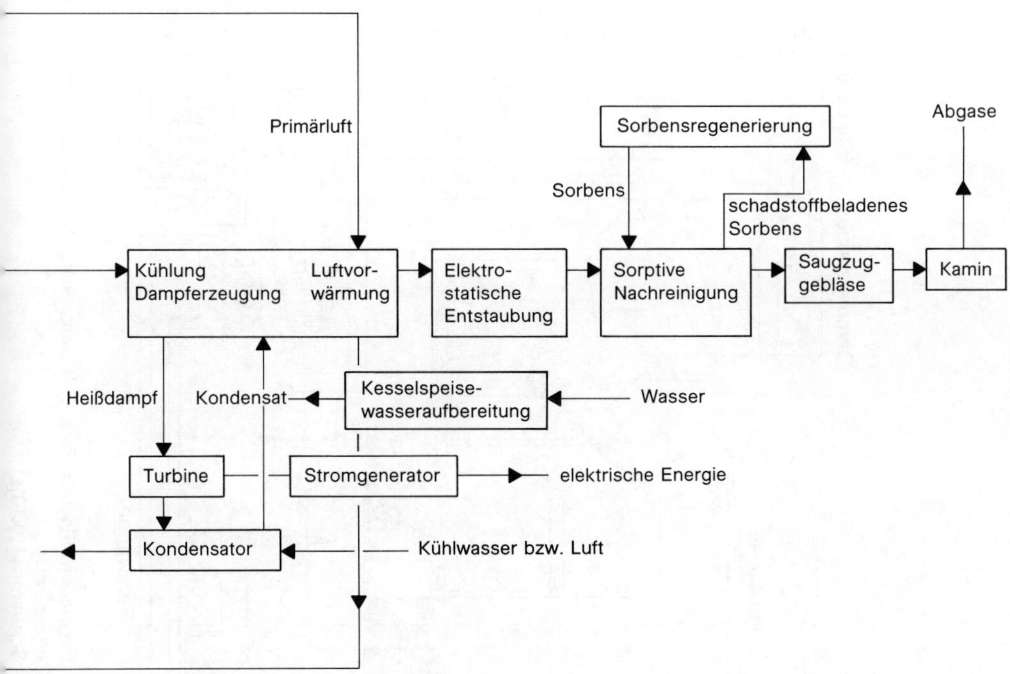

Der *Müllanlieferungsbereich* mit Waage, Abkippstellen, Wendefläche, Müllbunker und Beschickungsvorrichtung für die Verbrennungsstrecken erfordert etwa 80% der Gesamtanlagenfläche. Das Volumen des Müllbunkers ist für eine Bevorratung von mindestens 72 h auszulegen.

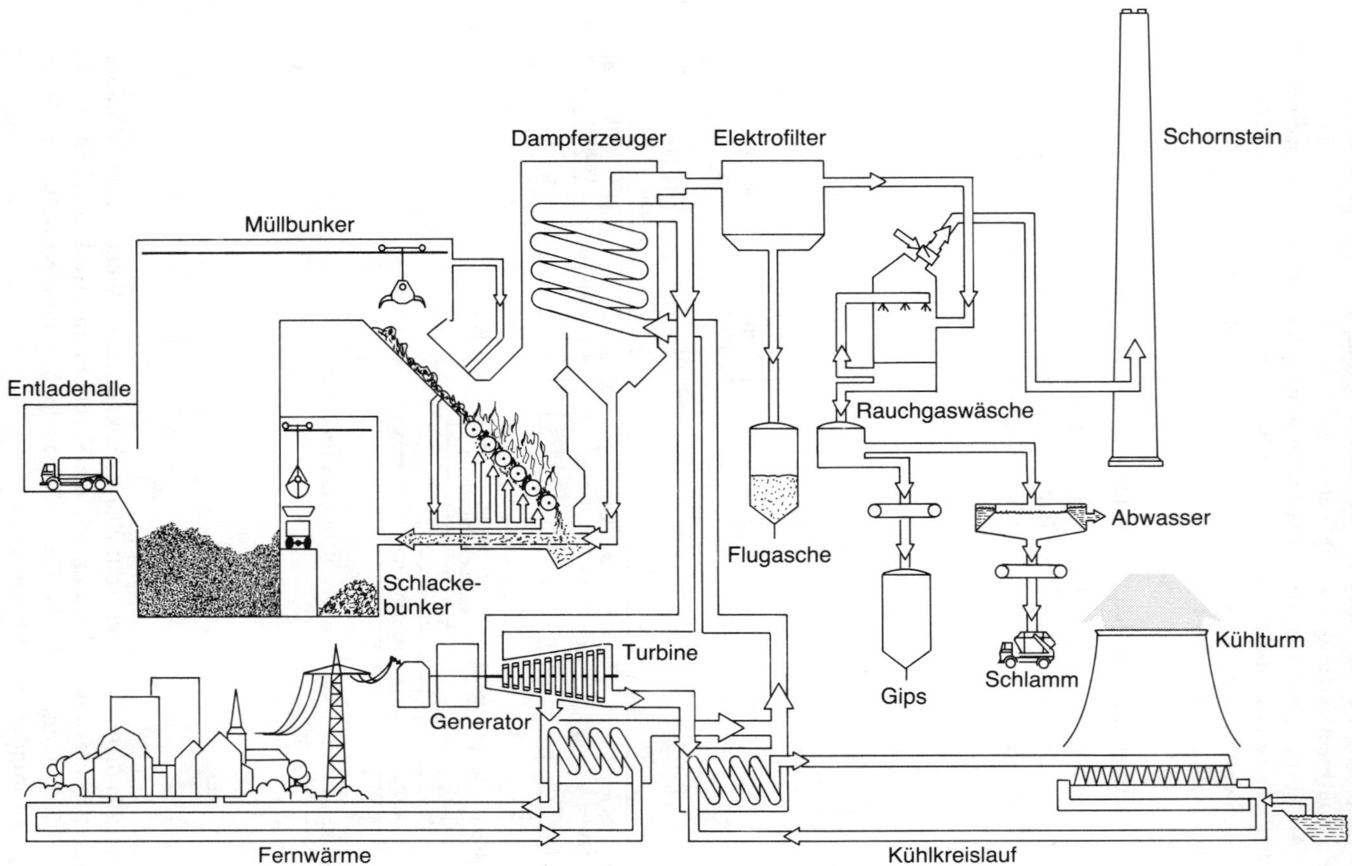

Bild 10.3 Arbeitsstufen eines Müllheizkraftwerks (schematische Darstellung am Beispiel des Müllheizkraftwerks Essen-Karnap)
(Darstellung nach O. SCHNEIDER [10.10])

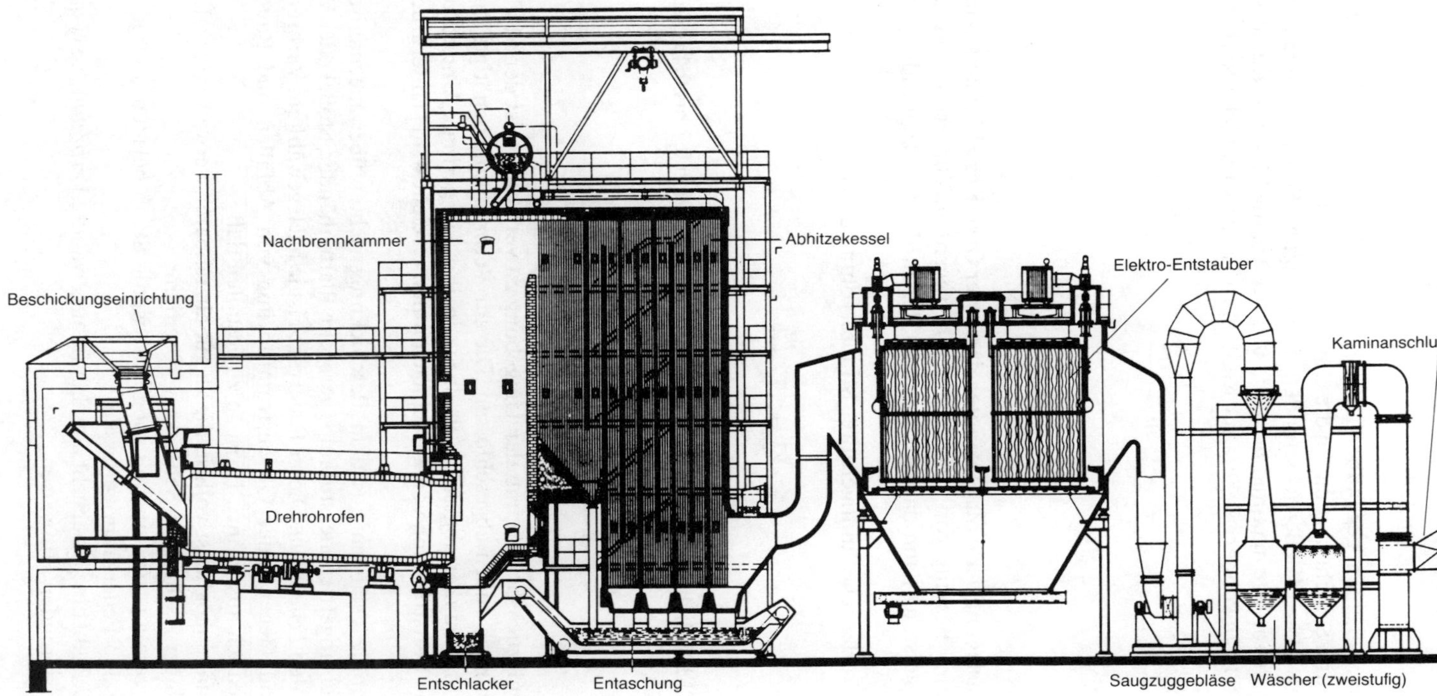

Bild 10.4 Abfallverbrennungsanlage mit Drehrohrofen als Verbrennungssystem (schematisch)
(Darstellung nach C. W. Miller [10.5] und Unterlagen der Fa. Deutsche Babcock Anlagen AG)

(*Beispiel:* Bei einem gegenüber unterbrochenem Betrieb vorteilhafteren Dauerbetrieb in drei Schichten rund um die Uhr stehen bei einer Verfügbarkeit von 85% jährlich etwa $t = 7450$ Betriebsstunden zur Verfügung. Sollen im Endausbau einer Verbrennungsanlage maximal $\dot{m} = 275\,000$ t/a Abfälle für einen Einzugsbereich mit 500 000 Einwohnern verbrannt werden, so ist die stündliche Verbrennungsleistung $\dot{m}_h$

$$\dot{m}_h = \frac{\dot{m}}{t} \tag{10.1}$$

also
$$\dot{m}_h = \frac{275\,000}{7450} = 36{,}91 \text{ t/h}$$

Für die Auslegung der Anlage könnten dann vier Ofen-Kessel-Einheiten mit einer Verbrennungsleistung von 10 t/h vorgesehen werden. Zur Ermittlung der Verbrennungsleistung kann das Nomogramm des *Bildes 10.5* zugrunde gelegt werden.

Das erforderliche müllgefüllte Mindestvolumen V_B des Müllbunkers ist dann

$$V_B = 72 \cdot \frac{\dot{m}_h}{\varrho_M} \tag{10.2}$$

Mit einer Mülldichte von $\varrho_M = 0{,}4$ t/m³ (üblicher Bereich 0,3 bis 0,45 t/m³) folgt hieraus für V_B

$$V_B = 72 \cdot \frac{4 \cdot 10}{0{,}4} = 7200 \text{ m}^3.)$$

Um eine Geruchsbelästigung der Umgebung zu vermeiden, ist der Müllbunker mit Toren nach außen abgeschlossen. Die zur Verbrennung benötigte Luft wird aus dem Müllbunker abgesaugt, wodurch in ihm ein geringer Unterdruck und damit eine Luftströmung von außen nach innen erreicht wird (Unterdruckbelüftung).

Die Abfälle gelangen aus dem Beschickungstrichter über mechanisch oder hydraulisch angetriebene, stufenlos geregelte Plattenbänder, Stößel oder Vorroste dosiert in den *Feuerraum*. Dieser Feuerraum ist je nach gewähltem Verbrennungssystem und Gegen- oder Gleichstromführung von Abfällen und Rauchgasen unterschiedlich ausgeführt. Er ist so zu gestalten daß

- □ die Abfälle möglichst vollständig zu gut abziehbarer, verwertbarer oder deponierfähiger Asche bzw. Schlacke verbrennen;
- □ die Abgase ausgebrannt mit möglichst wenig Staub beladen und gut durchmischt den Feuerraum verlassen.

Tabelle 10.2 gibt eine Übersicht über häufig angewandte *Verbrennungssysteme* mit charakterisierenden Hinweisen.

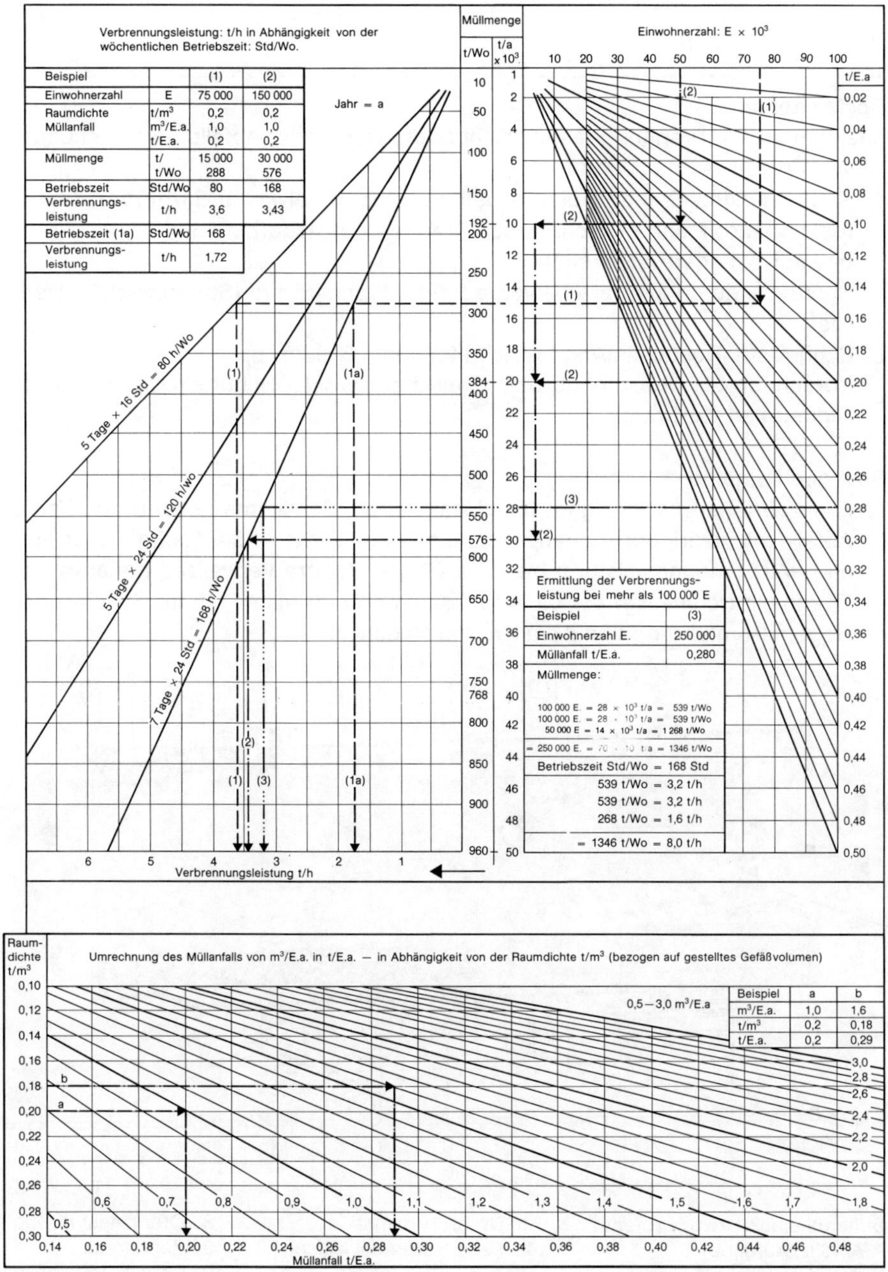

Bild 10.5 Nomogramm zur Bestimmung der stündlichen Verbrennungsleistung (Darstellung nach Kumpf, Maas, Straub [10.4])

Tabelle 10.2 Zur Verbrennung von Abfällen eingesetzte Verbrennungssysteme [10.1; 10.4; 10.7; 10.8]

Rostsysteme

geeignet zur Verbrennung fester, nicht teigig werdender Abfälle. Verbrennungsleistung bis etwa 50 t/h und mehr

□ Nicht selbstschürende Roste (Rostbelastung bis etwa 1,9 GJ/m^2h)
feststehend: Planrost, Schrägrost, Treppenrost, Trogrost
bewegt: Wanderrost, drehende Rostbalken
Schürung durch mehrere bewegte Roste: Wanderroste (Stufenrost), Walzenrost

□ Schürroste (Rostbelastung bis etwa 2,7 bis 3,6 GJ/m^2h)
Vorschubrost, Rückschubrost, Umwälzkipprost, Schüttelrost, Drehrost, Ringstoker, Korbrost

Rostlose Systeme

□ *Drehrohrfeuerung,* geeignet für Flüssigkeiten, Schlämme, Pasten oder feste Abfälle mit niedrigem Aschenerweichungspunkt (z.B. Altöle, Raffinerieschlämme). Verbrennungsleistung bis etwa 10 t/h. Mittlere Verweilzeit bis etwa 1 h. Trommeldurchmesser bis ca. 4 m; Trommellänge bis ca. 15 m. Gleich- oder Gegenstromführung von Abfällen und Rauchgasen

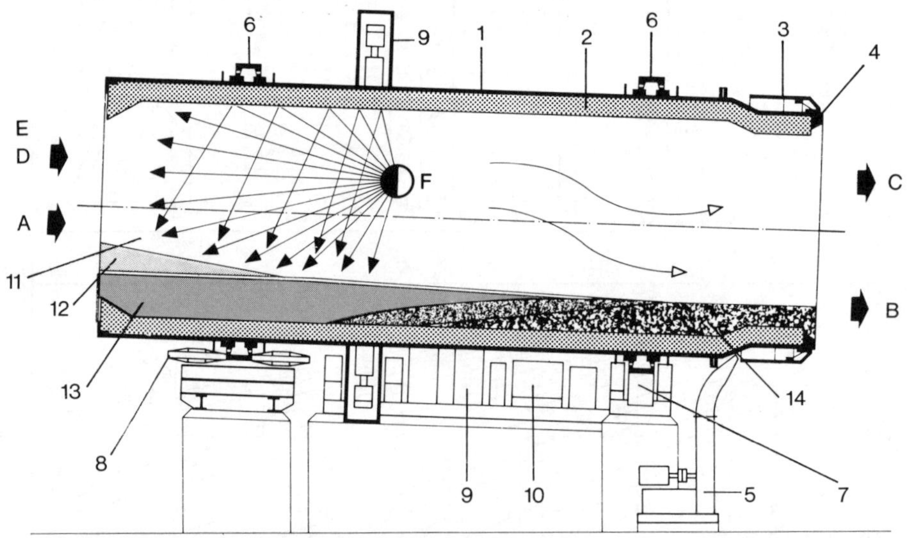

Schema eines Drehrohrofens[1]
A Abfälle/Aufgabe
B Asche/Schlacke/Austrag
C Rauchgase
D Zusatzbrennstoff
E Verbrennungsluft
F Wärmestrahlung

1 Drehrohrmantel
2 Feuerfeste Auskleidung
3 Auslaufschuß
4 Abschlußsegmente
5 Kühlluftventilator
6 Laufringe
7 Laufrolle

8 Ofenlängsführung
9 Zahnkreuz
10 Regelbarer Antrieb
11 Wasserdampfzone
12 Abfälle
13 Brennbares
14 Asche/Schlacke

□ *Drehetagenfeuerung,* geeignet für feste Abfälle zusammen mit Klärschlämmen oder für vorentwässerte Klär- und Industrieschlämme oder Pasten allein. (Der Etagenofen kann auch als Vorwärm- und Trocknungszone bei der Verbrennung von Schlämmen einem Wirbelschichtofen vorgeschaltet werden). Verbrennungsleistung bis etwa 10 t/h.

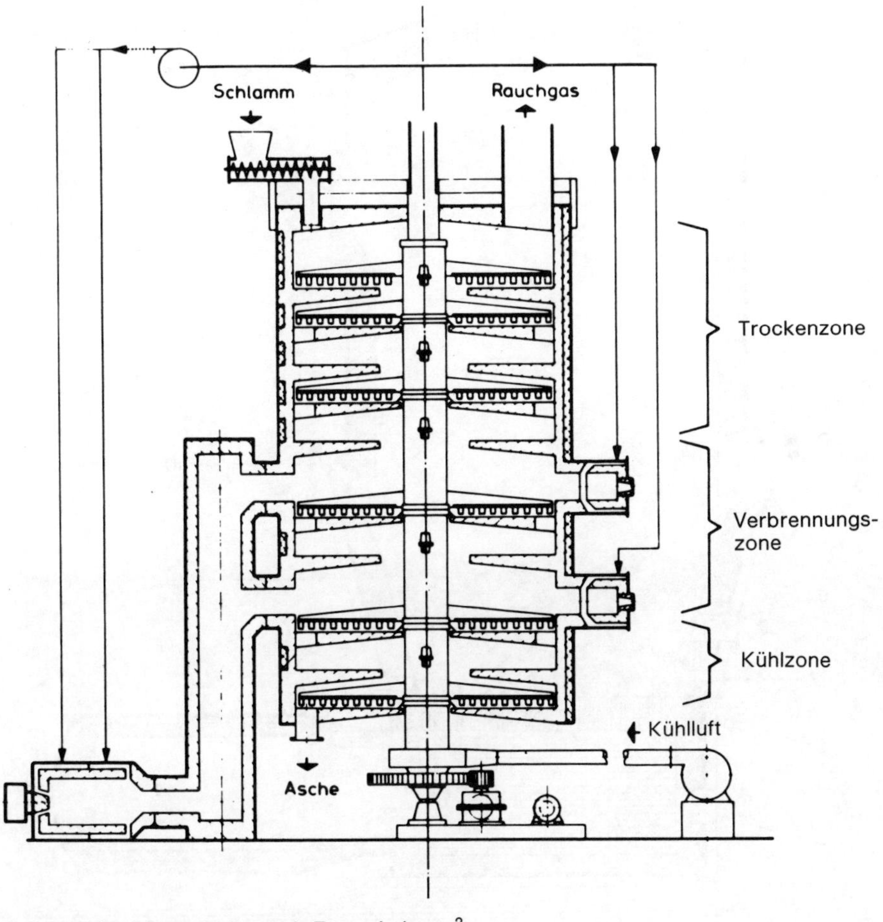

Schema eines Etagenofens mit Zusatzheizung[2]

□ *Wirbelschichtfeuerung,* geeignet für feste rieselfähige Abfälle ohne verteigende Verbrennungsrückstände, für vorgetrocknete Klär- und Industrieschlämme mit Hilfswirbelbett aus Quarzsand. Vorteile: hohe Turbulenz im Feuerraum, große Brennmaterialoberfläche, große Wärmekapazität, guter Wärmeausgleich.

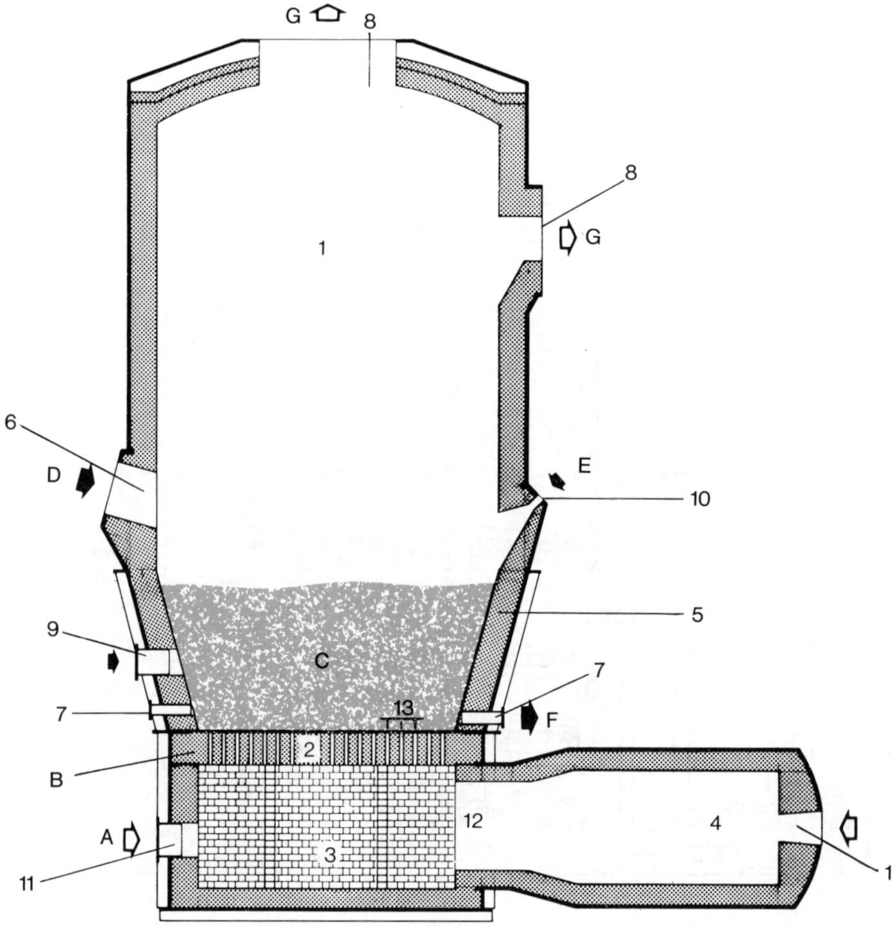

Schema eines Wirbelschichtofens[1]

A Verbrennungsluft
B Düsen
C Wirbelschicht
D Abfälle/Verbrennungsgut
E Zusatzbrennstoff
F Asche
G Rauchgase

1 Ofenschacht
2 Rost/Anströmboden
3 Windkasten
4 Feuerungseinrichtung
5 Feuerfeste Auskleidung
6 Verbrennungsgut-/Sandbett-Einfüllstutzen
7 Ascheaustrag

8 Abgasstutzen
9 Eintragsvorrichtung für Zusatzbrennstoff
10 Stützbrenner
11 Verbrennungslufteintritt
12 Heißgaseintritt
13 Luftdüsen

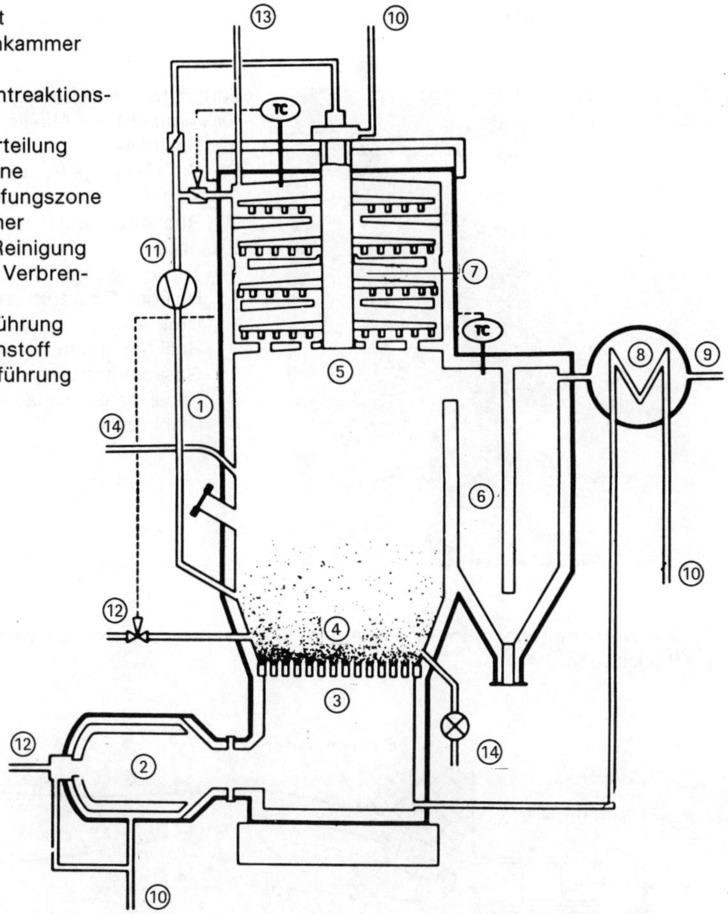

1 Ofenschacht
2 Anfahrbrennkammer
3 Wirbelrost
4 Wirbelschichtreaktions-zone
5 Schlammverteilung
6 Ausbrandzone
7 Vorverdampfungszone
8 Luftvorwärmer
9 Abgas zur Reinigung
10 Wirbel- und Verbrennungsluft
11 Abgasrückführung
12 Zusatzbrennstoff
13 Schlammzuführung
14 Sand

Schema einer Kombination von Etagenofen und Wirbelschichtofen zur Klärschlammverbrennung[2]

□ *Kaskadenfließbettfeuerung* zur Verbrennung von Industrie- und Klärschlämmen mit evtl. Sondermüllzuschlägen. Vortrocknung in vertikalem Sprühturm, Verbrennung in schwach geneigter Feuerkammer mit Flachgewölbe und Kaskadenfließbett.

☐ *Spezielle Brennkammern* für zerstäubbare, flüssige und pastöse Abfälle

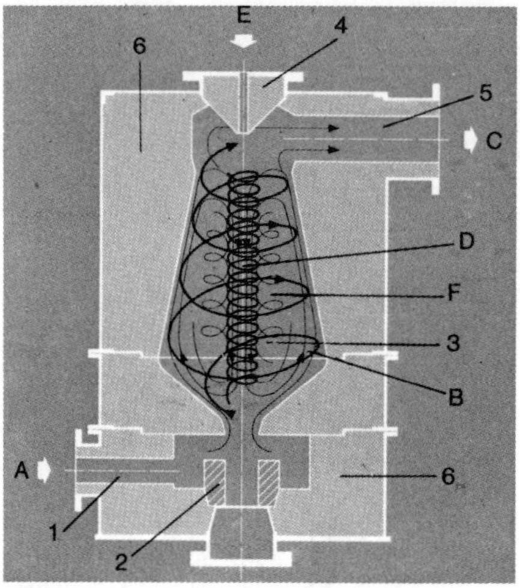

Turbulator[1]: Hochleistungsbrennkammer für zerstäubbare Abfälle

A Heißgase
B Spiralförmige Hauptströmung
C Abgase
D Rückströmung
E Abfälle
F Turbulenzzone
1 Heißgas-Eintrittstutzen
2 Drallkammer mit Drallkörper
3 Reaktionsraum
4 Gasaustrittstutzen
5 Feuerfeste Ausmauerung
6 Stahlmantel

Flammenverdampfungsbrenner[3] System BASF: Mehrstoffbrenner zur Verbrennung flüssiger Rückstände

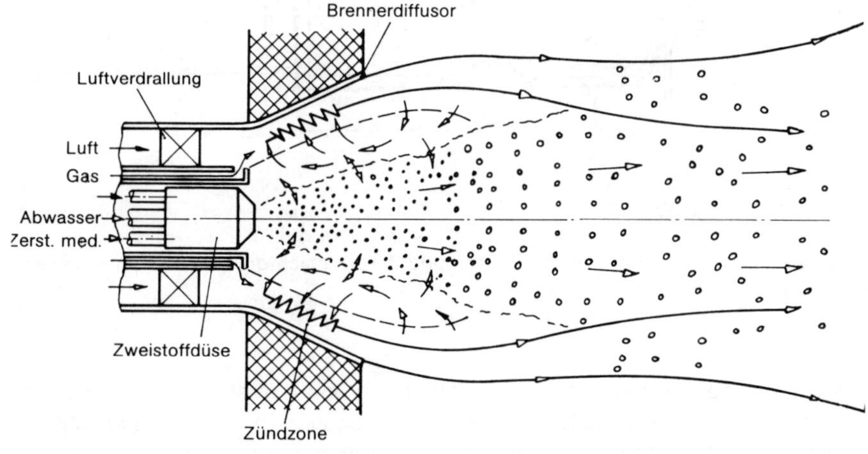

Brennkammer[2] (Lurgi) zur Verbrennung flüssiger Rückstände und Abgase mit Zusatzbrennstoff

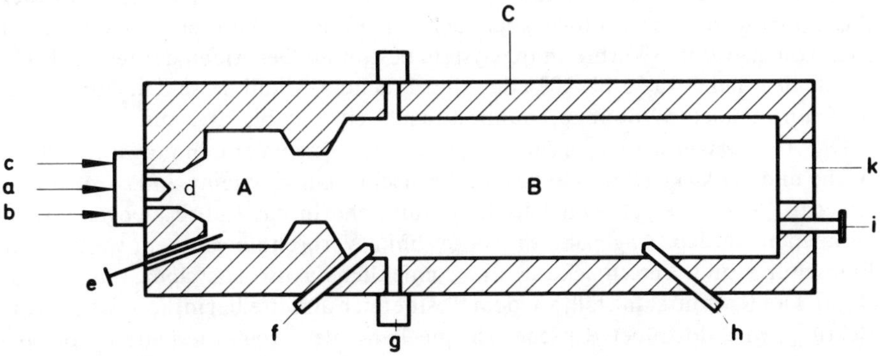

A Flammenraum
B Reaktionsraum
C thermische Isolation

a Brennstoff
b Verbrennungsluft für Brennstoff
c Verdüsungsmedium (Dampf oder Preßluft)
d Brenner
e Lanze zum Eindüsen gasförmiger oder flüssiger Rückstände (wahlweise)
f Lanze zum Eindüsen wäßriger Rückstände
g Verbrennungsluft für Rückstände
h Quenchdüse (wahlweise)
i Schauglas
k Rauchgasaustritt

[1] Darstellung nach Unterlagen der Fa. Imperial-Krauss-Maffei Industrieanlagen GmbH, München
[2] Darstellung nach Unterlagen der Fa. Lurgi Umwelt und Chemotechnik GmbH, Frankfurt/Main
[3] Darstellung nach Unterlagen der Fa. Steinmüller GmbH, Gummersbach

Die festen Rückstände der Verbrennung, *Rostdurchfall, Rostabwurf, Flugstaub* aus den Kesselzügen und der Rauchgasentstaubung werden in erster Linie von der Zusammensetzung der Abfälle, aber auch vom Grad der Verbrennung und damit auch vom gewählten Verbrennungssystem bestimmt. Der Anteil der festen Rückstände liegt bei etwa 25 bis 40% der eingebrachten Abfallmasse. Die durch Verbrennung erreichte Volumenreduktion macht etwa 85 bis 90% aus.

Die *Austragseinrichtungen* für die Abfuhr der festen Verbrennungsrückstände Asche und Schlacke (Entaschungs- und Entschlackungssystem) sind so zu gestalten, daß Verstopfungen und Falschlufteinbrüche in das Luft-Rauchgas-System vermieden werden. Angepaßt an das gewählte Verbrennungssystem werden zur Entaschung und Entschlackung unterschiedliche Austragssysteme angewandt [10.4]. Der Rostdurchfall fällt aus dem Rostbereich unmittelbar in die Austragsvorrichtung, wird dort über Rutschen, Schnecken- oder Trogförderketten transportiert und mit dem Rostabwurf zusammen über Kratzerketten, Stößel oder Plattenbändern mit Wasser abgelöscht. (Die fühlbare Wärme von 1 t der zu löschenden Schlacke liegt bei etwa 630 000 bis 1 000 000 kJ. Wird mit Wasser mit einer nutzbaren Temperaturerhöhung von etwa 10 °C ohne Berücksichtigung einer Verdunstung gelöscht, so sind je t Schlacke etwa 15 bis 24 m^3 Wasser aufzuwenden. Das schwach basische Löschwasser darf dem Vorfluter mit maximal 30 °C zufließen. Bei atmosphärischer Verdunstungskühlung werden etwa 0,24 bis 0,4 m^3 mit 20 °C vorlaufendes Wasser benötigt.)

Die abgelöschte Rohschlacke wird meist im *Schlackenbunker* zwischengelagert, um aus ihm mit dem Schlackenkran zur Schlackenaufbereitung durch Zerkleinern, Sortieren usw. bzw. zum Abtransport in Güterwagen oder Lkw gefördert zu werden.

Die Flugaschen aus den Kesselzügen und den Elektrofiltern der Rauchgasentstaubung werden über ein System von Pendelklappen oder Zellrädern mit Förderschnecken oder Trogkettenförderer ausgetragen.

Die zur Verbrennung benötigte Luft wird mit *Unterwindgebläsen* als Primärluft im Verhältnis von etwa 5 bis 8 t Luft je t Abfälle mit Luftüberschußzahlen von etwa 1,5 bis 2,5 in den Feuerraum geblasen. Zur Erhöhung der Turbulenz im Feuerraum kann zusätzlich mit separaten Gebläsen noch Sekundärluft zugeführt werden. Die Führung der Verbrennungsluft relativ zu den Abfällen und ihre Verteilung im Feuerraum beeinflussen dabei entscheidend den Grad des Ausbrands.

Bei der Verbrennung fallen ca. 4000 bis 5000 m^3 Rauchgase pro t eingesetzte Abfälle mit Temperaturen um 1000 °C an, die vor Eintritt in den elektrostatischen Entstauber als erste Stufe der *Rauchgasreinigung* auf weniger als 350 °C abzukühlen sind. Die bei dieser Abkühlung von 1000 auf 350 °C und bei weiterer Temperaturabsenkung auf etwa 250 °C freigesetzte Wärme kann zur Erzeugung von Heißwasser, hochgespanntem Dampf für Fernheizzwecke oder zur Verstromung und/oder zur Vorwärmung der Verbrennungsluft in Verbrennungsanlagen mit Wärmenutzung rekuperiert werden. Die Abkühlung kann durch

□ Zumischen von Kaltluft zu den Rauchgasen,
□ direktes Eindüsen von Wasser in den Rauchgasstrom,
□ indirekten Wärmeaustausch der Rauchgase mit Wasser zur Heißwasser- oder Dampferzeugung (Ekonomiser),
□ indirekten Wärmeaustausch der Rauchgase mit Luft zur Verbrennungsluftvorwärmung (Rekuperator)

vorgenommen werden. (Geht man von einer mittleren spezifischen Wärme der Rauchgase von etwa 1,34 kJ/($m^3 \cdot$ K) aus, entsteht je t Abfälle bei der Rauchgaskühlung von 1000 auf 350 °C eine nutzbare Wärme von etwa 3,5 bis 4,4 Mio. kJ. Mit dieser Nutzwärme können beispielsweise etwa 1,5 bis 2 t Dampf erzeugt werden.)

Bei Müllverbrennungsanlagen, in denen die Verbrennungs- und Rauchgaswärme zur Erzeugung elektrischer Energie genutzt wird, fällt im *Dampferzeugungsteil* der Anlage hochgespannter Heißdampf an. Dieser Heißdampf entspannt in einer mit dem Stromgenerator gekoppelten Turbine, kondensiert in wasser- oder luftgekühlten Kondensatoren und läuft im geschlossenen Kreislauf als Kondensat dem Dampferzeuger wieder zu. Das Kesselspeisewasser dieses Dampf-Kondensat-Kreislaufs wird in einer separaten Aufbereitungsstation gewonnen.

Der Wirkungsgrad für die Verstromung liegt in Verbrennungsanlagen für unsortierten Hausmüll bei etwa 15%.

Die gekühlten Rauchgase werden in einer nachgeschalteten *Rauchgasreinigungsanlage* auf gemäß der TA Luft zulässige Grenzwerte ihrer Schadstoffkomponenten gereinigt: in einer elektrostatischen Entstaubungsstufe wird der größte Teil des Flugstaubs der Rauchgase festgehalten, nachgeschaltete Ab- oder Adsorber sorgen für Feinentstaubung und Reduktion der Anteile der Schadgase Schwefeldioxid, Stickoxide, Chlorwasserstoff usw. Bei der absorptiven «nassen» Gasreinigung werden dabei die Feinststäube mit flüssigen Lösungsmitteln wie beispielsweise Wasser in Kolonnenabsorbern oder speziellen Wäschern ausgewaschen und die Schadgase partiell herausgelöst. Bei der adsorptiven «trockenen» Gasreinigung nehmen meist in Behälteradsorbern vorgelegte feste Adsorbentien wie Aktivkoks, gebrannter Kalk (CaO) physi- oder chemisorptiv die Schadgase teilweise auf. Sowohl bei der absorptiven wie auch der adsorptiven Rauchgasreinigung ist eine Aufbereitung der mit Schadstoffen beladenen Sorbentien vorzusehen (siehe auch Abschnitt 10.1.2).

Die entstaubten und sorptiv gereinigten Rauchgase verlassen, gefördert von *Saugzuggebläsen,* über definierte Rauchgaskanäle und einen *Kamin* die Verbrennungsanlage.

Zur Verdeutlichung von Art und Menge der bei einer Verbrennung von Hausmüll erhaltenen Verbrennungsrückstände und der zu ihrer Behandlung benötigten Hilfsstoffe gibt *Bild 10.6* einige Anhaltswerte.

Bild 10.7 veranschaulicht die Massen- und Wärmeströme für eine Abfallverbrennungsanlage mit einem Durchsatz von 10,18 t Müll/h [10.9, Bd. 2].

Tabelle 10.3 stellt die Auslegungsdaten des Müllheizkraftwerks Essen-Karnap als Betriebsbeispiel einer Müllverbrennungsanlage mit Energienutzung vor (s. a. *Bild 10.3*).

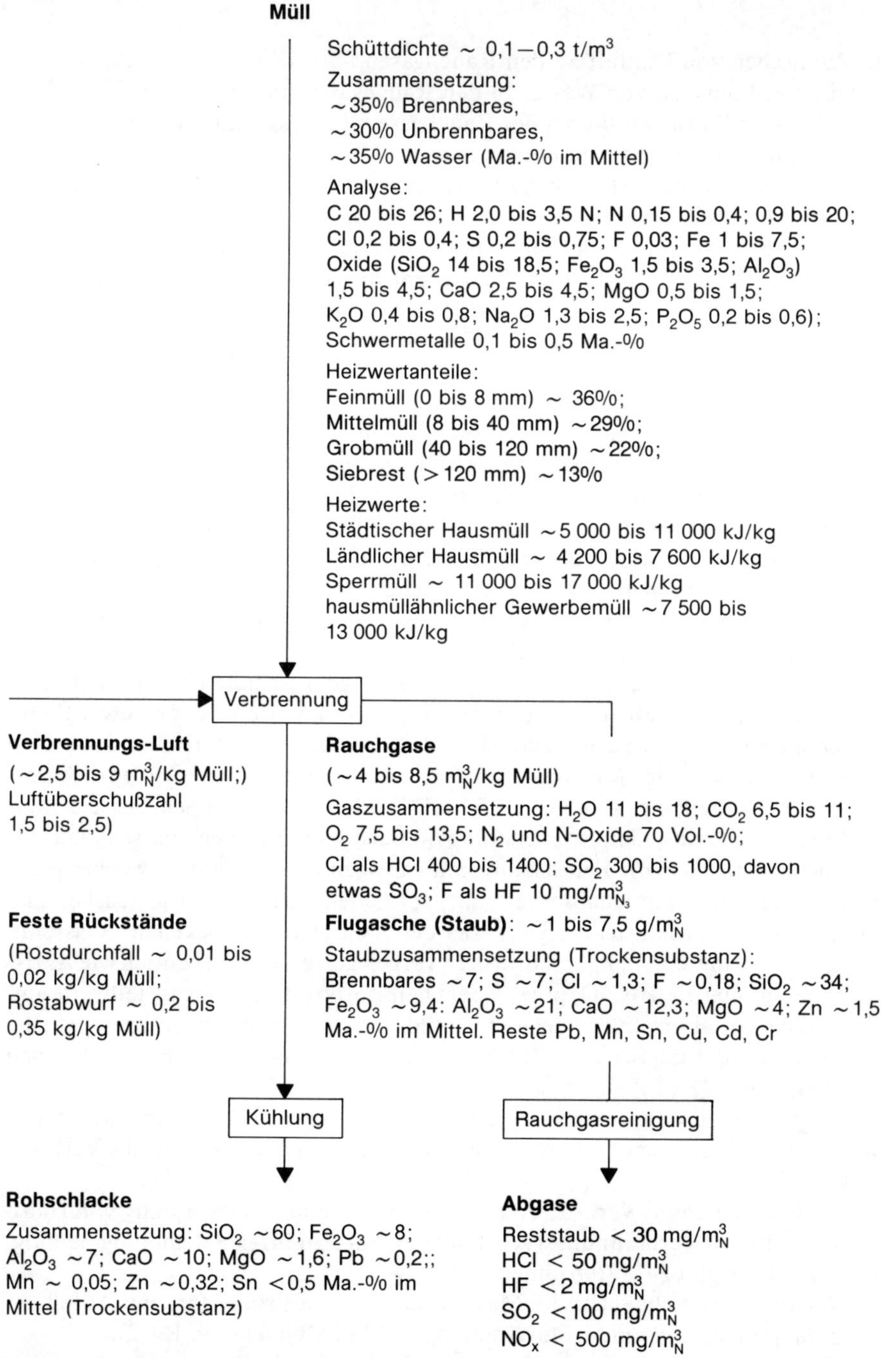

Bild 10.6 Art, Eigenschaften, Zusammensetzung und Menge von Müll und seinen Verbrennungsrückständen (Bilanzierungsschema mit Zusatzdaten)

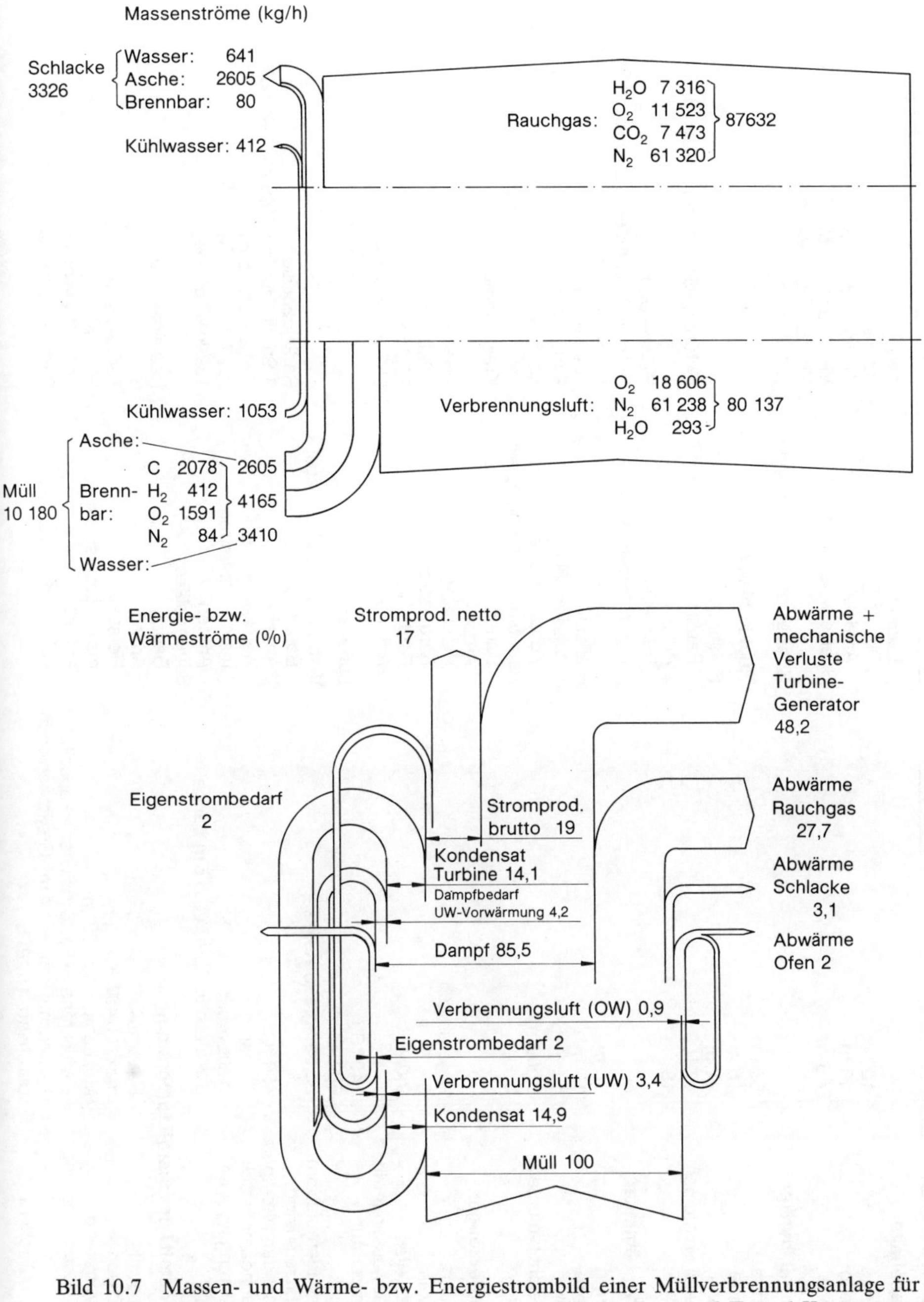

Bild 10.7 Massen- und Wärme- bzw. Energiestrombild einer Müllverbrennungsanlage für einen Mülldurchsatz von ca. 10 t/h und Stromgewinnung (Darstellung nach THOMÉ-KOZMIENSKY und WIDMER [10.9])

Tabelle 10.3 Auslegungsdaten des Müllheizkraftwerks Essen-Karnap als Beispiel für eine Müllverbrennungsanlage mit Energienutzung

Entladehalle	
Länge	100 m
Breite	40 m
Höhe	7,5 m
Hausmüllbunker	
Länge	65 m
Breite	15 m
Höhe	31 m
Speichervolumen	17 100 m³
Tore	13
Sperrmüllbunker	
Länge	15 m
Breite	15 m
Höhe	14 m
Speichervolumen	2 500 m³
Tore	3
Dampferzeuger	
Bauart	Naturumlauf
Anzahl	3
Hersteller	VKW
Speisewassereintritt:	
Temperatur	140 °C
Druck	60 bar
Frischdampfstrom	56,65 kg/s (3 Kessel)
Überhitzeraustritt:	
Frischdampftemperatur	400 °C
Frischdampfdruck	41 bar
Feuerungssystem	Walzenrost 6 Walzen je 1,5 m ∅, 5,5 m Länge
Brennstoff / Brennstoffaufbereitung	
Brennstoff	Hausmüll
Heizwert	max. 10 467 KJ/kg
Bevorratung	Müllbunker / 17 100 m³
Brennstoffförderung	2 Müllkräne mit je 8 m³ Greiferkapazität 1 Sperrmüllkran mit 4 m³ Greiferkapazität
Sperrmüllschere	Durchsatz 15 t/h
Leistung	120 m³/h
Druck	80 bar
Antrieb	E-Motor, 355 kW
Speisewasseraufbereitung	VE-Anlage, 30 t/h Kondensatreinigung 2 × 100 t/h
Speisewasservorwärmung	ND-Vorwärmer
Rückkühlanlage	
Kühlturm:	
Bauart	Naturzug-Gegenstrom-Naßkühlturm
Anzahl	1
Hersteller	Balcke-Dürr
Durchmesser/Höhe	Schalendurchmesser 28,5 m Höhe ca. 43 m
abzuführende Wärmemenge	104,5 MJ/s
Wasserumlaufstrom	6400 m³/h
Kühlzonenbreite	norm. 14 °C
Hauptkühlwasserpumpen:	
Bauart	Kreiselpumpe
Anzahl	2
Hersteller	Halberg
Förderstrom	3 500 m³/h
Förderhöhe	25,2 m WS
Antrieb	355 kW elektrisch
Luftweg	
Verbrennungsluftgebläse:	
Bauart	Radialgebläse
Anzahl	3 Stück Primär / 3 Stück Sekundär
Hersteller	Turbo-Lufttechnik
max. Förderstrom	je 27,7/11,1 m³/s
Antrieb	132 kW/160 kW
Sauggebläse:	
Bauart	Radialgebläse
Anzahl	3
Hersteller	Turbo-Lufttechnik
max. Förderstrom	75,5 m³/s
Antrieb	540 kW elektrisch
Luftvorwärmung	Dampf-Luvo (nach Bedarf)

Turbine	
Bauart	zweihäusige Anzapf-Entnahme-Kondensationsturbine
Anzahl	1
Hersteller	AEG-Kanis
Drehzahl	3000 min^{-1}
Dampfzustände:	
Temperatur	395 °C
Druck	39 bar
Leistung (Bestlast)	43,48 MW
Anzapfungen	3, davon 2 für Fernwärmeversorgung
Entnahmen	1 für Fernwärmeversorgung
Generator	
Bauart	Drehstrom-Synchron-Generator
Anzahl	1
Hersteller	AEG-Kanis
Leistung	43,48 MW/54,34 MVA
Spannung	10,5 kV
Leistungsfaktor	0,8
Kühlung	Luft
Kondensator	
Bauart	wassergekühlter Oberflächenkondensator (horizontal)
Druck (absolut)	0,12 bar
Kühlwasserstrom	1780 kg/s
Dampf/Wasser-Kreislauf	
Dampfsammelschiene	
Speisewassersammelschiene	
Kesselspeisepumpen:	
Bauart	7stufige Horizontal-Kreiselpumpe
Anzahl	3
Hersteller	Halberg

Entaschung	
Schlackenabzug	über Naßentschlacker (Preßkolbenentschlacker)
Rostaschebunker	
Länge	60 m
Breite	5,2 m
Tiefe	10 m
Fassungsvermögen	ca. 3000 m^3
Aschetransport	2 Aschekräne mit je 4 m^3 Greiferkapazität
Entstaubung	
System	Elektrofilter/Wäscher
Hersteller	Deutsche Babcock Anlagenbau (DBA)
zulässige Emission	30 mg/m^3 (i. Nf. 11 % O_2)
Schornstein:	
Höhe	200 m
Rauchgaswaschanlage	
System	Sprühwäscher
Kapazität	100 %
zulässige Emission	100 mg/m^3 (i. Nf. 11 % O_2) SO_2 30 mg/m^3 (i. Nf. 11 % O_2) HCl 3 mg/m^3 (i. Nf. 11 % O_2) HF
Elektrische Anlage	
Maschinentransformator:	
Nennleistung	55 MVA
Nennübersetzung	10,5/110 kV
Wartenausrüstung	Kleinwartentechnik H & B
Leittechnik	Procontrol P von ABB
Anfahrtransformator:	
Nennleistung	15 MVA
Nennübersetzung	110/6 kV
Eigenbedarfstransformator:	
Nennleistung	15 MVA
Nennübersetzung	10,5/6 kV

(Darstellung nach O. SCHNEIDER [10.10])

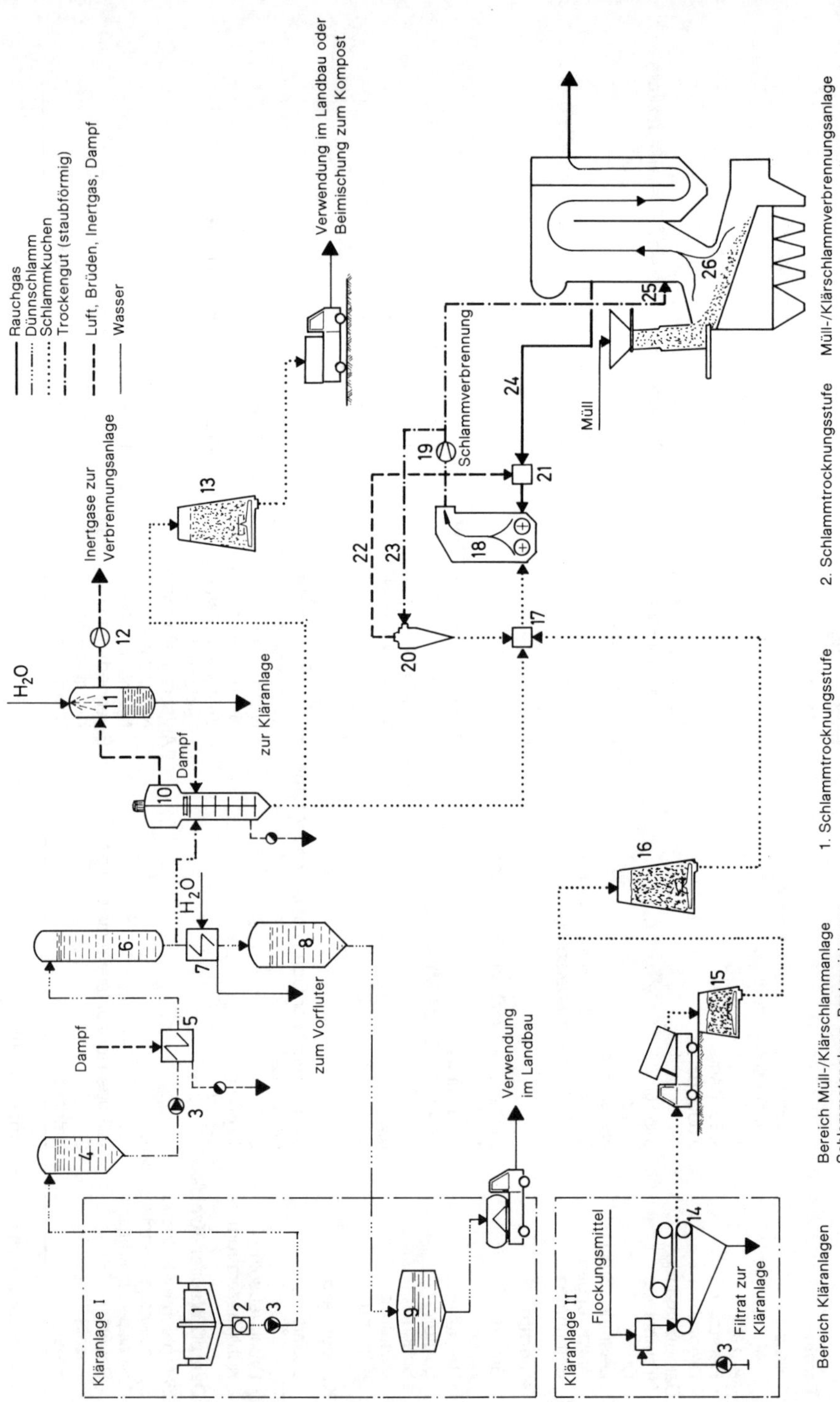

Rauchgas
Dünnschlamm
Schlammkuchen
Trockengut (staubförmig)
Luft, Brüden, Inertgas, Dampf
Wasser
Kläranlage I
Kläranlage II
Flockungsmittel
Filtrat zur Kläranlage
Verwendung im Landbau
zum Vorfluter
Dampf
H_2O
zur Kläranlage
Inertgase zur Verbrennungsanlage
Verwendung im Landbau oder Beimischung zum Kompost
Schlammverbrennung
Müll
1
2
3
4
5
6
7
8
9
10
11
12
13
14
15
16
17
18
19
20
21
22
23
24
25
26
Bereich Kläranlagen
Bereich Müll-/Klärschlammanlage Schlammstapelung, Pasteurisierung
1. Schlammtrocknungsstufe
2. Schlammtrocknungsstufe
Müll-/Klärschlammverbrennungsanlage

▲ Bild 10.8 Schematisches Fließbild einer Klärschlammaufbereitung und -verbrennung zusammen mit Müll (Darstellung nach Unterlagen der Fa. Vereinigte Kesselwerke AG, Düsseldorf)

1 Eindicker
2 Schlammzerkleinerer
3 Schlammpumpe
4 Rohschlammvorlage
5 Schlammaufwärmung
6 Schlammreaktor
7 Schlammkühler
8 Schlammvorlage
9 Schlammstapelbehälter
10 Dünnschicht-Verdampfer
11 Einspritzkondensator
12 Inertgasabsaugung
13 Schlammkuchen-Stapelbehälter
14 Siebbandpresse
15 Schlammkuchen-Übernahmebehälter
16 Schlammkuchen-Stapelbehälter
17 Schlammischeinrichtung
18 Mahltrockner
19 Hauptgebläse
20 Trockengutabscheider
21 Gasmischeinrichtung
22 Brüden- und Förderluftleitung
23 Trockengut-Rückführung
24 Rauchgas-Rücksaugung
25 Trockengut-Einblasung
26 Müllfeuerung

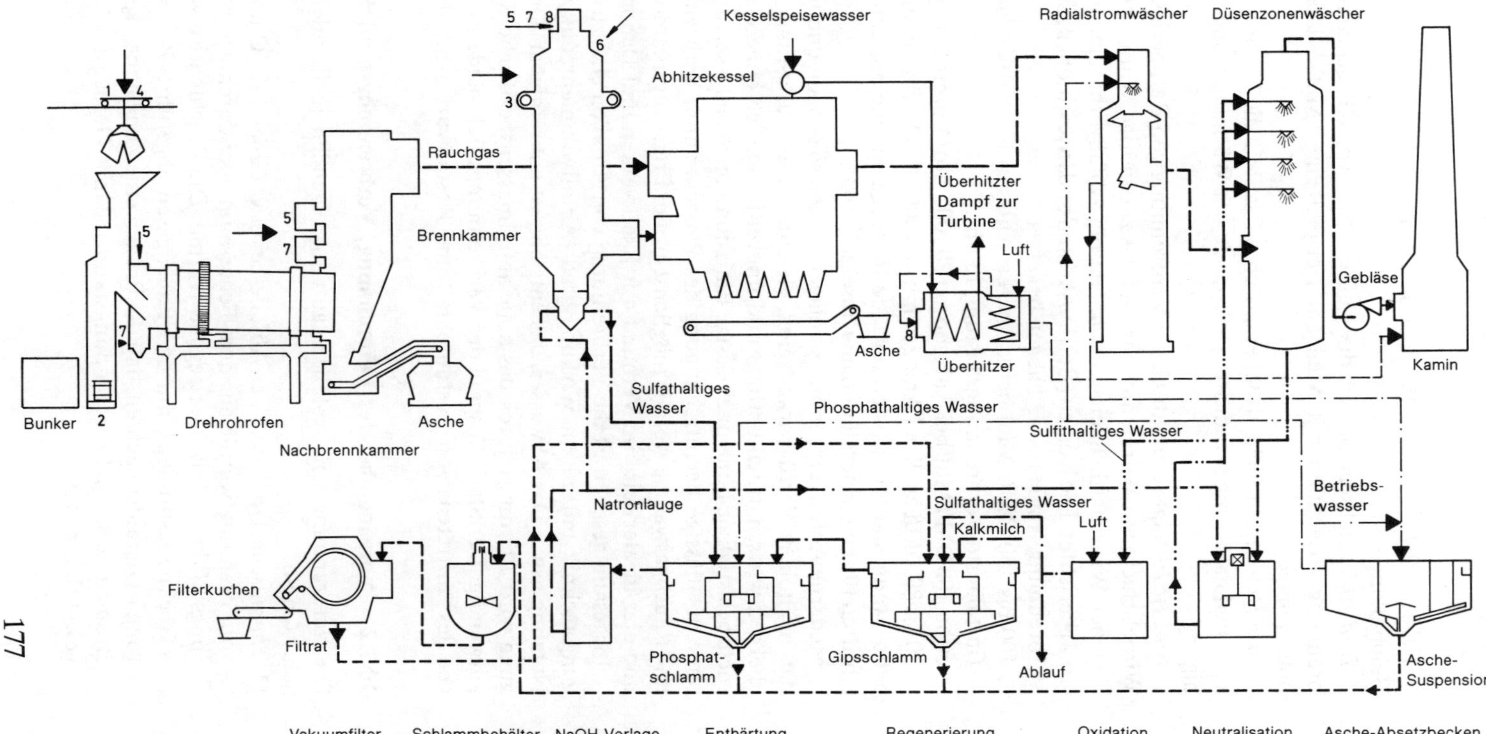

Bild 10.9 Schematisches Fließbild einer Anlage zur kombinierten Verbrennung fester, flüssiger und gasförmiger Rückstände (Darstellung nach Unterlagen der Fa. Lurgi GmbH, Frankfurt/Main)

Durchsätze: 1 Feste Abfälle, 2 Faßaufgabe, 3 Flüssige Rückstände, 4 Schlämme, 5 Abluft aus Produktionsräumen und Tanklagern, 6 Stickstoff aus Tankanlagen

Energien: 7 Heizöl, 8 Kokereigas

Tabelle 10.4 gibt eine Übersicht über verschiedene Verbrennungssysteme zur Behandlung von Schlämmen.

Bild 10.8 zeigt schematisch die Aufbereitung von Klärschlamm und seine Verbrennung zusammen mit Müll am Beispiel einer Müll-/Klärschlammverbrennungsanlage.

Bild 10.9 verdeutlicht als schematisches Fließbild die Verbrennung fester, flüssiger und gasförmiger Industrierückstände mit Wärmenutzung und Rauchgasreinigung.

Bild 10.10 zeigt schematisch die Verbrennung von Raffinerieschlämmen in der Wirbelschicht mit Wärmenutzung und das zugehörige Wärmestrombild.

(Über Wirtschaftlichkeitsrechnungen bei Abfallverbrennungsanlagen wird in [10.4] berichtet. Die Kosten (Betriebskosten und Investitionen, Stand 1987) für die Verbrennung von Hausmüll liegen bei etwa

- □ 100 bis 150 DM/t Müll bei kleineren Anlagen bis 100 000 jato Mülldurchsatz (installierte Verbrennungsleistung 15 t/h),
- □ 60 bis 100 DM/t Müll bei Anlagen mit 200 000 jato (Verbrennungsleistung 30 t/h),
- □ 30 bis 80 DM/t Müll bei Anlagen mit 400 000 jato (Verbrennungsleistung 60 t/h)

netto, wenn man die Kosten für eine Rauchgaswäsche mit einbezieht und Gutschriften für eine Energienutzung absetzt, [10.3]).

Moderne Abfallverbrennungsanlagen sollten so geplant und betrieben werden, daß bei hohem Verfügbarkeitsgrad, gleichmäßiger Auslastung, hoher Betriebssicherheit wirtschaftlich optimal und umweltfreundlich ohne Geräusch- und Geruchsbelästigung, ohne unzulässige Emission von Schadgasen und Feinstaub und ohne unzulässige Beeinträchtigung des Wassers durch Verbrennungsrückstände und Rauchgaswäsche Abfälle möglichst großer Erfassungsräume beseitigt werden, und dies idealerweise im Verbund mit Kraftwerken und Deponien.

Insgesamt gesehen ist die Verbrennung von Abfällen eine zuverlässige Beseitigungstechnik mit gutem Wirkungsgrad (Abfallvolumenreduktion, energetische Nutzung usw.). Das Abwasser, das entsteht, ist gut reinigbar. Die Rauchgasreinigung wird allerdings durch das hohe abfallmassenspezifische Rauchgasvolumen aufwendig. Der Sterilitätsgrad der Verbrennungsrückstände ist hoch, jedoch wegen des Auftretens von Rostdurchfall und Rostabwurf nicht absolut.

10.1.2 Vorgänge bei der Verbrennung, Verbrennungsprodukte

Die Verbrennung von Abfällen läuft in folgenden ineinander übergreifenden Schritten ab:

- □ *Thermische Trocknung* der Abfälle bei etwas über 100 °C unter der Wirkung von Strahlungswärme aus dem Feuerraum oder durch vorgewärmte Verbrennungsluft konvektiv übertragene Wärme. Die Feuchte wird verdampft und als «Trocknungsbrüden» mit den Rauchgasen abgeführt. Bei der Rauchgasführung ist darauf zu achten, daß die Brüden eine Zone hoher Temperatur durchströmen (z.B. Nachverbrennungsraum), damit Geruchsfreiheit und Sterilität gewährleistet sind.

Tabelle 10.4 Verbrennungssysteme für Schlämme, Darstellung nach Unterlagen der Fa. Lurgi GmbH, Frankfurt/Main

	Ofentyp	Etagenofen ohne Abgasnachverbren.	Etagenofen mit Abgasnachverbren.	Etagenwirbler	Wirbelschichtofen
	Luftüberschußzahl	1,4 bis 1,6	1,4 bis 1,6	1,25	1,4 bis 2*
	Investitions-Kostenrelation	130%	160%**	120%**	100%**
	Betriebs-Kostenrelation	100%	125%**	100%**	125%**
	Ascheaustrag Ofen/Abgas	80/20%	70/30%	0/100%	0/100%
	Ofenleistg. je Einheit bezogen auf H_2O min./max. (t/h)	1,0 bis 12	1,0 bis 12	2,0 bis 16	1,0 bis 12
Schlammart	Schlamm-konditionierung				
Primär- und biologische Schlämme aus Chemieabwasser und Kommunalabwasser	Asche + Kalk + Fe	+	+	+	–
	Kalk + Fe			+	–
	Polymer			+	+ Δ
Rechengut und Sandfanggut	–	+	+	+	+ Δ
ölhaltige Schlämme aus Raffinerieabwasser	–	–	–	–	+
	Polymer	–	–	–	+
Schlämme aus Papier- und Zellstoffabwasser	Polymer	+	+	+	–
öl- und salzhaltige Schlämme, Laugen und Abfallsäuren	–	–	–	–	+
Altöle, Abfall-Lösemittel, Ölemulsionen	–	–	–	+	+

* die Luftüberschußzahl resultiert hier aus der Wirbelgeschwindigkeit/H_2O-Verdampfung
** einschl. Wärmetauscher zur Verbrennungsluftvorwärmung
Δ nur bei geringer spezifischer Leistung einsetzbar

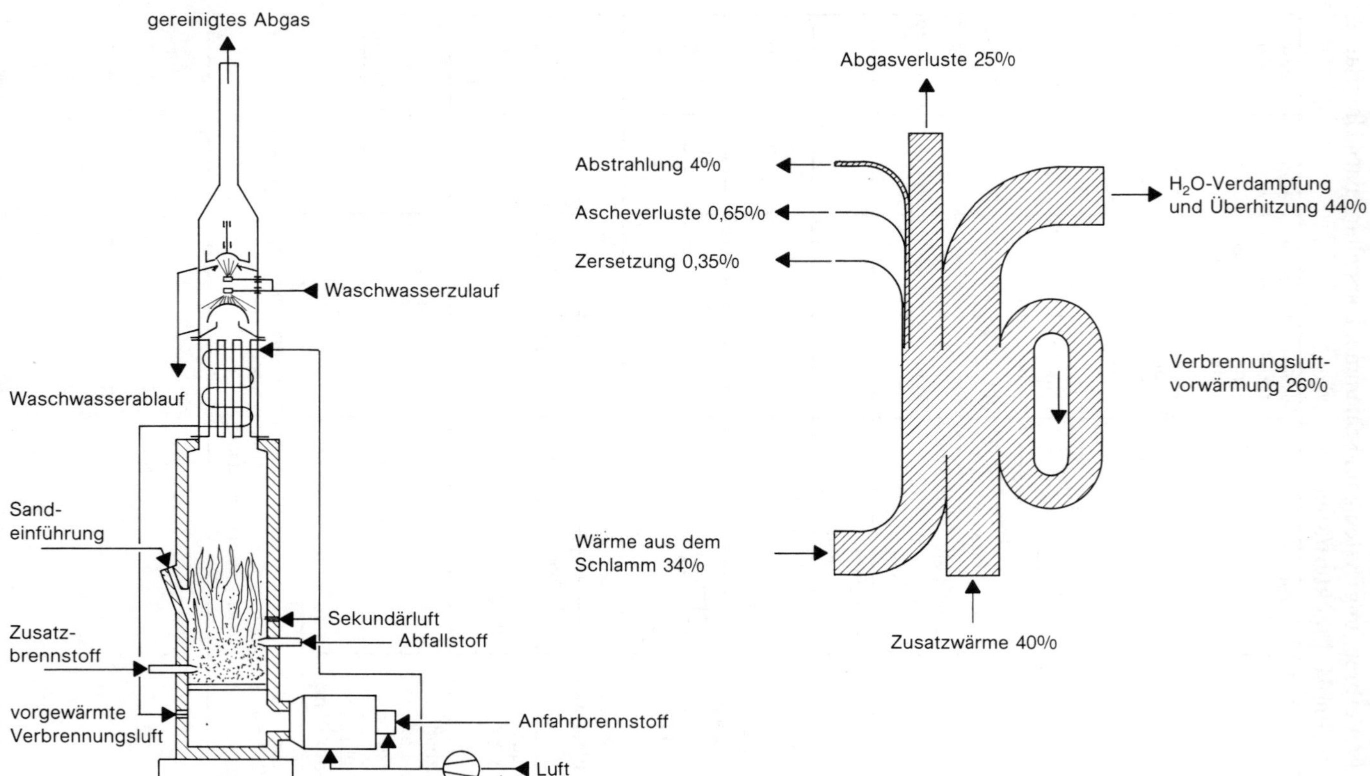

Bild 10.10 Schematisches Fließbild einer Wirbelschicht-Verbrennungsanlage für Raffinerieschlämme mit zugehörigem Wärmestrombild (Darstellung nach Unterlagen der Fa. Lurgi GmbH, Frankfurt/Main)

- ☐ *Durchwärmung, Wandlung, Entgasung* im Temperaturbereich von etwa 250 bis 600 °C. Aus der Abfallschicht treten flüchtige Schwelgase unter Wärmezufuhr durch Strahlung aus dem Feuerraum oder durch Heißluft bzw. im Gegenstrom geführte Rauchgase aus.
- ☐ *Zündung und Verbrennung* flüchtiger Anteile bei etwa 500 °C.
- ☐ *Durchwärmen* des Brennstoffbettes mit Schwelgasaustrieb und Aufkohlung sowie teilweiser Gasverbrennung im Temperaturbereich von etwa 500 bis 800 °C. Brennstoffbett in Bewegung.
- ☐ *Abbrand,* d.h. Vergasen und Verbrennen der Aufkohlungsprodukte und des Kokses bei etwa 1000 °C im stark bewegten Brennstoffbett.
- ☐ *Ausbrand* des Restkohlenstoffs in der Asche bei hohem Luftüberschuß und bei Temperaturen bis maximal 1100 °C.

Die Trocknungs- und Entgasungszone beanspruchen fast die Hälfte der verfügbaren Rostlänge. Die bei der Entgasung freigesetzten flüchtigen Komponenten müssen durch Verwirbeln gut mit der Verbrennungsluft gemischt werden, um Strähnenbildung zu vermeiden und kurze Ausbrennwege zu erhalten.

Für die *Vergasung* und *Verbrennung* von Kohlenstoff und seiner brennbaren Verbindungen sowie die Oxidation von anderen Abfallbestandteilen sind folgende stöchiometrische Gleichungen zugrunde zu legen als Basis für Verbrennungsluftbedarfsrechnung, Bestimmung von Rauchgasmenge und -zusammensetzung und kalorische Rechnungen:

$$C + {}^1\!/_2\, O_2 \rightarrow CO$$
$$CO + {}^1\!/_2\, O_2 \rightarrow CO_2$$
$$C + O_2 \rightarrow CO_2$$
$$C + H_2O_g \rightarrow CO + H_2$$
$$H_2 + {}^1\!/_2\, O_2 \rightarrow H_2O_g$$
$$C_mH_n + (m + {}^n\!/_4)\, O_2 \rightarrow m\, CO_2 + {}^n\!/_2\, H_2O_g$$
$$S + O_2 \rightarrow SO_2.$$

Eine stöchiometrisch vollständige Verbrennung führt also zu den Restabbauprodukten Kohlendioxid, Wasser, Schwefeldioxid usw. Diese vollständige Verbrennung wird durch optimale Anpassung des Verbrennungssystems an die Art der Abfälle, günstige Gestaltung des Feuerraums und der Ausbrennwege und durch Verbrennungsluftüberschuß angestrebt. Eine unvollständige Verbrennung führt zu umweltbelastenden Schadstoffen wie Kohlenmonoxid, unverbrannten Kohlenwasserstoffen und Ruß.

Die zur stöchiometrisch vollständigen Verbrennung der Abfälle benötigte Mindestmenge an Verbrennungsluft, der *«Mindestluftbedarf»* ist mit der folgenden Gleichung berechenbar, wenn die Massenanteile w_C des Kohlenstoffs, w_H des Wasserstoffs, w_S des Schwefels und w_O des Sauerstoffs der Abfälle bekannt sind:

$$m_{L,min} = 8{,}88 \cdot w_C + 26{,}44 \cdot w_H + 3{,}32 \cdot w_S - 3{,}33 \cdot w_O \qquad [m_N^3 \text{ Luft/kg Müll}]. \tag{10.3}$$

Tabelle 10.5 Einfluß der Erfassung von Wertstoffen nach verschiedenen Systemen auf den Heizwert des Restmülls

		Altpapier- + Altglas-Sammlung			Bring-Container*		Grüne Tonne*				Grüne Tonne + Biotonne*		Theoretische Ansätze			
Erfassungsquoten in %	Papier/Pappe (20)	20	40	60	20	35	45	55	45	55	45	55	100	100	100	100
	Fe-Metalle (4)	–	–	–	25	35	80	80	80	80	80	80	–	–	100	100
	Glas (10)	35	35	45	30	45	40	40	40	40	40	40	–	100	100	100
	Kunststoffe (7)	–	–	–	–	–	–	–	50	60	50	–	–	–	–	100
	Vegetabilien (40)	–	–	–	–	–	–	–	–	–	50	60	–	–	–	100
Mengenreduktion des Hausmülls in Gew.-%		7,5	11,5	16,5	8,0	12,9	16,2	18,2	19,7	22,4	39,7	42,2	20	30	34	81
Veränderung des Heizwertes in %		+ 0,5	– 3,0	– 5,6	+ 1,0	+ 0,6	+ 0,4	– 1,5	– 8,1	– 12,1	+ 4,9	+ 17,4	– 19,1	– 7,6	– 2,0	+ 20,7

Klammerwerte = Gehalte im Rohmüll (Gew.-%)

* Erfassungsquoten abzüglich Sortierverluste

Annahme: Heizwert H_u in kJ/kg
für Rohmüll 8 500
gem. Altpapier 15 000
gem. Kunststoffe 25 000
Vegetabilien 4 500

(Darstellung nach Barniske [10.3])

In der Regel ist die Analyse der Abfälle in der benötigten Form nicht vorhanden. Der Mindestluftbedarf $m_{L,min}$ läßt sich dann mit folgender Beziehung abschätzen:

$$m_{L,min} = 0{,}24 \cdot \frac{H_u + 2303}{1000} \quad [m_N^3/kg]. \tag{10.4}$$

Der untere Heizwert H_u der Abfälle ist in kJ/kg einzusetzen.

(Für die Energierückgewinnung ist der Einfluß der getrennten Sammlung von Wertstoffen, insbes. von Papier, Pappen u. ä. auf den Heizwert von Interesse. *Tabelle 10.5* zeigt den Einfluß der Wertstofferfassung aus Hausmüll auf den Heizwert des Restmülls [10.3]).

Der *tatsächliche Luftbedarf* m_L ist dann

$$m_L = \lambda \cdot m_{L,min} \tag{10.5}$$

mit λ als der Luftüberschußzahl, die mit etwa 1,5 bis 2,5 zu wählen ist, angepaßt an das Verbrennungssystem, die Verbrennungseigenschaften der Abfälle, die Luftdosierung und -vorwärmung usw. Bei Rostfeuerungen arbeitet man mit Luftüberschußzahlen von etwa 1,8 bis 2,0, bei Drehrohröfen mit etwa 2,0 bis 2,5 und bei Wirbelschichtfeuerungen mit etwa 1,1 bis 1,2.

Die Menge der bei der Verbrennung entstehenden Rauchgase läßt sich exakt mit Hilfe der stöchiometrischen Verbrennungsgleichungen bestimmen, wenn die Abfallanalyse gegeben ist und die Luftüberschußzahl festliegt. Man kann die *Rauchgasmenge* m_R auch mit der folgenden Beziehung abschätzen

$$m_R = 1{,}17 + 0{,}22 \cdot \frac{H_u + 2303}{1000} + (\lambda - 1) \cdot m_{L,min} \quad [m_N^3 \text{ Rauchgas/kg Müll}] \tag{10.6}$$

Die Rauchgasvolumina liegen gemäß VDI-Richtlinie 2114

- □ bei Heizwerten um 5000 kJ/kg bei 4,2 bis 5,3,
- □ bei Heizwerten um 7500 kJ/kg bei 4,7 bis 6,3,
- □ bei Heizwerten um 10 000 kJ/kg bei 6,8 bis 8,5 m_N^3/kg Müll.

Erhöhte Kunststoffanteile im Müll erfordern lange Brennwege. Die Kunststoffe schmelzen unter Wärmezufuhr und neigen zum Verkleben der Roste. Man bevorzugt daher zu ihrer Verbrennung rostlose Feuerungssysteme wie beispielsweise den Drehrohrofen mit hohen Feuerraumtemperaturen. Außer Polyvinylchlorid sind die gängigsten Kunststoffe reine Kohlenwasserstoffe, die problemlos verbrennen. Ein Schwelen oder unvollständiges Verbrennen ist allerdings zu vermeiden, um die Bildung umweltgefährdender Schadgase zu verhindern. Polyvinylchlorid setzt, ähnlich wie im Müll enthaltene Salze (Kochsalz, Streusalz), bei der Verbrennung Chlorwasserstoff frei, der zu Korrosionen im Feuerraum führen kann [2.9].

Bei der im Temperaturbereich von etwa 800 bis 1100 °C durchgeführten Verbrennung von 1 t Müll fallen im Mittel etwa 300 kg Schlacken, 5 kg Grobasche (Kesselasche) und 6000 m_N^3 staubbeladene Rauchgase an (Abschnitt 10.1.1 und

Tabelle 10.6 Rückstände und Rauchgase bei der Verbrennung von Hausmüll. Mengen und Inhaltsstoffe

□ *Feste Rückstände*

Rückstand[1]	Spezifischer Anfall (in kg/t Abfall)
Schlacke (Rostabwurf, Rostdurchfall, Flugasche aus den Kesselzügen)	250–350
Filterstaub aus der Rauchgasentstaubung	10–40
Rückstände aus der Schadgasabscheidung	
– Naßverfahren	5–12
– Trockenverfahren (ohne Staub)	10–40
– Trockenverfahren (mit Staub)	30–70

□ *Verteilung von Elementen in Müll, Schlacke, Flugstaub und Rauchgas*[5]

		Input	Output		
Element		Müll g/kg	Schlacke %	Staub %	Gas %
Kohlenstoff	C	260	1,0	0,5	98,5
Schwefel	S	5	35	25	40
Fluor	F^-	0,2	35	40	25
Chlor	Cl^-	7	10	20	70
Eisen	Fe	70	99	1	–
Kupfer	Cu	0,4	90	10	–
Zink	Zn	1,0	50	50	–
Blei	Pb	0,8	60	40	–
Cadmium	Cd	0,01	10	90	–
Quecksilber	Hg	0,004	–	25	75

[1] Darstellung nach Barniske [10.3]
[2] Darstellung nach Reimann [10.11]
[3] Darstellung nach Vogg [10.12]
[4] Darstellung nach Blume, Brune [10.13]
[5] Darstellung nach Unterlagen der Fa. Deutsche Babcock Anlagen AG, Geschäftsbereich Umwelttechnik

☐ *Zusammensetzung von Abgasen aus der Abfallverbrennung*[1]

Gasinhaltsstoffe	ungereinigtes Abgas	gereinigtes Abgas (Grenzwerte nach TA Luft 1986)
H_2O	10–18	
CO_2	6–12	
O_2	7–14	
	Vol %	
SO_2	200–800	100
NO_x	200–400	500
CO	50–600	100
HCl	400–1500	50
HF	2–20	2
organische Stoffe		20
Staub	2000–15 000	30
Staubinhaltsstoffe		
Klasse I		0,2
Klasse II		1,0
Klasse III		5,0
	mg/m^3	mg/m^3

☐ *Schwermetallgehalte von Elektrofilterstäuben* (Beispiel: Müllverbrennungsanlage Bamberg)[2]

Inhaltsstoffe	Konzentration (in mg/kg Trockensubstanz)	Laugungsgrad[3] (bei Wäsche mit saurer Waschlösung (pH 4) in %
Fe	2200–33 000	
Zn	9000–21 000	50
Pb	4100–6 400	5
Cu	730–1550	10
Sb	290–1050	3
Cd	100–500	85
Ni	70–300	
Cr	150–280	
Hg	1,5–19	

☐ *Anteile an polychlorierten Dibenzodioxinen (PCDD) und polychlorierten Dibenzofuranen (PCDF)*[4] im Flugstaub nach Müllverbrennungsanlagen: insgesamt ca. 100 ppb (100 ng/g)

Tabelle 10.6). Die *Schlacke* besteht hauptsächlich aus den mineralischen Müllanteilen wie Glas, Schrott, Feinmüll etc. und aus der Asche der organischen Substanz. Sie enthält in der Regel nur noch schwerlösliche Schadstoffe und ist, ggf. nach einer Wäsche, während der Abkühlung, als Recyclingprodukt und Ersatz für Sand und Kies wieder einsetzbar. Die *Rauchgase* enthalten neben Überschußluft und den «normalen» Verbrennungsprodukten Kohlendioxid und Wasserdampf Flugstaub und je nach Abfallzusammensetzung wechselnde Anteile an Schadgasen wie Schwefeldioxid, Stickoxide, Chlor- und Fluorwasserstoff, geringe Mengen an Schwermetallen und Spuren an toxischen chlorierten Kohlenwasserstoffen *(Tabelle 10.6)*. Je höher die Verbrennungstemperatur ansteigt, desto mehr Schwermetalle gelangen gasförmig in das Rauchgas, besonders das leicht flüchtige Quecksilber. Die Schwermetalle rekondensieren teilweise in Zonen niedriger Temperatur und lagern sich an Grobasche und Flugstaub an. Reste verbleiben im Abgas.

Um den Schadstoffausstoß in die umgebende Atmosphäre zu begrenzen, sind die Rauchgase zu entstauben und von Schadgasen weitestgehend zu befreien. Die *Rauchgasreinigung* kann naß, quasitrocken oder trocken erfolgen *(Tabelle 10.7)*; in den bei ihrer Durchführung anfallenden Reststoffen (Salze, Mischprodukte, Schlämme etc.) sind die Schadstoffe – auch die Schwermetalle – hochkonzentriert einzubinden. *Bild 10.11* zeigt schematisch ein typisches Beispiel einer Rauchgasreinigungsanlage. Die *Stäube* aus der Rauchgasentstaubung werden, ggf. nach Auslaugung mit saurem Waschwasser, in Spezialdeponien abgelagert. Möglicherweise läßt sich künftig Flugasche aus Müllverbrennungsanlagen ähnlich aufbereiten wie

Tabelle 10.7 Übersicht über Verfahren zur Rauchgasreinigung und ihre Bewertung

Verfahren / Kriterien	Naßabsorptions-Verfahren	Kondensationswäsche	Sprühsorptions-Verfahren	Trockensorptions-Verfahren	Trocken-Alkali-Verfahren	Trocken-additiv-Verfahren	Aktiv-Koks-Verfahren
Entstaubung	–	–	++	++	++	++	++
Entschwefelung	+	○	+	○	+	––	++
Endproduktentsorgung	–/○	–	○	+	––	–	++
Verfügbarkeit	○	○	○	○	+	+	+/++
Gesamtkosten	+/–	–/+	+	○	○	+	––
Andere Kriterien	○	+	○	○	○	+	+
Entwicklungsstand	+	+	+	+	–	+	–
Akzeptanz	–	+	+	+	–	+	++
Platzbedarf	+	○	–	–	+	+	–
NO_x-Minderung	–	–	–	–	–	–	++
Wärmerückgewinnung	–	++	–	+	+	+	+
Gesamtbewertung	○	○	+/○	○/+	–	–/+	+

++ sehr gut, + gut, ○ befriedigend, – ausreichend, –– nicht akzeptabel

(Darstellung nach SCHULTESS [10.15])

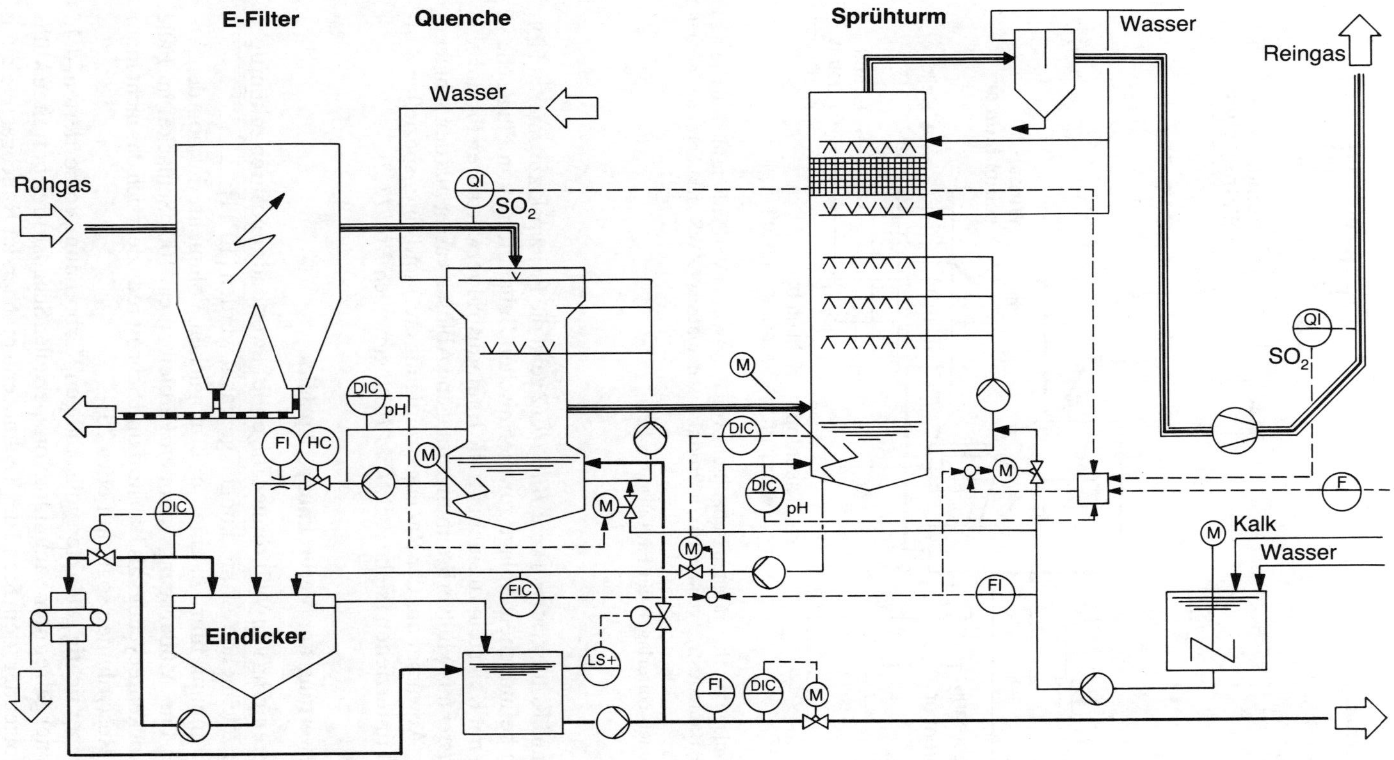

Bild 10.11 Rauchgasreinigungsanlage mit Elektrofilter und zweistufiger Naßwäsche mit Gipsausschleusung (vereinfacht schematisch)
(Darstellung nach Voes [10.14])

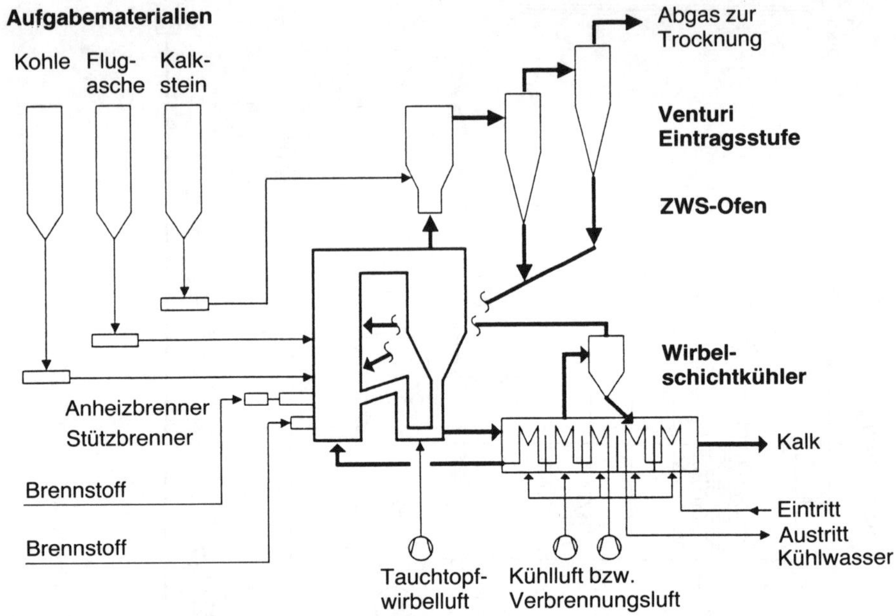

Bild 10.12 Anlage zur thermischen Behandlung von Flugasche in Verbindung mit Kalkstein zu einem für die Bauindustrie verwertbaren Produkt, schematisch (ZWS zirkulierende Wirbelschicht)
(Darstellung nach Unterlagen der Fa. Lurgi GmbH)

eine solche aus Kohlekraftwerken: *Bild 10.12* zeigt die Prinzipskizze einer in Holland im Bau befindlichen Anlage zur thermischen Behandlung von Flugasche in Verbindung mit Kalkstein zu einem für die Bauindustrie verwertbaren Produkt.

Die *Abwässer* aus Müllverbrennungsanlagen (Ablöschwasser aus der Schlackekühlstrecke, Abwässer aus der Rauchgasreinigung etc.) sind einer speziellen Aufarbeitung zu unterziehen (siehe z. B. *Bild 10.8*, ggf. auch *Bild 11.2*).

10.1.3 Bewertung der Verbrennung, Ausblick

Für die Verbrennung von Müll können folgende bewertende und ihren zukünftigen Einsatz kennzeichnende Anmerkungen gemacht werden [10.11]:

- □ Die Verbrennung führt zu einer größtmöglichen Volumenreduktion der Abfälle. Aus 1 m^3 Müllausgangsvolumen verbleiben ca. 100 l Schlacke; im Falle eines Schlackenrecyclings als Baustoff und Schrott reduziert sich das nicht mehr nutzbare Restvolumen sogar auf etwa 20 l.
- □ Im Falle einer richtig gelenkten vollständigen Verbrennung vorsortierten, d. h. in Form einer getrennten Sammlung von speziellen Schadstoffen befreiten Mülls mit nachfolgender, dem Stand der Technik entsprechender Rauchgasreinigung

lassen sich die übrigbleibenden Restschadstoffe den Auflagen entsprechend beseitigen bzw. in kleinen Abfallproduktströmen (ca. 30 bis 80 kg/t Müll an Flugstaub, Neutralisationsschlämmen etc.) anreichern. Eine Nachbehandlung dieser Restschadstoffe könnte ggf. ihre Ablagerung auf Mono- oder sogar Hausmülldeponien erlauben.

- □ Die erzeugte regenerative Energie aus Müll läßt sich bei der Verstromung zu ca. 20 %, bei einer Kombination Verstromung/Fernwärmeerzeugung zu etwa 30 bis 95 % und bei der Dampferzeugung fast vollständig nutzen. Dabei ist auch zukünftig bei getrennter Wertstoffsammlung ein Heizwert > 6000 kJ/kg Restmüll und damit eine selbstgängige Verbrennung zu erwarten.
  (Die kleinste wirtschaftlich sinnvolle Kesselgröße erfordert einen Mülldurchsatz von etwa 6 t/h, die größte einen solchen von 20 t/h. Um eine hohe mittlere Anlagenverfügbarkeit zu erreichen, sind pro Strang mindestens 3 Kessel parallel zu installieren. Bei 7000 Betriebsstunden pro Jahr ergeben sich damit Mülldurchsätze von etwa 100 000 bis 420 000 t/a bei Einstranganlagen. Höhere Durchsätze sind natürlich bei Zwei- und Mehrstranganlagen möglich und ggf. wünschenswert).
- □ Müllheizkraftwerke sind nicht nur Abfallbeseitigungsanlagen, sie dienen insbesondere auch der Abfallverwertung in Form von Energienutzung und Erzeugung rezirkulierbarer Produkte. Sie stellen damit insgesamt eine gute Ergänzung zu getrennten stofflichen Abfallverwertungssystemen im Rahmen integrierter Entsorgungskonzepte dar.

10.2 Pyrolyse

Unter *Pyrolyse*, auch Entgasung, Verkohlung, trockene oder destruktive Destillation, Schwelung und Verkokung genannt, versteht man die thermische Zersetzung organischer Verbindungen ohne Zufuhr von Sauerstoff unter Bildung von Gasen, kondensierbaren Produkten und festen kohlenstoffhaltigen Rückständen.

10.2.1 Grundlagen

Die organischen Verbindungen in Abfällen werden beim Erhitzen instabil und zersetzen sich in einfache flüchtige Zersetzungsprodukte und Koks. *Tabelle 10.8* verdeutlicht diese pyrolytische Zersetzung in Abhängigkeit von der Temperatur. Bei zunehmender Reaktionsdauer und Temperaturen über etwa 500 °C sind nur noch die Elemente C und H sowie einfache Verbindungen wie H_2O, CO, CO_2, CH_4, Diene und Aromaten stabil.

Die Pyrolyse von Polymermaterialien in den Abfällen verläuft in zwei ineinandergreifenden Schritten ab:

- □ primäre Zersetzung, im wesentlichen geprägt durch die Struktur der Polymeren und die gewählten Reaktionsbedingungen (Abspaltung von Seitenketten → H_2O, CO_2, NH_3, HCl, H_2S, CH_4 und andere Aliphaten, thermische Depo-

Tabelle 10.8 Pyrolytische Zersetzung organischer Materialien [10.16]

Temperatur, Temperaturbereich (°C)	Chemische Reaktion
100 bis 120	Thermische Trocknung. Wasserabspaltung (physikalisch)
250	Desoxidation, Desulfurierung; Abspaltung von Konstitutionswasser und Kohlendioxid
	Depolymerisation. Beginn der Abspaltung von Schwefelwasserstoff
340	Bindungsaufbruch aliphatischer Bindungen. Beginn der Abtrennung von Methan und anderen Aliphaten
380	Carburierungsphase (Anreicherung des Schwelguts an Kohlenstoff)
400	Bindungsaufbruch der Kohlenstoff-Sauerstoff- und Kohlenstoff-Stickstoff-Bindungen
400 bis 600	Umwandlung des Bitumenstoffes in Schwelöl bzw. Schwelteer
600	Crackung von Bitumenstoffen zu wärmebeständigeren Stoffen (gasförmige kurzkettige Kohlenwasserstoffe)
>600	Entstehung von Aromaten (Benzolderivaten) nach dem folgenden hypothetischen Reaktionsschema: Olefin-(Ethylen-)Dimerisierung zu Butylen; Dehydrierung zu Butadien; Dien-Reaktion mit Ethylen zu Cyclohexan; thermische Aromatisierung zu Benzol und höher siedenden Aromaten

lymerisierung in Monomere, stochastische Fragmentierung in Kettenbruchstücke unterschiedlicher Länge);

- □ sekundäre Folgereaktionen wie Polymerisation der primären Zersetzungsprodukte zu Teeren.

Bei niedrigen Temperaturen bilden die primären Zersetzungsprodukte teerige Rückstände; ein Teil des Teers wird weiter umgewandelt in Koks und Gase. Bei hohen Temperaturen verläuft die Spaltung intensiver in Richtung auf einen höheren Anteil stabil bleibender primärer Zersetzungsprodukte. Zellulosehaltige Stoffe wie Papier, Pappe, Küchen-, Garten- und Holzabfälle machen den größten Teil des

Tabelle 10.9 Vorgänge und Ergebnisse bei der Schwelung von Holz [10.17]

Temperatur, Temperaturbereich (°C)	Ablaufende Vorgänge	Ergebnisse der Holzschwelung (Ma.-%)	
170	Entfernung von freiem und gebundenem Wasser, Abspaltung geringer Mengen Essigsäure, Kohlendioxid und Kohlenmonoxid	Gas Holzgeist	14,2 bis 16,8 1,6 bis 2,1
170 bis 270	Abspaltung von weiterem Reaktionswasser, Methanol, Essigsäure, Kohlendioxid und Kohlenmonoxid	Essigsäure	3,6 bis 7,7
280	Schnelle Zersetzung unter Bildung von Gasen und Teer	Teer	12,3 bis 16,2
380	Nachheizung der Rückstände mit Bildung geringer Mengen von Teer, Methan und Wasserstoff	Holzkohle	31,0 bis 36,5

organischen Materials im Hausmüll aus. Die Pyrolyse dieser Stoffe wird daher wesentlich vom Zersetzungsverhalten von Zellulose ($C_6H_{10}O_5$) bestimmt, wobei man folgende Zersetzungsgleichung als repräsentativ ansieht [10.18; 10.19]:

$$3\,(C_6H_{10}O_5) \rightarrow 8 \cdot H_2O + C_6H_8O + 2 \cdot CO + 2 \cdot CO_2 + CH_4 + H_2 + 7 \cdot C$$

Tabelle 10.9 zeigt als Beispiel die Vorgänge bei der Holzschwelung und ihre Ergebnisse.

Die bei Temperaturen unter etwa 550 °C durchgeführte *Tieftemperaturpyrolyse* liefert die höchste Ausbeute an flüssigen Zersetzungsprodukten wie Öle und Teere. Die im Temperaturbereich von 550 bis 800 °C ablaufende *Mitteltemperaturpyrolyse* zeitigt hauptsächlich heizwertreichere Gase sowie wenig Öle und Teere. Bei der *Hochtemperaturpyrolyse* (800 bis etwa 1100 °C) fallen hauptsächlich heizwertärmere Gase an. Eine Temperatursteigerung auf bis zu 1400 °C für die Zersetzung heizwertreicher Abfälle ermöglicht den Abzug der festen Rückstände im schmelzflüssigen Zustand und damit eine einfache Schlackenentnahme. Die Schlacke ist völlig steril, wenig voluminös und wiederverwendbar.

Tabelle 10.10 gibt eine Übersicht über die bei der Pyrolyse von Hausmüll erhaltenen Pyrolyseprodukte in Abhängigkeit von der Betriebstemperatur [10.19].

Die Pyrolyse ist ein endothermer Prozeß. Die zu ihrer Durchführung zuzuführende Wärme kann grundsätzlich

Tabelle 10.10 Typische Produkte der Pyrolyse von Hausmüll in Abhängigkeit von der Pyrolysetemperatur [10.18]

Pyrolysetemperatur (°C)	Pyrolysegas (kg/kg Müll)	Säuren, Kondensate, Teer (einschließlich Wasser) (kg/kg Müll)	Müllkoks (kg/kg Müll)
482	0,123	0,611	0,247
648	0,186	0,186	0,592
815	0,237	0,597	0,172
926	0,244	0,587	0,177

Pyrolysegas (Zusammensetzung in Vol.-%)

Gaskomponenten	Temperatur (°C)			
	482	648	815	926
H_2	5,56	16,58	28,55	32,48
CH_4	12,43	15,91	13,73	10,45
CO	33,50	30,49	34,12	35,25
CO_2	44,77	31,78	20,59	18,31
C_2H_4	0,45	2,18	2,24	2,43
C_2H_6	3,03	3,06	0,77	1,07

Müllkoks (Zusammensetzung in Vol.-%)

Stoffgruppen	Temperatur (°C)				
	482	648	815	926	
Flüchtige	21,81	15,05	8,13	8,30	7,66*
Gebundener Kohlenstoff	70,48	70,67	79,05	77,23	82,02
Asche	7,71	14,28	12,82	14,47	10,32

* Vergleichswerte für Koks aus Pennsylvania-Anthrazitkohle

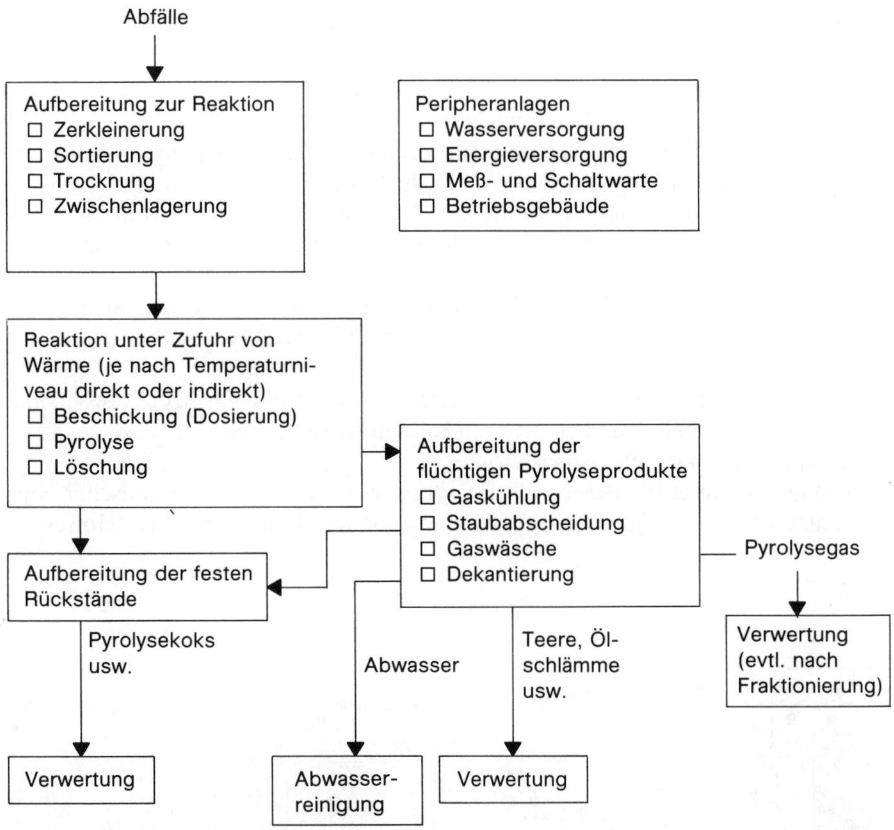

Bild 10.13 Vereinfachtes Übersichtsblockdiagramm der im allgemeinen in Pyrolyseanlagen zusammenwirkenden Verfahrensstufen bzw. Anlagenteile

- □ indirekt über beheizte Metall- oder Feuerfestwände,
- □ direkt durch separat beheizte, zirkulierende Wärmeträger wie Stahlballen, Heißsand, glühende Kohlenstoffteilchen, heiße Rauchgase, geschmolzene Salze oder Metalle,
- □ intern durch partielle Verbrennung von Kohlenstoff, Produktgasen oder Stützbrennstoffen,
- □ durch direkte Dissipierung elektrischer Energie im Lichtbogen usw.

aufgebracht werden, wobei sich bisher nur eine indirekte Beheizung in der Praxis durchsetzen konnte.

10.2.2 Verfahrensablauf, Verfahrensbeispiele

Pyrolyseverfahren können nach Verfahrensprinzip, Reaktionsbedingungen, Stoffstromführung, Reaktortyp, Art der Wärmeübertragung usw. eingeteilt werden und setzen sich im allgemeinen aus den in *Bild 10.13* schematisch dargestellten Verfahrenseinheiten zusammen.

Bild 10.14 zeigt schematisch den Aufbau einer Pyrolyseanlage zur Behandlung von Hausmüll und Klärschlamm nach dem BKMI-Verfahren.

Aus *Bild 10.15* geht der Aufbau einer Versuchsanlage zur Pyrolyse von Kunststoffabfällen und Altreifen in der Wirbelschicht hervor.

In den vergangenen Jahren wurde eine Vielzahl von Pyrolyseverfahren diskutiert (siehe z. B. [10.4]) und in verschiedenen Maßstäben entwickelt, aber nur einige wenige blieben in Form von Versuchs-, Demonstrations- bzw. Prototypanlagen übrig, so z. B. die in *Tabelle 10.11* ohne Anspruch auf Vollständigkeit genannten Verfahren. Die ursprünglich herausgestellten Vorteile gegenüber einer Verbrennung

- □ niedriges Temperaturniveau bei der Reaktion und damit geringere Freisetzung von Schwermetallen und chlorierten Kohlenwasserstoffen,
- □ um die Hälfte kleinere Abgasströme,
- □ kleine Einheiten für dezentrale Entsorgungslösungen mit energetischer Nutzung und sortenreiner Wiedergewinnung von rezirkulierbaren Wertstoffen,

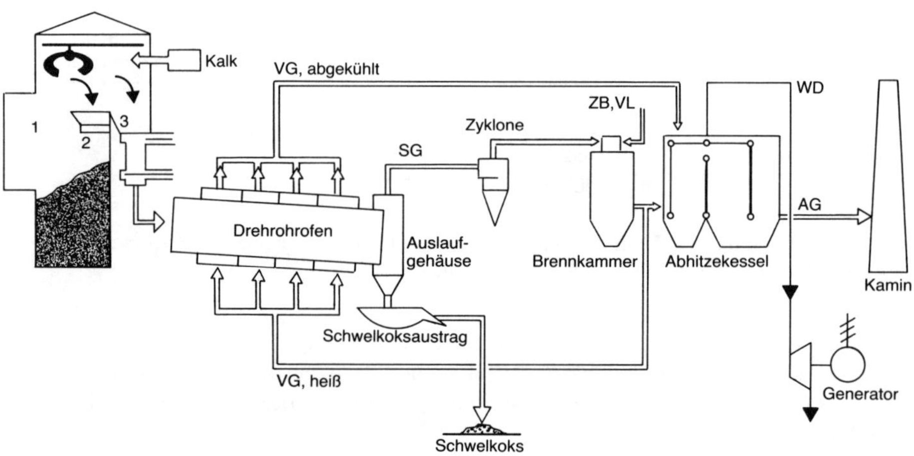

Bild 10.14 Anlage zur Pyrolyse von Hausmüll und Klärschlamm nach dem BKMI-Verfahren (vereinfacht, schematisch)

1 Bunkergebäude mit Brückenkran
2 Zerkleinerung
3 Eintragschleuse

SG Schwelgase VG Verbrennungsgase AG Abgase ZB, VL Zusatzbrennstoff + Verbrennungsluft
WD Wasserdampf

Betriebsbeispiel: Anlage in Burgau/Landkreis Günzburg
Reaktordurchsatz: 2 × 3 t/h. Einzugsgebiet: 100 000 Einwohner.
30 000 t/a Hausmüll. 5000 t/a Klärschlamm. Energieerzeugung: 2,2 MW (elektrisch). Volumenreduktion: 80–85 %. Einbindung der Schadgase durch Kalkzuschlag. Bei Fortschreibung der Grenzwerte für Staub- und Schadgasemissionen Abgasreinigungsstufe erforderlich
(Darstellung nach Unterlagen der BKMI Industrieanlagen GmbH, Gruppe Deutsche Babcock)

Tabelle 10.11 Derzeit in der Bundesrepublik Deutschland betriebene Versuchs-, Demonstrations- und Prototypanlagen zur Pyrolyse von Abfällen [10.3]

Verfahren, Standort der Anlage	Reaktortyp	Abfallart	Durchsatz in t/h
Kiener-Verfahren KWU-Umwelttechnik Goldshöfe bei Aalen	Drehrohr	Hausmüll	3
BKMI-Verfahren Deutsche Babcock Anlagen AG Burgau bei Günzburg	Drehrohr	Hausmüll, Klärschlamm	2 × 3
DRP-Verfahren ABB AG Ebenhausen	Wirbelschicht	Altreifen, Kunststoffabfälle	2 × 0,6
Otto-Verfahren Salzgitter-Pyrolyse-GmbH (SPG) Salzgitter	Drehrohr	Sonderabfälle	6
Kiener-Verfahren Pyrolyse-Kraftanlagen GmbH (PKA) Aalen-Unterkochen	Drehrohr	BRAM-Briketts	1
Bayer-Verfahren Universität Tübingen	Schneckenreaktor	Klärschlamm	Laboranlage
Kaminsky-Verfahren Universität Hamburg	Wirbelschicht	Klärschlamm, Ölschlamm	Technikumsanlage

□ Flexibilität gegenüber unterschiedlichen und wechselnden Abfallzusammensetzungen und
□ weitgehende Vermeidung von Umweltbeeinträchtigungen

wurden nur zum Teil bestätigt, und teilweise recht problematische Nachteile wie

□ Notwendigkeit der Zerkleinerung und Homogenisierung des Einsatzmülls,
□ geringere Massenreduktion (400 kg feste Pyrolysereststoffe/t Müll),
□ schlechtere energetische Nutzung wegen des bis zu 15 Ma-% ausmachenden Anteils an unverbranntem Kohlenstoff im Pyrolysekoks und
□ Einbindung nahezu der gesamten Schwermetallfracht des Mülls und toxischer organischer Verbindungen in die festen Pyrolyserückstände und dies wegen der niedrigeren Reaktionstemperatur mit schlechterem Bindungsgrad

stellten sich heraus. Aus einer Reihe unterschiedlicher Bauformen für die Pyrolysereaktoren erwiesen sich nur das Drehrohr und der Wirbelschichtreaktor, jeweils mit indirekter Beheizung, als technisch einsetzbar.

Bei der Beurteilung der zukünftigen Entwicklung der Pyrolyse müssen insbesondere Verfahren zur

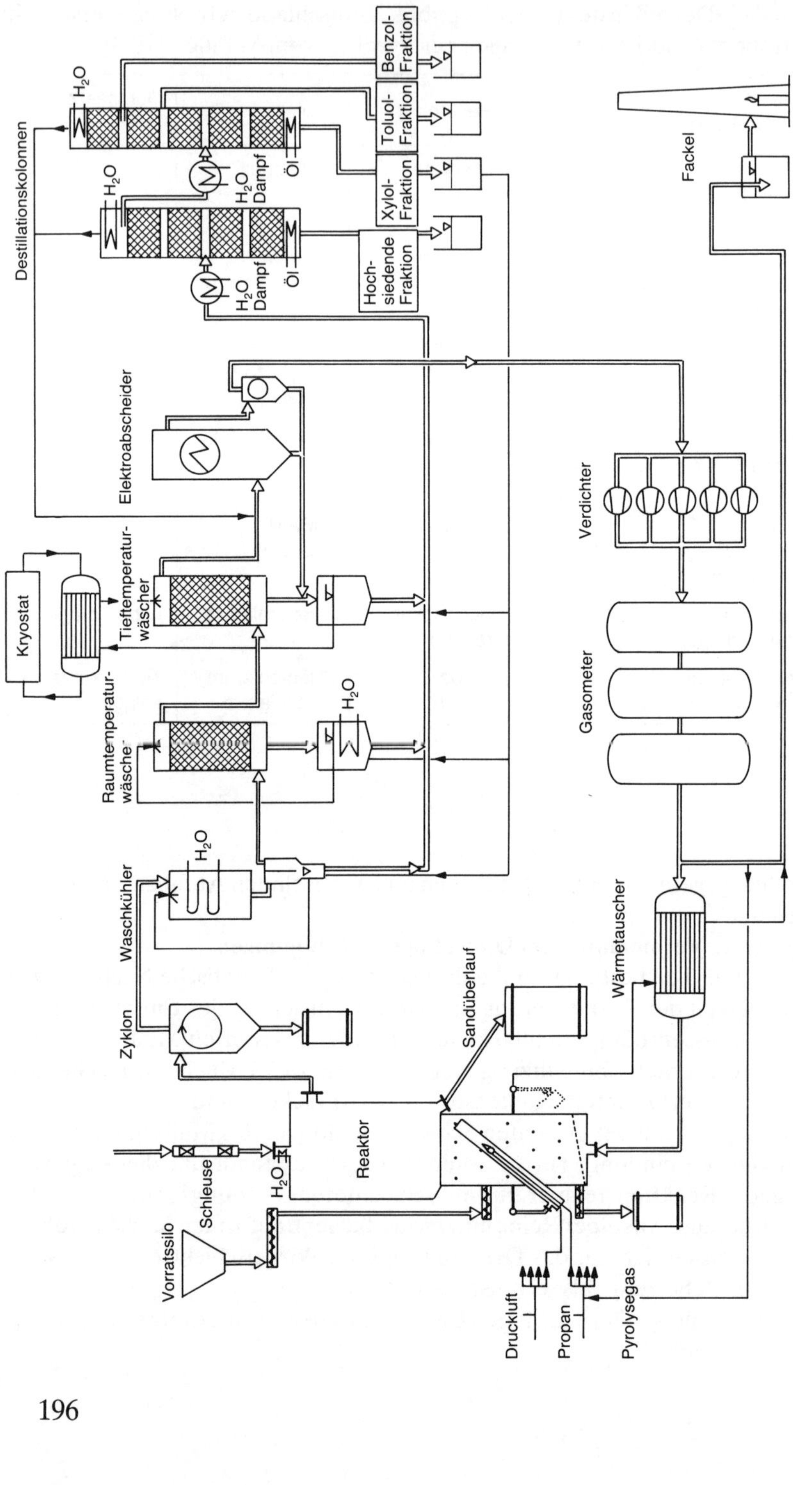

Destillationskolonnen
H_2O
Benzol-Fraktion
Toluol-Fraktion
Xylol-Fraktion
Hochsiedende Fraktion
H_2O Dampf
Öl
Elektroabscheider
Kryostat
Tieftemperaturwäscher
Raumtemperaturwäscher
Waschkühler
Zyklon
Schleuse
Vorratssilo
Reaktor
Sandüberlauf
Wärmetauscher
Verdichter
Gasometer
Fackel
Druckluft
Propan
Pyrolysegas

Bild 10.15 (links) Technikumsanlage zur Pyrolyse von Kunststoffabfällen und Altreifen in der Wirbelschicht, schematisch

Kennzeichnende Daten: Durchsatz bis etwa 60 kg/h
Pyrolyse im Wirbelschichtreaktor mit Hilfswirbelbett aus Quarzsand im Temperaturbereich 600 bis 900 °C. Als Wirbelgas dient auf 400 °C aufgewärmtes Pyrolysegas.

Pyrolyseprodukte:

Einsatzmaterial	Kunststoff-abfälle aus der Hausmüll-sortierung	Altgummi	Klär-schlamm	Ölsand
Pyrolysetemperatur	770 °C	650 °C	600 °C	740 °C
Produkte (Gew.-%)				13,7 % Ölanteil
GASE (insgesamt)	48,7	19,1	34,2	5,9
Methan	18,5	6,8	3,6	2,4
Ethylen	11,4	5,5	1,6	1,1
Propen	1,4	1,6	1,5	0,3
Kohlendioxid/-monoxid	6,8	0,9	23,3	0,3
Schwefelwasserstoff	–	0,01	0,02	0,01
ÖLE (insgesamt)	32,7	19,5	28,1	5,1
BTX-Aromaten	19,2	6,8	13,8	2,1
Naphthalin	4,1	1,8	1,1	0,4
Rußöle	7,0	9,7	6,9	1,6
WASSER	2,8	1,6	4,9	0,3
RUSS, RÜCKSTÄNDE	15,8	46,4	33,8	88,7

(Darstellung nach KAMINSKY [10.21–10.23])

- □ Behandlung von Hausmüll mit dem vorrangigen Ziel der Entsorgung,
- □ Verfahren zur Wertstoffrückgewinnung (gasförmige und flüssige Produktfraktionen, Metalle, Ruß etc.) aus heizwertreichen Abfällen wie Kunststoffabfällen und Altreifen und
- □ Verfahren zur Abtrennung von Beschichtungen, Verunreinigungen u. ä. von metallischen Bauteilen bzw. Fertigungsabfällen wie Rückständen aus der Leiterplattenfertigung

unterschieden werden. Je einheitlicher dabei das Ausgangsmaterial zur Pyrolyse anfällt, desto besser lassen sich Anlagenteilabstimmung und Betriebsparameteroptimierung durchführen.

Bisherige Erfahrungen beim Betrieb der in Tabelle 10.11 genannten Verfahren lassen befriedigende Ergebnisse bezüglich der umweltrelevanten Bereiche Inhaltsstoffe der Pyrolyserückstände, Schadgasemissionen und Abwasserqualität auch für den Dauerbetrieb erwarten. Kostenvorteile von Pyrolyseanlagen mit üblichen Reaktordurchsätzen von etwa 3 bis 6 t/h gegenüber herkömmlichen Abfallbeseitigungsverfahren wie z. B. der Verbrennung zeichnen sich nicht ab [10.3].

Eine Kombination von Verschwelung (Pyrolyse) und Hochtemperaturverbrennung in Form des Siemens-Schwelbrennverfahrens *(Bild 10.16)* könnte Vorteile von Pyrolyse und Verbrennung vereinigen, so z. B.:

- □ hoher Ausbrandgrad und damit bestmögliche energetische Nutzung der Abfälle,

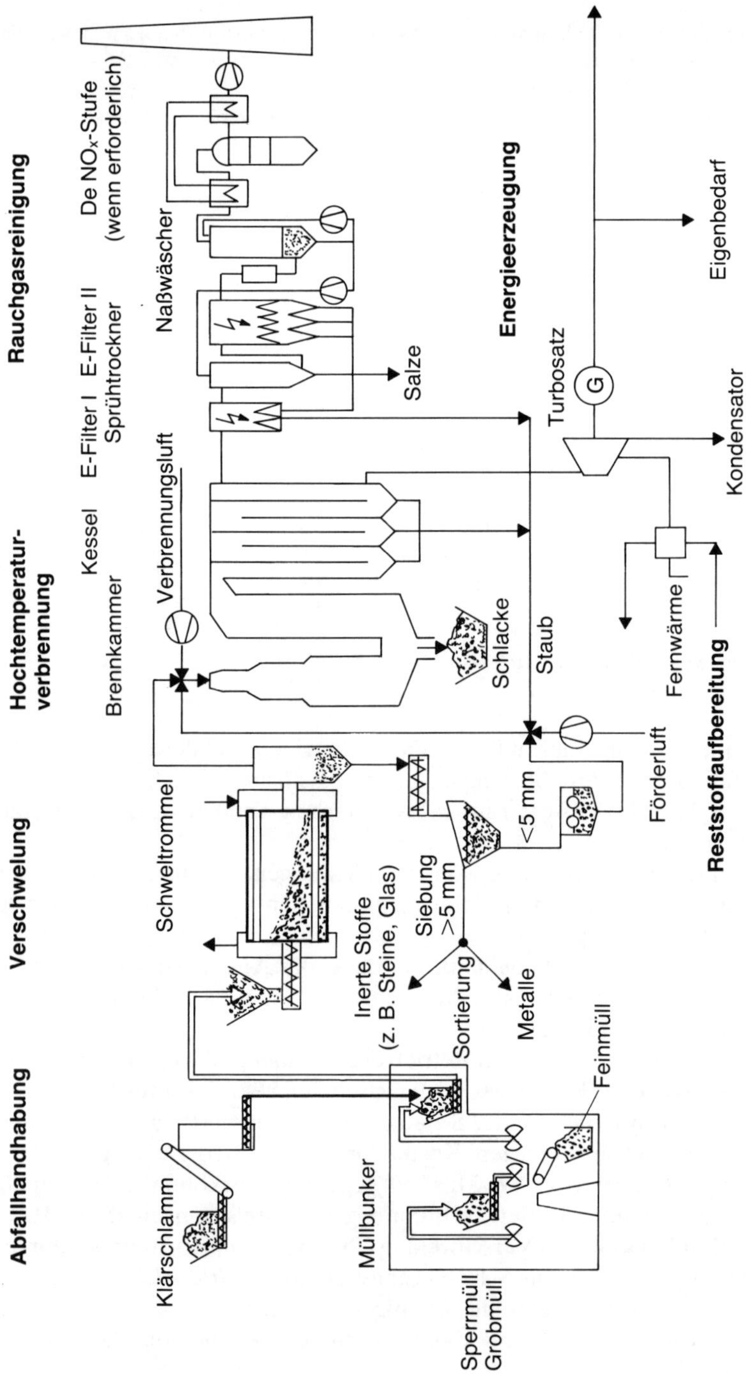

Abfallhandhabung
Verschwelung
Hochtemperatur-verbrennung
Rauchgasreinigung
Klärschlamm
Müllbunker
Sperrmüll
Grobmüll
Feinmüll
Schweltrommel
Inerte Stoffe (z. B. Steine, Glas)
Sortierung
Metalle
Siebung >5 mm
<5 mm
Brennkammer
Kessel
Verbrennungsluft
Schlacke
Staub
Förderluft
E-Filter I
Sprühtrockner
E-Filter II
Naßwäscher
De NO_x-Stufe (wenn erforderlich)
Salze
Energieerzeugung
Turbosatz
G
Kondensator
Eigenbedarf
Fernwärme
Reststoffaufbereitung

Bild 10.16 (links) Vereinfachtes Verfahrensfließbild der Siemens-Schwelbrennanlage

Verfahrenskennzeichnende Daten:

□ *Massenströme der festen Rückstände*

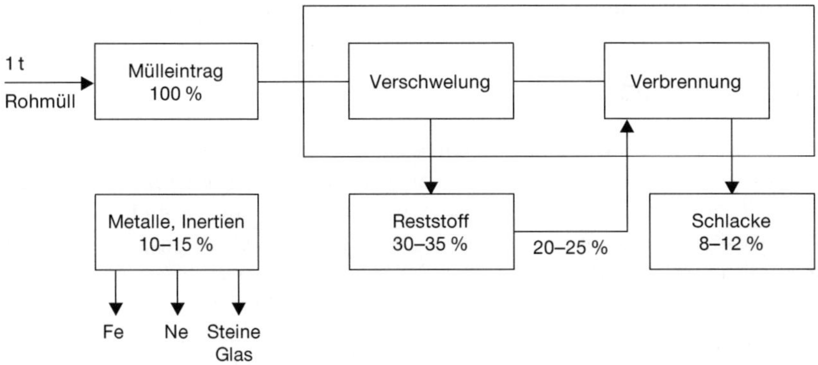

□ *Emissionen nach der Abgasreinigungsstufe*

	Naßverfahren mg/m^3	TA Luft mg/m^3	Fracht g/t Müll
HCL	≤ 10	≤ 50	≤ 26
HF	≤ 0,5	≤ 2	1,3
SO_2	≤ 45	≤ 100	117
NO_x	≤ 100	≤ 500	260
CO	≤ 50	≤ 100	130
Staub	≤ 10	≤ 30	26
Summe der staub- und gasförmigen Schwermetalle			
Klasse I (Cd, Hg, Tl)	≤ 0,1	≤ 0,20	0,26
Klasse II (As, Co, Ni, Se, Te)	≤ 0,1	≤ 1	0,26
Klasse III (Sb, Pb, Cr, Cu)	≤ 0,1	5	0,26

(Darstellung nach Berwein [10.24] und Unterlagen der Fa. KWU-Umwelttechnik [10.25])

- □ geringe Abgasströme mit gut anpaßbarer Reinigungsstrecke,
- □ Erzeugung weitgehend umweltneutraler, verwertbarer Stoffe; Beschränkung der zu deponierenden Reste auf ein Minimum und
- □ Vernichtung toxischer organischer Schadstoffe wie Dioxine und Furane bei Verbrennungstemperaturen um 1300 °C.

Die als Trommel mit beheizten Innenrohren ausgeführte Verschwelungsstufe *(Bild 10.16)* erfüllt die Funktion einer Vorschaltanlage zur Erzeugung zweier hochwertiger Brennstoffe, des Schwelgases und des nach Sieben und Mahlen von Metallen und Inertmaterialien wie Glas und Steinen befreiten homogenisierten, heizwertreichen Pyrolyserückstands. In der nachgeschalteten Brennkammer mit Nachbrennbereich wird ein nahezu vollständiger Ausbrand erreicht. Flugstäube werden in die Brennkammer zurückgeführt und in die flüssig abgezogene Schlacke eingebunden, wobei die an ihnen adsorbierten organischen Schadstoffe bei Temperaturen um 1300 °C zerstört werden. Derzeit werden an einer Schwelbrennanlage der KWU-Umwelttechnik in Ulm-Wieblingen betriebsbegleitende Untersuchungen durchgeführt.

10.3 Vergasung

Unter *Vergasung* versteht man die Umsetzung kohlenstoffhaltiger Anteile fester Abfallstoffe bei hohen Temperaturen zu gasförmigen Brennstoffen. Als Vergasungsmittel dienen dabei im allgemeinen Sauerstoff, Luft, Rauchgase, Wasserdampf, Kohlendioxid und – selten – Wasserstoff, verfahrensabhängig allein oder kombiniert eingesetzt.

10.3.1 Grundlagen

Die festen voraufbereiteten Abfallstoffe werden getrocknet, entgast, wobei auch Pyrolysereaktionen auftreten können, und dabei verkohlt *(Bild 10.17)*. Der Kohlenstoff in dem verbleibenden Entgasungs- und Schwelrückstand verbrennt teilweise mit Luft oder Sauerstoff als Vergasungsmittel exotherm gemäß

$$C + {}^1/_2\, O_2 \rightarrow CO$$

$$C + O_2 \rightarrow CO_2$$

zu Kohlenmonoxid und Kohlendioxid, wobei das Brennstoffbett zum Glühen kommt und mit dem gebildeten Kohlendioxid entsprechend der heterogenen Boudouard-Reaktion

$$C + CO_2 \rightleftarrows 2\,CO$$

unter Bildung von Kohlenmonoxid weiterreagiert. Je höher die Bettemperatur gewählt wird, desto mehr verschiebt sich das «Boudouard»-Gleichgewicht nach rechts *(Bild 10.18)*. Auch die Vergasung mit Wasserstoff gemäß

$$C + 2\,H_2 \rightarrow CH_4$$

verläuft exotherm, wird jedoch aus Kostengründen bisher großtechnisch nicht durchgeführt.

Wird Wasserdampf der Vergasungsluft beigemischt, läuft die Vergasung des Kohlenstoffs endotherm bei niedrigen Temperaturen gemäß

$$C + 2\,H_2O \rightleftarrows CO_2 + 2\,H_2$$

und bei hohen Temperaturen gemäß

$$C + H_2O \rightleftarrows CO + H_2$$

ab. Die Vergasungsgeschwindigkeit hängt neben der Temperatur auch von Porosität, Porenabmessungen und innerer Diffusion des Brennstoffbettes ab. Die erfor-

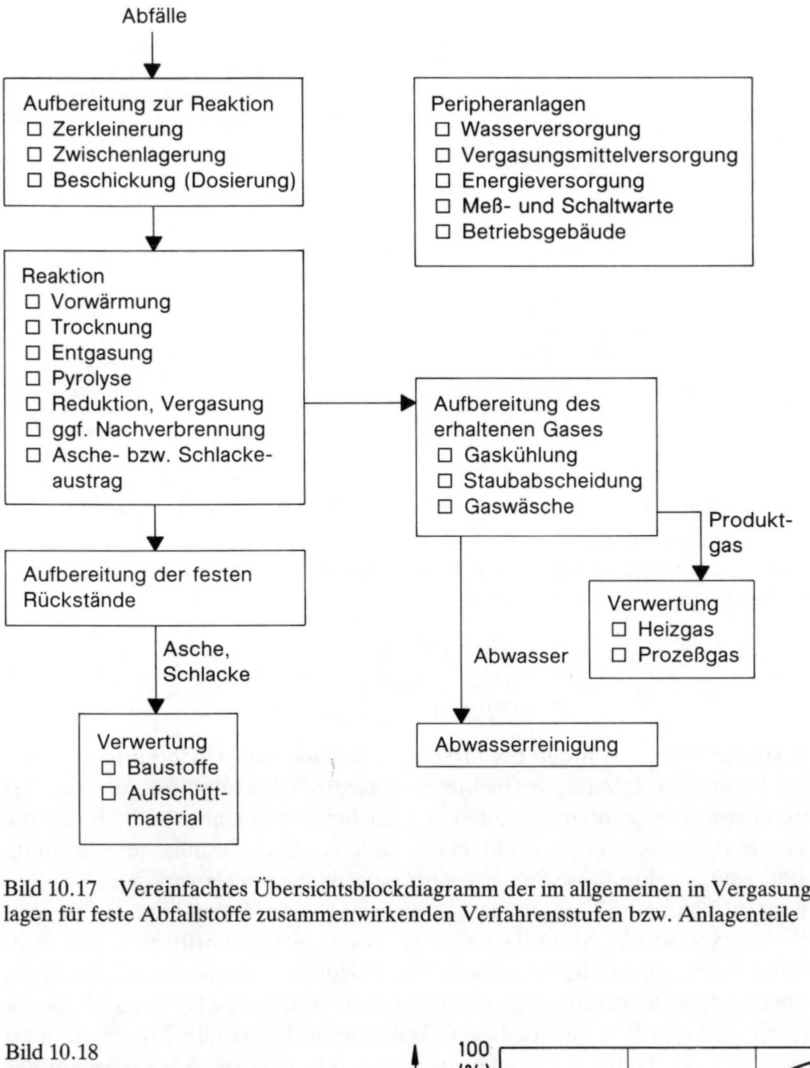

Bild 10.17 Vereinfachtes Übersichtsblockdiagramm der im allgemeinen in Vergasungsanlagen für feste Abfallstoffe zusammenwirkenden Verfahrensstufen bzw. Anlagenteile

Bild 10.18
Gleichgewicht der Boudouard-Reaktion bei Atmosphärendruck (Darstellung nach BUEKENS [10.17])

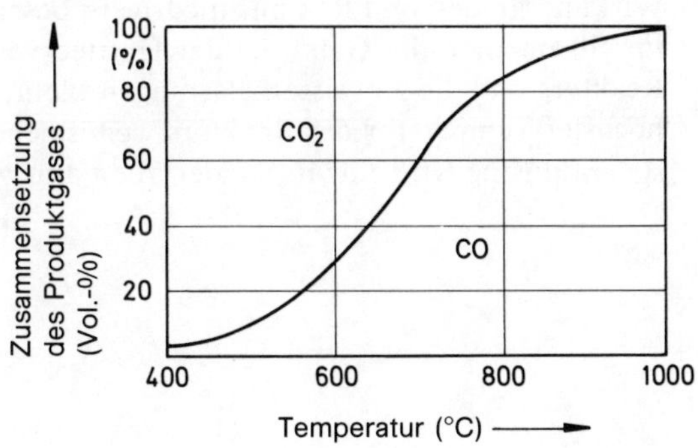

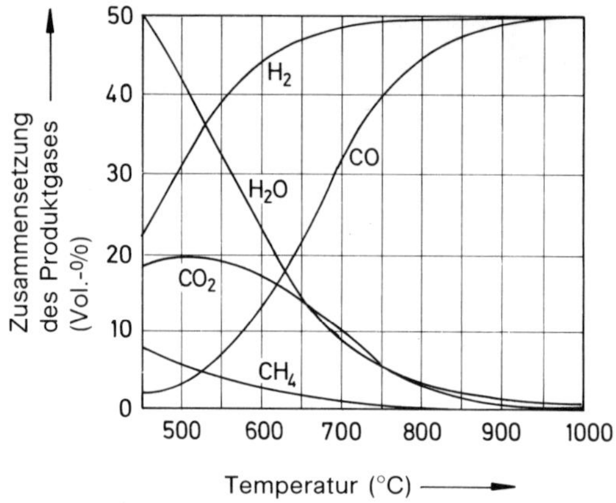

Bild 10.19
Gleichgewichtsgaszusammensetzung bei der Vergasung von Kohlenstoff mit Wasserdampf (Darstellung nach Buekens [10.17])

derliche Reaktionswärme wird durch Teilverbrennung von Kohlenstoff im Vergasungsreaktor selbst erzeugt.

Neben den heterogenen Vergasungsreaktionen spielen sich in der Vergasungszone des Reaktors auch Gas-Gas-Reaktionen ab, wie

$$CO + H_2O \rightleftarrows CO_2 + H_2$$
$$CH_4 + H_2O \rightleftarrows CO + 3\,H_2$$

(Bild 10.19).

Im Temperaturbereich von 800 bis 1100 °C durchgeführte Hochtemperaturvergasungen liefern die höchste Ausbeute an allerdings heizwertarmem Gas. Bei Höchsttemperaturvergasungen (> 1400 °C) für heizwertreiche Abfälle fallen die festen Vergasungsrückstände als Schlackenschmelze an. Das erhaltene vollständig sterile und wenig voluminöse Schlackengranulat ist weiterverwendbar.

Die Phasenführung im Vergasungsreaktor beeinflußt entscheidend den thermischen Wirkungsgrad der Abfallbehandlung. Die Gegenstromführung von Feststoffen und Vergasungsmittel mit direktem Wärmeaustausch ermöglicht einen hohen thermischen Wirkungsgrad. Eine Gleichstromführung führt zu kleineren Wirkungsgraden und läßt nur niedrigere Beseitigungskapazitäten zu. Dafür sind im allgemeinen die Gefahren der Hartteerverstopfungen im Abfuhrsystem des Reaktors und die Abwasserbelastungen kleiner, da Schwelprodukte in der Zone höchster Temperatur des Reaktors weitestgehend gespalten werden. Eine Querstromführung wird nur in Sonderfällen angewandt.

10.3.2 Verfahrensablauf, Verfahrensbeispiele

Bild 10.17 gibt eine schematische Übersicht über den Verfahrensablauf bei der Vergasung fester Abfälle.

Bild 10.20 zeigt als Beispiel einer Vergasung das Fließbild des VOEST-ALPINE-Hochtemperatur-Vergasungsverfahrens für feste, pastöse und flüssige Abfälle. In der Primärkammer des Vergasers reagieren vorgewärmte Luft und ein «Primärbrennstoff» (z. B. Altöl, Deponiegas oder Kohlenstaub) bei Temperaturen um 1600 °C unter Bildung eines Primärgases. Zerkleinerte stückige oder pastöse Abfälle wie Müll, Altreifen, Kunststoffabfälle und Shredderabfälle werden direkt in den Hochtemperaturbereich der Primärbrennkammer eingeschleust. Das Primärgas reagiert mit den gesamten vergasungsfähigen Anteilen der Abfälle und setzt sie im wesentlichen gemäß

$$C + CO_2 \rightarrow 2\,CO \qquad \text{bzw.}$$
$$C + H_2O \rightarrow CO + H_2$$

zu Rohgas um. Dieses passiert ein im Reaktorschacht vorgelegtes Koksbett als Heißgasfilter für mitgerissenen Staub, wird in einem Heißgaszyklon und nach Zwischenkühlung in einem Elektrofilter weiter entstaubt und in einer mehrstufigen Gaswäsche absorptiv von Schadgasanteilen weitestgehend befreit. Es fällt schließlich als Schwachgas mit einem Heizwert von etwa 3100 kJ/m_N^3 zur energetischen Nutzung an. Der Grobstaub aus den Staubabscheidern rezirkuliert in die Primärkammer und wird dort in die flüssig abgezogene, im Wasserbad erstarrte und granulierte Schlacke fest eingebunden.

Das beschriebene Vergasungsverfahren wird derzeit im Pilotmaßstab in Linz zur Entsorgung von BRAM, Altölen, Hausmüll und Sonderabfällen untersucht.

10.4 Herstellung und Nutzung von Brennstoffen aus Müll (BRAM)

In der Vergangenheit wurden insbes. in den USA und England zahlreiche Verfahren zur Herstellung von *Brennstoff aus Müll (BRAM)* entwickelt und großtechnisch erprobt, mit dem Ziel, BRAM als Brennstoffsubstitut in unterschiedlichen Formen (Pulver, Pellets, Briketts etc.) zu erhalten. Einfache Verfahren setzten sich aus Grobzerkleinerung, Eisenauslese und Grobsortierung zusammen; aufwendigere Prozesse kombinieren viele weitere Stufen bis hin zur Formgebung des Produkts. *Bild 10.21* zeigt schematisch als Verfahrensbeispiel einer BRAM-Herstellung das «Eco-Brikett-Verfahren» mit einer BRAM-Ausbeute bis zu 45 Ma-% in Form von Briketts.

Tabelle 10.12 enthält einige für die Herstellung und Verbrennung interessierende Daten.

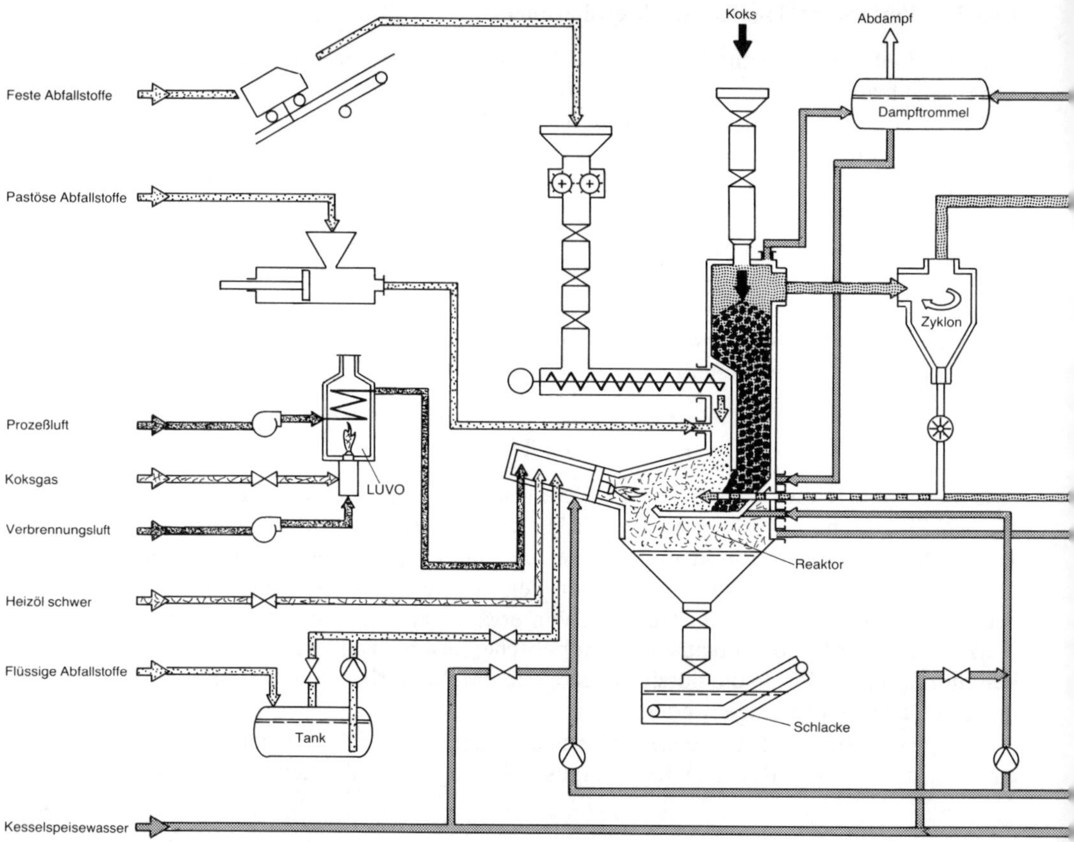

Bild 10.20 Schema einer Hochtemperatur-Vergasungsanlage nach dem VOEST-ALPINE-Verfahren

Stoffflußbeispiel aus dem Testbetrieb für Sonderabfälle

Einsatzstoffe (in kg/h)		Produzierte Stoffe (in kg/h)	
Sonderabfall	1000	Gas	5585
Altöl	300	Dampf	4000
Koks	200	Schlacke	200
Luft	4300	Schwefel	5
Kesselspeisewasser	4000	Filterkuchen	10

(Darstellung nach Unterlagen der Fa. VOEST-ALPINE, Linz, und [10.26])

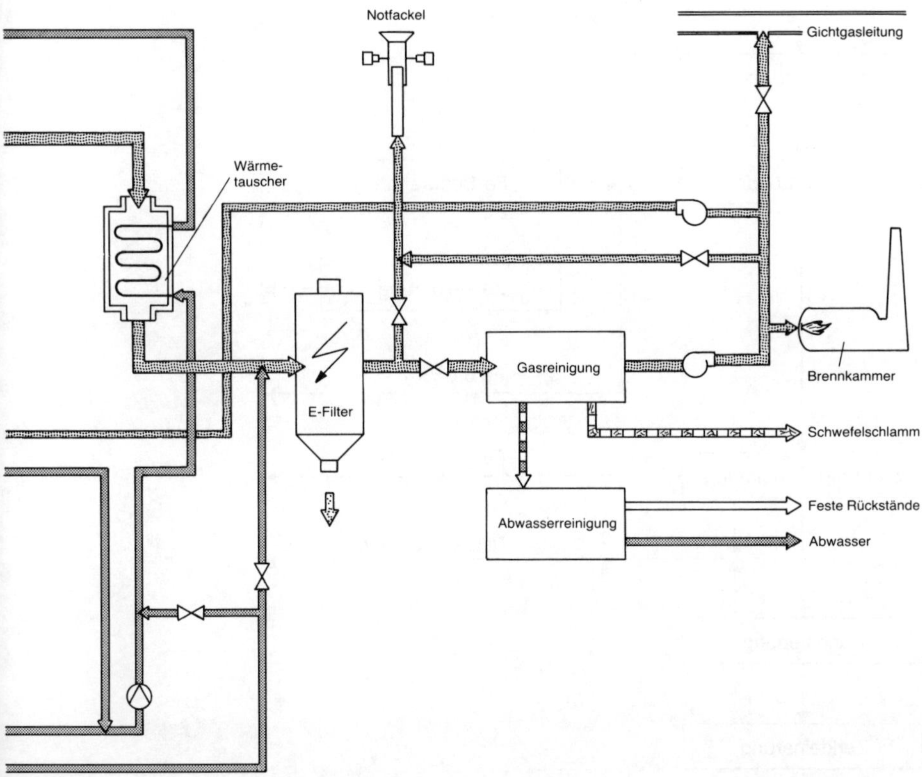
Notfackel
Gichtgasleitung
Wärme-
tauscher
Gasreinigung
Brennkammer
E-Filter
Schwefelschlamm
Feste Rückstände
Abwasserreinigung
Abwasser

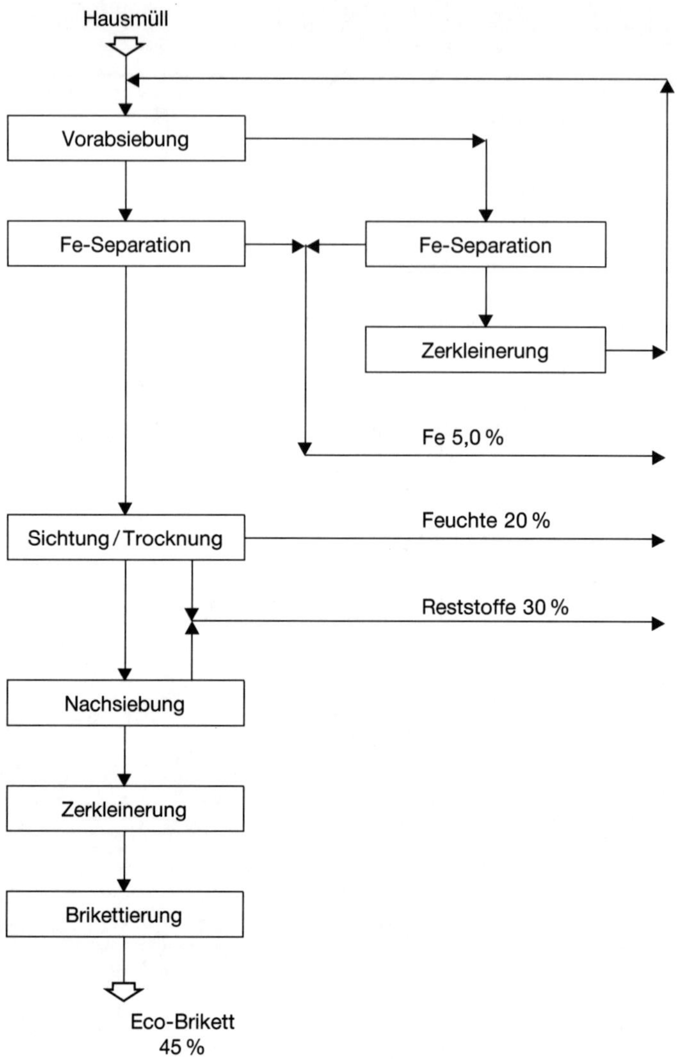

Bild 10.21 Grund- und Stoff-Flußschema einer Eco-Brikett-Anlage der Firma Mannesmann Veba Umwelttechnik im Rohstoff-Rückgewinnungszentrum Ruhr in Herten

Auslegungs- bzw. Betriebsdaten
Rohmülldurchsatz: 2 × 25 t/h (300 000 t/a)
BRAM-Ausbeute: 45 Ma% (bei Sieblochweite 4 mm)
Heizwert: im Mittel 16 MJ/kg BRAM
Einsatz an elektrischer Energie: 180 kWh/t Eco-Briketts
Einsatz an Prozeßwärme: 2 GJ/t Eco-Briketts

Darstellung nach Kaster [10.27]

Tabelle 10.12 Hinweise und Daten zur Herstellung und Verbrennung von BRAM [10.3; 10.13]

☐ *Für die Herstellung von BRAM interessierende Stoffgruppen im Hausmüll und in hausmüllähnlichen Gewerbeabfälle (Bundesrepublik Deutschland)*

Fraktionen	hausmüllähnliche Gewerbeabfälle Ma-%	Hausmüll Ma-%	Asche Ma-%	Heizwert MJ/kg
Kunststoffabfälle	12	7,6	5	40
Papier, Pappen	40	20	15	16
Holz, Leder, Gummi	15	2,3	20	16,8
Organische Fraktionen	20	42,3	20	3,4

☐ *Zusammensetzung von BRAM*

Fraktionen	Anteile in Ma-%
Papier, Pappen	70 bis 85
Kunststoffe	10 bis 13
andere brennbare Fraktionen	6 bis 16
nicht brennbare Reste	ca. 4

Schadstoffanteile (im Mittel, ppm):
S 1550, Cl 7870, F 28, Zn 610, Cu 500, Cd 5, Pb 200, Hg 1

☐ *BRAM-Ausbeute:* 25 bis 45 Ma-% des Rohmülls

☐ *BRAM-Heizwert:* 12 bis 18 MJ/kg

☐ *Lagerfähigkeit von BRAM:* gewährleistet bei Restfeuchteanteilen < 15 % und in brikettierter Form (bei höheren Wasseranteilen und in nicht kompaktem Zustand Gefahr des Kompostierens)

☐ *Verhalten von BRAM bei der Verbrennung, Verbrennungsergebnisse*

Ausbrand: bis auf ca. 3 Ma-% Restkohlenstoff in der Asche

Thermischer Wirkungsgrad: 50 bis 78 %

Ascheanfall: ca. 17 Ma-%

Rauchgasaufkommen: ca. 7 bis 11 m_N^3/kg BRAM

Rauchgasemissionen (bezogen auf 11 % O_2-Gehalt, im Mittel):
Staub 850, Gesamt-C 70, SO_2 460, Cl 770, F 13 mg/m_N^3, CO 360, NO_x 125 ppm

(Anmerkung zu den Mittelwerten der Schadstoffe im BRAM bzw. in den Verbrennungsgasen: die tatsächlichen Spitzenwerte können als Spitzen in einer Bandbreite deutlich höher ausfallen!)

Die Erwartungen, BRAM als Ersatzbrennstoff in Verbrennungsanlagen ohne Rauchgasreinigung einsetzen zu können, erfüllten sich nicht. Bei Untersuchungen von BRAM-Produkten hat sich vielmehr herausgestellt, daß eine BRAM-Verbrennung nur in feuerungs- und regeltechnisch angepaßten Anlagen mit thermischen Leistungen von 100 kW mit nachgeschalteter Entstaubung und Schadgasabreinigung erfolgen kann. Auch für BRAM als Zusatzbrennstoff sind entsprechende Rauchgasreinigungsstufen vorzusehen. Analoges gilt auch für Brennstoffe aus Papier und Pappe (BRAP). Derzeit noch weiterlaufende Untersuchungen dienen im wesentlichen der Überprüfung inzwischen skeptischer beurteilter verfahrenstechnischer, ökologischer und wirtschaftlicher Gesichtspunkte der BRAM-Herstellung und -verwertung [10.3].

11 Behandlung von Sonderabfällen

11.1 Arten, Mengen, Erfassung, Beurteilung

Sonderabfälle sind gemäß § 2, Absatz 2 des Abfallgesetzes im wesentlichen Abfälle aus dem gewerblichen und sonstigen wirtschaftlichen Unternehmensbereich und aus öffentlichen Einrichtungen, die nach Art, Beschaffenheit oder Menge in besonderem Maße gesundheits-, luft- oder wassergefährdend, explosibel oder brennbar sind oder Erreger übertragbarer Krankheiten enthalten oder hervorbringen können. Sie dürfen nicht zusammen mit Hausmüll oder hausmüllähnlichem Gewerbemüll entsorgt werden; sie sind gesondert zu behandeln bzw. abzulagern. An ihre Entsorgung sind zusätzliche, besondere Anforderungen zu stellen, u. a. geregelt durch die in Kapitel 2 erwähnte Technische Anleitung Abfall (TA Abfall *Tabelle 11.1*).

Die Einführung eines neuen Abfallkatalogs mit wesentlich mehr bundeseinheitlich nachweispflichtigen Abfällen als bisher und die Festsetzung von Entsorgungsnachweisen betrifft ebenfalls den Komplex Sonderabfälle.

Tabelle 11.2 gibt einen Überblick über einzelne Gruppen von Sonderabfällen. Aus *Tabelle 11.3* geht der Abfallanfall im produzierenden Gewerbe hervor, gegliedert nach Abfallgruppen. *Tabelle 11.4* ergänzt die Angaben der Tabelle 11.3 durch Hinweise auf Beseitigungsmethoden für die einzelnen Sonderabfälle.

Diese Sonderabfälle müssen zunächst erfaßt und beurteilt werden *(Bild 11.1* und *Tabelle 11.5)*. Je nach Ergebnis dieser Beurteilung folgt ihre stoff- oder stoffgruppenspezifische Beseitigung durch direkten Absatz an Abnehmer oder die Abfallbörse, durch Verwertung mit Hilfe von Recyclingmaßnahmen, durch Ablagern in Sonderdeponien oder durch Verbrennung *(Tabelle 11.6)*. Ist keine dieser Beseitigungsmaßnahmen direkt möglich, müssen die Abfälle zunächst umgearbeitet werden.

Tabelle 11.1 Aufbau und Hauptziele der Technischen Anleitung Abfall (Sonderabfall)

Aufbau

- ☐ Anwendungsbereich
- ☐ Allgemeine Vorschriften
- ☐ Zulassung von Abfallentsorgungsanlagen
- ☐ Zuordnung von Abfällen zu Entsorgungswegen
- ☐ Überwachung der Abfallströme
- ☐ Organisatorische Regelungen
- ☐ Sammelstellen und Lager
- ☐ Chemisch-physikalische Behandlung
- ☐ Verbrennung
- ☐ Oberirdische Lagerung
  - Regeldeponie
  - Monodeponie
- ☐ Untertägige Lagerung
- ☐ Altanlagenregelung und Übergangsvorschriften

Hauptziele

- ☐ Verringerung der Abfälle durch die Förderung von Vermeidungs- und Verwertungsverfahren
- ☐ Verbesserung des Standes der Entsorgung durch strengere technische Verfahrensanforderungen
- ☐ Einführung einer allgemein verbindlichen Klassifizierung von Abfällen und ihre Zuordnung zu bestimmten optimalen Entsorgungswegen
- ☐ Sicherstellung der bundeseinheitlichen Umsetzung des technischen Entsorgungsstandards, der Klassifizierung und der Zuordnung sowie deren behördlicher Überwachung
- ☐ Erhöhung der Akzeptanz einer umweltverträglichen Entsorgung

(Darstellung nach Stolz [11.1])

Tabelle 11.4 Entsorgung gefährlicher Sonderabfälle

Art	t	%
Deponie	1 854 400	*38*
Hohe See	1 345 000	*28*
Verbrennung	365 700	*8*
Behandlung	356 900	*8*
Zwischenlager	186 400	*4*
Sonstige Anlagen[1]	694 900	*14*
Gesamtmenge	4 803 300	*100*

[1] Aus statistischen Gründen konnten diese Anlagen nicht weiter untergliedert werden. Es handelt sich um Deponien, CP-Behandlungsanlagen und Verbrennungsanlagen.

(Basis 1983. Nach Angaben des Statistischen Bundesamtes)

Tabelle 11.2 Sonderabfälle [11.2]

□ Sonderabfälle, die nicht dem AbfG unterliegen und aufgrund anderer Gesetze in besonderen Anlagen behandelt, beseitigt oder aufgearbeitet werden müssen (Gruppe 1)

- Altöle (gebrauchte Mineralöle und gebrauchte flüssige Mineralölprodukte, mineralölhaltige Rückstände aus Lager-, Betriebs- und Transportbehältern) gemäß Gesetz über Maßnahmen zur Sicherung der Altölbeseitigung (Altölgesetz)
- Radioaktive Abfälle (Atomgesetz. Erste Strahlenschutzverordnung)
- Tierkörper (Tierkörperbeseitigungsgesetz)

□ Sonderabfälle, die dem AbfG unterliegen

Abfälle, die aufgrund ihrer Zusammensetzung und ihrer Menge am zweckmäßigsten in jeweils besonderen Anlagen behandelt, beseitigt oder aufgearbeitet werden (Gruppe 2)

- Abfälle aus Massentierhaltungen
- Schlachtabfälle
- Autowracks und Eisensperrmüll
- Altreifen
- Infektiöse Abfälle aus Krankenhäusern usw.

□ Abfälle produktionsspezifischer Art aus Industriebetrieben mit Ausnahme von Abfällen der Gruppe 2, die aufgrund ihrer Art oder Menge nicht zusammen mit dem Hausmüll beseitigt werden können, z.B. Abfälle aus der chemischen, pharmazeutischen, metallverarbeitenden, glasverarbeitenden, mineralölverarbeitenden und petrochemischen Industrie (Gruppe 3)

- Sonderabfälle, die ohne Vorbehandlung auf besonders qualifizierten Deponien abgelagert werden können (z.B. ölverunreinigtes Erdreich, Neutralisationsgut, Teerrückstände und erhärtende Säureharze)
- Sonderabfälle organischer Natur, die mit oder ohne Vorbehandlung verbrannt werden können (z.B. organische Lösemittel, Abscheidegut aus Leichtstoffängern, Altöle, Bohr- und Schleifölemulsionen; organisch-chemische Rückstände und Fehlchargen aus der chemischen und petrochemischen Industrie)
- Sonderabfälle organischer und anorganischer Natur, die erst nach chemischer oder physikalischer Vorbehandlung abgelagert werden können (z.B. Säuren, Laugen, wasserlösliche Schwermetallsalze, Galvanikschlämme, Fällungsschlämme, Schlämme aus der Metallverarbeitung und -veredlung, ölverunreinigte Bleicherde

Tabelle 11.3 Menge der nachweispflichtigen Sonderabfälle, gegliedert nach Abfallgruppen

Abfallart	Menge		%
1. Schwefelhaltige Abfälle		2 161 545	*44,4*
Dünnsäure	1 345 970		
Gipse mit produktionsspezifischen Beimengungen	785 543		
Säureteere, Säureharze	25 749		
Sonstige	4 283		
2. Ölhaltige Abfälle		491 635	*10,1*
Ölemulsionen	222 722		
Schlämme	138 744		
Mineralölverarbeitung	63 059		
Sonstige	67 110		
3. Verbrennungsrückstände		258 912	*5,3*
Aschen und Schlacken aus SAV	110 722		
Flugstäube aus SAV	3 075		
Aschen und Schlacken aus MVA	3 082		
Flugstäube aus MVA	38 724		
Flugstäube aus Feuerungs- und Verbrennungsanlagen	101 309		
4. Lack- und Farbabfälle		250 503	*5,2*
Lack- und Farbschlämme	222 442		
Sonstige	28 061		
5. Halogenhaltige organische Lösemittel		233 363	*4,8*
Lösemittelgemische	147 376		
Destillationsrückstände und Schlämme	82 987		
PCB	2 764		
6. Galvanikabfälle		191 719	*4,0*
Galvanikschlämme	142 568		
Konzentrate	28 457		
Härtesalz (cyanidhaltig)	20 694		
7. Verunreinigte Böden		165 773	*3,4*
8. Salzschlacken und Krätze		124 264	*2,6*
Salzschlacken	119 520		
Al-Krätze	4 744		
9. Filtermassen (Kieselgur, Aktivkohle)		108 200	*2,2*
10. Gichtgasschlamm		107 853	*2,2*
11. Halogenfreie organische Lösemittel		91 628	*1,9*
Lösemittel und -gemische	53 931		
Destillationsrückstände und Schlämme	37 697		
12. Bariumsulfatschlamm		44 763	*0,9*
13. Rest		632 635	*13,0*
Gesamtmenge		4 866 427	*100,0*

(Basis 1983. Darstellung nach Angaben des Statistischen Bundesamtes [11.19])

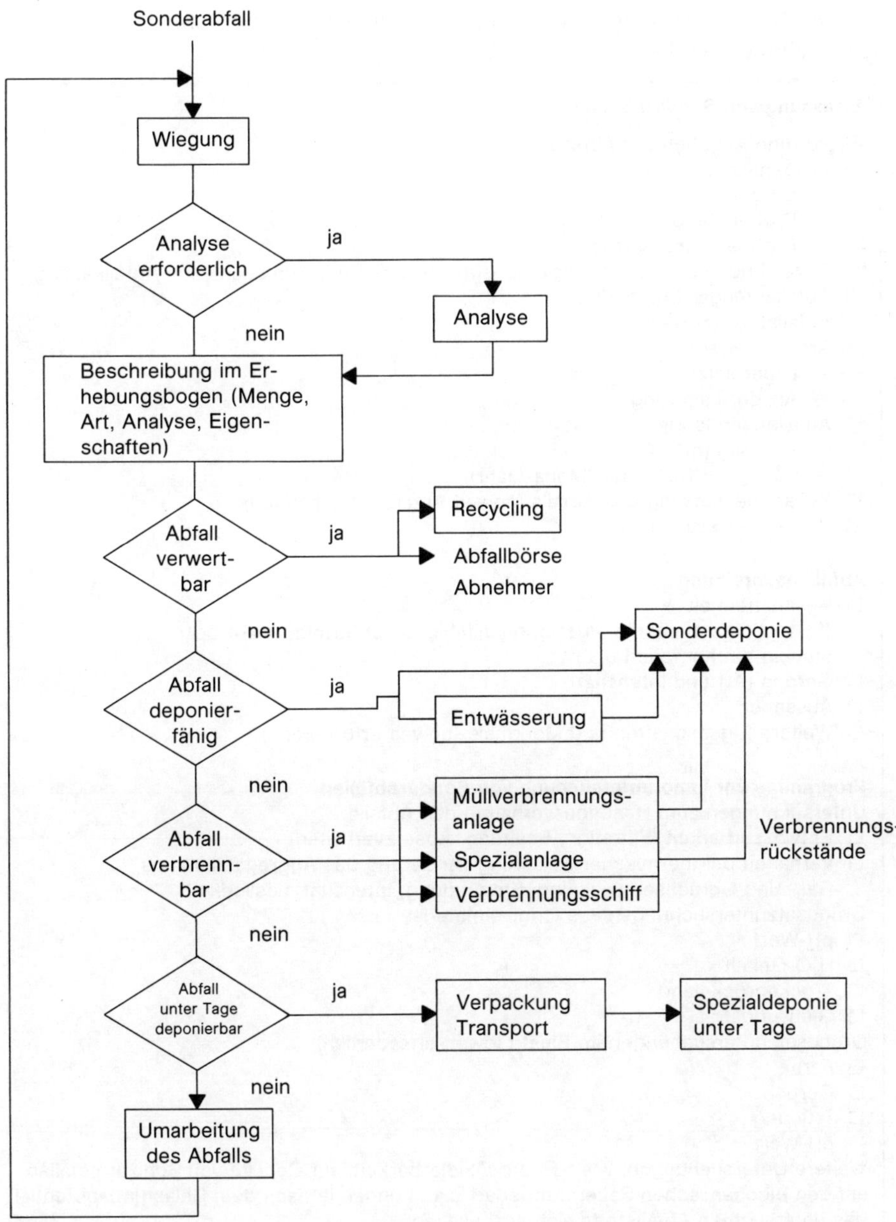

Bild 11.1 Erfassung und Beurteilung von Sonderabfällen. Festlegung der Art ihrer Beseitigung

Tabelle 11.5 Erfassung und Laboruntersuchung von Sonderabfällen (Darstellung nach KLUBESCHEIDT [11.2])

Erfassung von Sonderabfällen

Allgemeine Angaben zur Abfallart

- ☐ Probenahme
  - Datum
  - Probenehmer
  - Probeentnahmestelle
- ☐ Bezeichnung der Abfallart (betriebsüblich, wenn möglich auch nach Abfallkatalog)
- ☐ Abfallerzeuger (Anschrift)
  Anfallstelle im Betrieb
- ☐ Art der Lagerung
  - Lagerplatz
  - Art der Lagerung
- ☐ Anfallende Menge
  - einmalig (m^3, t)
  - Häufigkeit (m^3, t/Tag/Monat/Jahr)
- ☐ Zusammensetzung des Abfalls (soweit Angaben vorhanden)
- ☐ Bisherige Beseitigung

Abfallbeschreibung

- ☐ Beschaffenheit
  (fest, stichfest, pastös, flüssig, rieselfähig, staubförmig, thixotrop, stückig, (in)homogen u.a.)
- ☐ Geruch (Art und Intensität)
- ☐ Aussehen
- ☐ Weitere Eigenschaften und Merkmale (soweit erforderlich)

Programme zur Laboruntersuchung von Sonderabfällen

Untersuchungen zum Reaktionsverhalten des Abfalls

- ☐ Entwässerbarkeit (Filtration, Spaltung, Absetzverhalten)
- ☐ Verhalten bei thermischer Belastung (Änderung des Aggregatzustands, Gas- und Geruchsentwicklung, Entzündung, Intensität, Löslichkeit)

Grundsatzuntersuchungen aus Originalmaterial

- ☐ pH-Wert
- ☐ H_2O-Gehalt
- ☐ Trockenrückstand
- ☐ Glühverlust

Grundsatzuntersuchungen im Eluat (soweit erforderlich)

- ☐ Farbe
- ☐ Geruch
- ☐ Trübung
- ☐ pH-Wert

Weitere Untersuchungen, wie z.B. auf Oxidierbarkeit, auf Gehalte von Schwermetallen, auf den biochemischen Sauerstoffbedarf u.a., können je nach dem Belastungspotential des untersuchten Abfallstoffs sich anschließen.

Einzel- und Spezialuntersuchungen

Auch hier bestimmt sich das Untersuchungsprogramm aus dem Konflikt zwischen dem Belastungspotential des Abfalls und den der Abfallbehandlungsanlage vorgegebenen Grenzwerten.

Tabelle 11.6 Beseitigung von Sonderabfällen (Darstellung nach KLUBESCHEIDT [11.2])

Stoffgruppen Konsistenz	Art der Beseitigung
stichfeste Sonderabfälle	Verbrennung und Deponierung
☐ ausgehärtet und wasserlöslich	In der Regel können diese Abfälle zusammen mit dem Hausmüll deponiert werden. Soweit erforderlich sind spezielle Schlämme (Galvanik) vor der Entwässerung zu entgiften und zu neutralisieren
☐ wasserlöslich	Verbrennung und/oder Ablagerung auf Sonderabfalldeponien, wobei die letztere Art der Beseitigung in der Regel die kostengünstigere Alternative ist,
☐ Härtesalze	Untertagedeponie
☐ Pflanzenschutzabfälle	Untertagedeponie und Spezialbehandlung im Einzelfall
☐ brand- und explosionsgefährliche Abfälle	Spezialbehandlung im Einzelfall
Für alle Stoffgruppen sind Technologien zur Rohstoffrückgewinnung bisher nur wenig verfügbar	
flüssige Sonderabfälle	Verbrennung, Vorbehandlung, Wiederverwertung
☐ Lösungsmittel, Lacke, Farben (Pigmente, Kohlenwasserstoffe, Schwermetalle)	Regenerierung durch Destillation, soweit die Stoffe nicht zu sehr verschmutzt sind. Hochverschmutzte Stoffe dieser Kategorie sind einer Sonderabfallverbrennungsanlage zuzuführen, soweit chlorhaltig einer Anlage mit einer Rauchgas-Naßwäsche oder Verbrennung auf hoher See
☐ Mineralölhaltige Abfallstoffe (Benzine, Fette, Öle)	Schadlose Beseitigung in Sonderabfallverbrennungsanlagen; soweit hohe Wasseranteile vorhanden sind, ist eine volumenreduzierende Vorbehandlung (Öl-Wasser-Trennung) kostengünstiger. Wenig verschmutzte Altöle können zu Zweitraffinaten verarbeitet werden
☐ anorganische Abfallstoffe (Säuren, Laugen, Metallverbindungen)	Entgiftung, Neutralisation und Deponierung der entwässerten Schlämme
☐ sonstige pumpfähige Sonderabfälle (Phenole, Ammoniak u.a.)	In der Regel Verbrennung in Hochtemperaturverbrennungsanlagen; selten geeignet für eine Rohstoffrückgewinnung
☐ pastöse Sonderabfälle	Verbrennung und/oder Ablagerung auf Sonderabfalldeponien nach Eindickung mit geeigneten Aufsaugmitteln

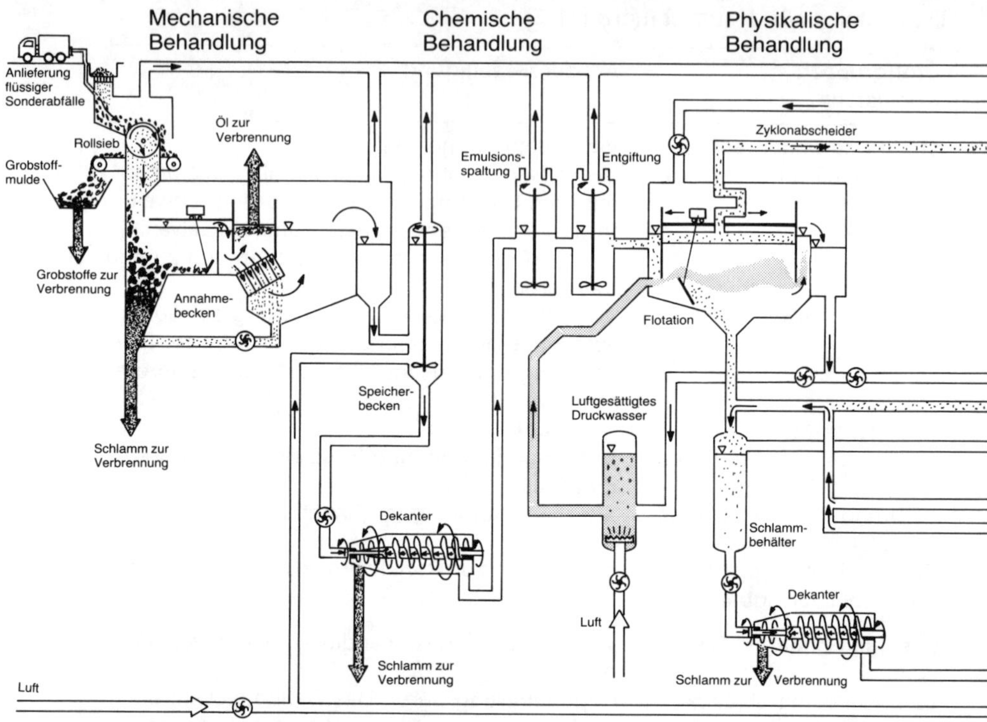

Bild 11.2 Fließbild einer Anlage zur Aufbereitung flüssiger Sonderabfälle. Anlagenbeispiel Schwabach
(Darstellung nach Unterlagen der Fa. Siemens, Unternehmensbereich KWU, Erlangen [11.6])

11.2 Behandlung bzw. Beseitigung von Sonderabfällen

Die schadlose Beseitigung von Sonderabfällen erfolgt im wesentlichen durch

- □ chemisch-physikalische Vorbehandlung (PCB)
- □ thermische Vorbehandlung
- □ Ablagerung.

Bei der *chemisch-physikalischen Vorbehandlung* [11.3 bis 11.5] wird ein begrenztes Spektrum von Sonderabfällen, meist flüssiger, pumpfähiger Art mit

- □ überwiegend organischer Belastung (Emulsionen, Öl-Wasser-Gemische, Öl/Fettschlämme etc.) oder
- □ überwiegend anorganischer Belastung (Säuren, Laugen, cyanid-, nitrit-, chromathaltige Lösungen, Konzentrate, Schlämme u. ä.)

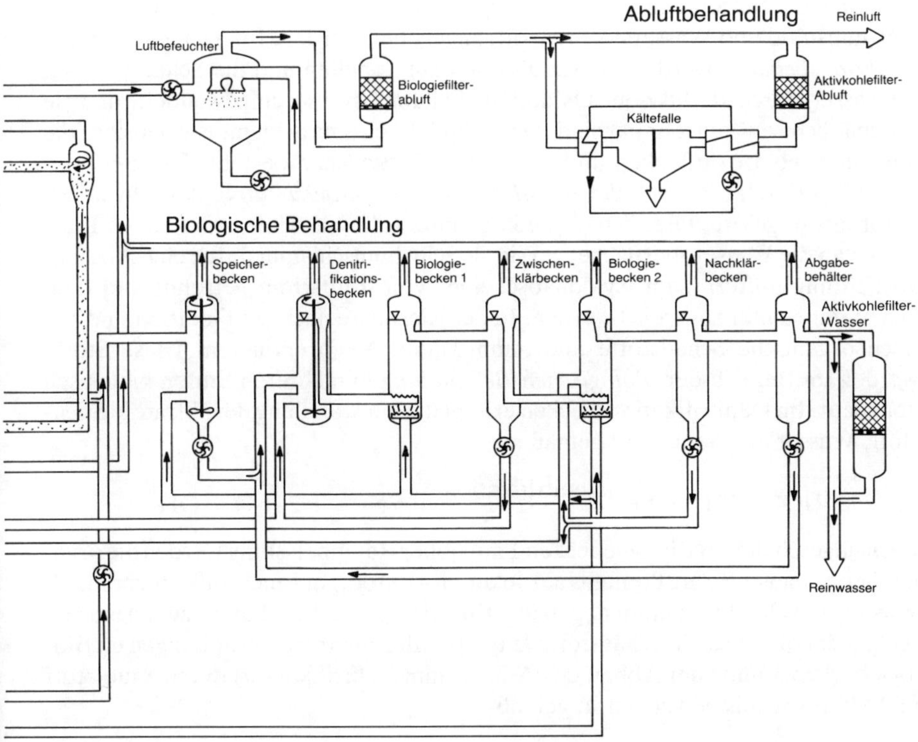

einer angepaßten Kombination von physikalischen Verfahren (z. B. Entwässerung, Konditionierung, Flotation, Eindampfung, Strippen, thermische Emulstionstrennung, Trocknung, Membrantrennung) und chemischen Prozessen (z. B. chemische Emulsionsspaltung, Neutralisation, Fällung/Flockung, Oxidation, Reduktion unterworfen.

Bild 11.2 zeigt ein Verfahrensbeispiel für die Behandlung flüssiger Sonderabfälle in Schwabach [11.6]: Die eigentliche Aufbereitungsanlage besteht aus vier Stufen. In der *mechanischen Reinigungsstufe* trennen Rollsiebe die Grobstoffe von der flüssigen Phase. Ausgetragener Feinschlamm sedimentiert im Aufnahmebecken unterhalb des Rollsiebs aus und wird von einem Schildräumer in den Schlammtrichter entfernt. Aufschwimmende Leichtstoffe werden an der Oberfläche abgezogen. Das Abwasser fließt dem Speicherbecken zu, wo ihm probenkonform Chemikalien

(Kalkmilch, Natronlauge, Natriumhypochlorit, Salzsäure, Eisen-III-Chlorid, Natriumsulfid und Wasserstoffperoxid) zugegeben werden. Im nachgeschalteten *Reaktionsbehälter* werden die Emulsionen aufgespalten und die Schadstoffe im Abwasser durch Reduktion, Oxidation, Fällung usw. so umgewandelt, daß sie unschädlich bzw. abtrennbar sind. Dabei bildet sich eine Schlammsuspension, die aus Ölen, Hydroxidflocken und feinen Feststoffteilchen besteht. Die *Entspannungsflotation* im Bereich der *physikalischen Weiterbehandlung* des Abwassers befördert ungelöste Öle, Schad- und Schmutzstoffe mit Hilfe von kleinen Luftblasen an die Wasseroberfläche, wo sie als Schwimmschlamm durch eine Absaugvorrichtung entfernt, im Zyklonabscheider vom Luftstrom getrennt und dem Schlammbehälter zugeführt werden. In der Klarphase nach der Flotation sind nur noch organische Schadstoffe und Ammonium (NH_4^+) enthalten. Diese Stoffe werden im Bereich der *biologischen Behandlung* in mehreren Stufen biologisch abgebaut. Im Denitrifikationsbecken erfolgt die Umwandlung der Nitrate in Stickstoff, Wasser und Sauerstoff gemäß

$$NO_3^- + 5\,H^+ + 5\,e^- \xrightarrow{\text{Denitrifikation}} 0{,}5\,N_2\uparrow + 2\,H_2O + OH^-.$$

Im nachgeschalteten Biologiebecken 1 mit hoher Raumbelastung werden die organischen Schadstoffe größtenteils aerob durch Mikroorganismen zu Kohlendioxid, Wasser und Belebtschlamm abgebaut. Ein Biologiebecken 2 dient zum weiteren Abbau der organischen Schadstoffe, zur Abpufferung von Schwankungen im Biologiebecken 1 und zum Abbau des Ammoniums (Nitrifikation) durch Sauerstoff und Mikroorganismen zu Nitrat gemäß

$$NH_4^+ + 1{,}5\,O_2 \xrightarrow{\text{Nitrosomonas}} NO_2^- + H_2O + 2\,H^+,$$

$$NO_2^- + 0{,}5\,O_2 \xrightarrow{\text{Nitrobacter}} NO_3^-$$

über viele Zwischenprodukte. Nachklärbecken, Abgabebehälter und Aktivkohlefilter dienen zur Trennung in biologisch gereinigtes Abwasser und Belebtschlamm, zur Teilstromrückführung nitrathaltigen Abwassers zum Denitrifikationsbecken und zur Abgabe des Reinwassers direkt, oder zur Entfernung ggf. noch vorhandener Chlorkohlenwasserstoffe über die Adsorptionsstrecke, an die kommunale Kläranlage oder in den Vorfluter. Die Abluft der verschiedenen Reinigungsstufen ist durch organische Schadstoffe und Gerüche belastet. Sie ist daher in einer Abluftreinigungsanlage zu behandeln. Diese hat entsprechend der Schadgasbelastung zwei unabhängig voneinander arbeitende Reinigungsfilter, ein Biofilter zur Behandlung von vorwiegend geruchsbelasteter Abluft mit geringem Gehalt an Chlorkohlenwasserstoffen und ein Aktivkohlefilter zur Behandlung von chlorkohlenwasserstoff-belasteter Abluft. Die Abluft wird vor dem Biofilter zunächst bis in die Nähe der Sättigung angefeuchtet, bevor Mikroorganismen die Schadstoffe in Wasser und Kohlendioxid umwandeln. Das Aktivkohlefilter nimmt die im Biofilter nur teilweise abbaubaren flüchtigen Chlorkohlenwasserstoffe aus der Abluft auf. Beladene Aktivkohle wird entsprechend ihrem Verschmutzungsgrad ausgetauscht.

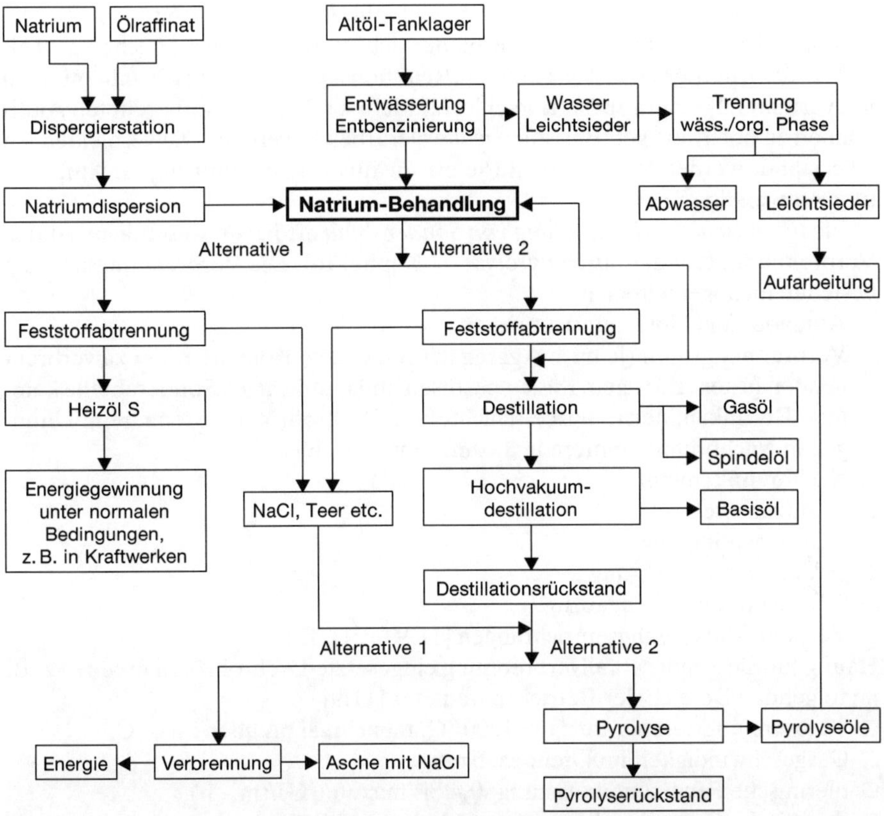

Bild 11.3 Grundfließbild einer Anlage zur Altöl-Aufbereitung mit Hilfe von metallischem Natrium
(Darstellung nach Unterlagen der Fa. Degussa, Frankfurt [11.8])

Alle bei der Abwasser- und Abluftbehandlung anfallenden Rückstände (Grobstoffe, Schlämme, Öle usw.) werden direkt oder über Zwischenbehälter einer Sondermüll-Verbrennungsanlage zugeführt.

Bild 11.3 zeigt das Grundfließbild einer Anlage zur *Altöl-Aufbereitung* mit Hilfe von metallischem Natrium ([11.7, 11.8]). Altöle enthalten Verunreinigungen, die eine direkte Wiederverwertung ausschließen. Besonders problematisch sind chlorhaltige organische Verbindungen, insbesondere die polychlorierten Biphenyle (PCB), weil sie bei unkontrollierter Verbrennung giftige polychlorierte Dioxine und Furane bilden können. Bei dem Degussa-Verfahren zur Altölaufbereitung mit metallischem Natrium wird das Altöl zunächst thermisch bei 140 °C entwässert und mit einer Natrium-Öl-Dispersion mit ca. 33 Ma-% Natrium versetzt. Die Zugabemenge der Dispersion richtet sich nach dem Gehalt an organisch gebundenem

Chlor im Altöl; als Faustregel gilt Ma-% Chlor im Altöl = Ma-% Natrium-Zusatz. Das organisch gebundene Chlor verbindet sich im Temperaturbereich von 20 bis 250 °C über mittlere Verweilzeiten im Reaktionsgefäß von 1 bis 30 min mit dem feinverteilten Natrium zu Natriumchlorid. Mehr als 80 % des aufbereiteten Altöls können zu hochwertigen Basisölen weiterverarbeitet werden. Die verbleibenden Rückstände werden pyrolysiert und liefern die für die Durchführung der Aufarbeitung notwendige Energie.

Die *thermische Vorbehandlung von Sonderabfall* erfolgt im wesentlichen durch Verbrennung, seltener durch Pyrolyse (s. Kapitel 10). Die Verbrennungsanlagen bestehen im allgemeinen aus

- □ Aufgabe- und Dosiereinrichtungen
- □ Verbrennungsofen (je nach Aggregatzustand bzw. Konsistenz der zu verbrennenden festen, flüssigen, flüssig-pastösen und gasförmigen Sonderabfälle kommen Brennkammern, Wirbelschichtöfen, Drehrohröfen, Brennereinrichtungen in Nachbrennkammern u. ä. zum Einsatz)
- □ Nachbrennkammer
- □ Abhitzekessel
- □ Rauchgasreinigung
- □ ggf. Abwasserreinigung
- □ Schlacken- und Ascheabzug
- □ Ver- und Entsorgungseinrichtungen [11.9 bis 11.12]

Häufig für die Sonderabfallverbrennung eingesetzte Drehrohröfen arbeiten z. B. im folgenden Bereich der Betriebsparameter [11.9]

- □ Verbrennungstemperatur: um 1200 °C, manchmal bis über 1400 °C,
- □ Gasgeschwindigkeit im Ofen: ca. 5 m/s,
- □ thermische Feuerraumbelastung: 0,4 bis max. 0,6 GJ/($m^3 \cdot h$),
- □ thermische Querschnittsbelastung: 6 bis max. 8 GJ/($m^2 \cdot h$),
- □ Verweilzeit des Abfalls im Ofen: 0,5 bis 2 h,
- □ Luftüberschußzahl: 1,6 bis 2,5.

Bild 11.4 zeigt das Fließbild der Sonderabfall-Verbrennungsanlage Biebesheim mit Aufgabe- und Beschickungseinrichtungen, Drehrohrofen, Nachbrennkammer, Dampfkessel, Abgasreinigung und Schornsteinsystem für eine Durchsatzleistung von 60 000 t/a an flüssigen, pastösen und festen Sonderabfällen [11.10].

Tabelle 11.7 gibt eine Übersicht über öffentlich betriebene Sonderabfall-Verbrennungsanlagen in der Bundesrepublik Deutschland [11.18].

Tabelle 11.8 kennzeichnet verschiedene Verbrennungssysteme für die thermische Behandlung von Sonderabfällen [11.18].

Bild 11.5 zeigt schematisch vereinfacht die Verfahrensweise bei der Behandlung wichtiger Sonderabfälle.

Die im Sinne der Schadstoffbeseitigung weitestgehend vorbehandelten Sonderabfälle sind zur endgültigen Beseitigung auf einer geeigneten Deponie (Kapitel 8) abzulagern. Je nach Art der abzulagernden Rückstände, der angewandten Einbautechnik und der geologischen Gegebenheiten erfolgt diese Beseitigung in folgenden Deponien:

□ Sonderabfall-Deponie zur Ablagerung von Sonderabfall-Gemengen eines breiten Spektrums,
□ Monodeponien zur Ablagerung genau definierter Sonderabfälle, die in großen Mengen anfallen, und
□ Untertagedeponien zur Aufnahme löslicher und toxischer Sonderabfälle.

Grundsätzlich dürfen nur ausreichend entwässerte bzw. verfestigte Abfälle *(Tabelle 11.9)* mit einem maximalen Restwassergehalt von 60 bis 65 Ma-% abgelagert werden, die im Falle einer gemischten Ablagerung nicht miteinander reagieren können. Bei der Ablagerung in untertägigen Deponien ist darauf zu achten, daß keine Ausgasungen entstehen.

Die Sonderabfalldeponie der Zukunft wird sicher mehr Abfallarten von der Ablagerung ausschließen als heute, was größere Anforderungen an die Schadstoffabreicherung, Entgiftung und Inertisierung von Sonderabfällen stellen wird. So wird insbesondere der Extraktion von Salzen, Schwermetallen und organischen Verbindungen aus dem Abfallgefüge eine besondere Bedeutung zukommen wie z. B. der
□ Auslaugung von Filterstäuben aus der Müllverbrennung,
□ Extraktion von Ölschlämmen,
□ Extraktion von kontaminierten Böden etc.

Die Beseitigung von Sonderabfällen auf hoher See darf nur noch ausnahmsweise und befristet gemäß den Richtlinien des «Hohe-See-Einbringungsgesetzes» im Oslo-London-Abkommen erfolgen.

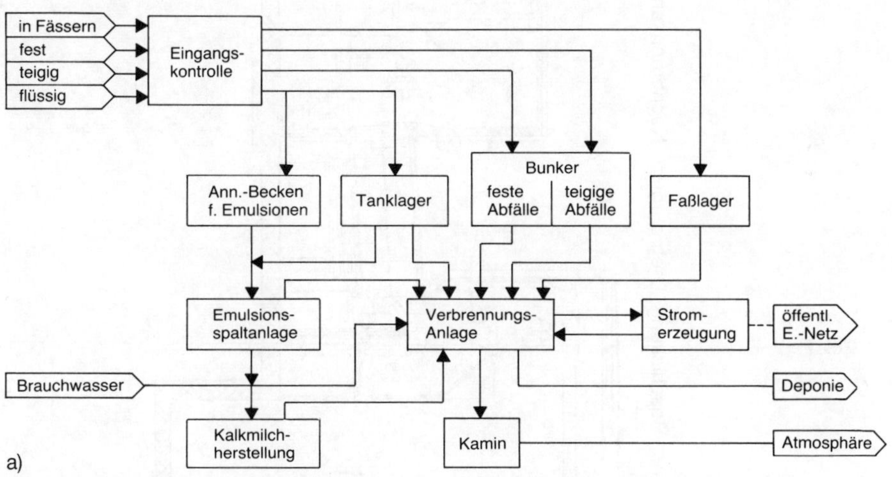

Bild 11.4 Sonderabfall-Verbrennungsanlage Biebesheim, schematisch
a) Grundfließbild und b) Verfahrensschema der Verbrennungsanlage
c) Verfahrensschema der zugehörigen Rauchgasreinigungsanlage
(Darstellung nach Erbach [11.10], Schöner [11.11] und Unterlagen der Fa. von Roll)

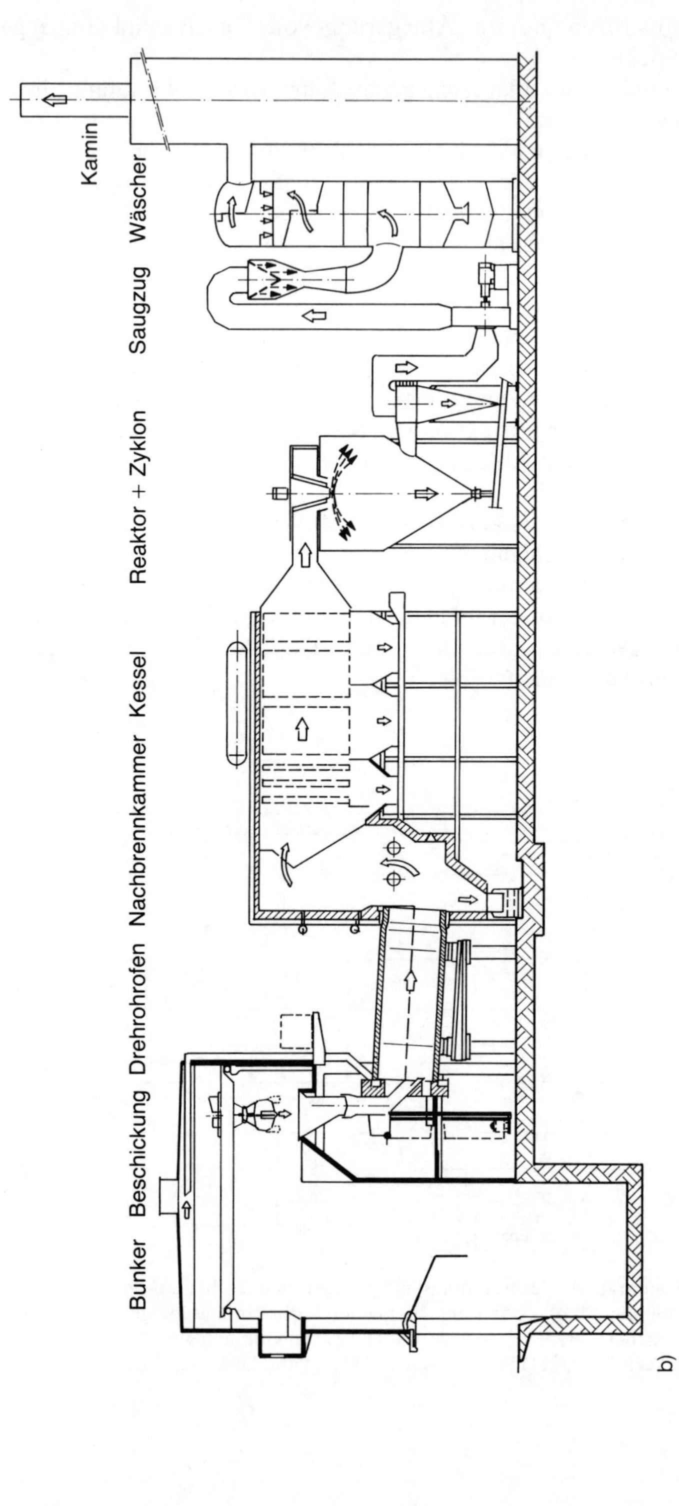
Bunker
Beschickung
Drehrohrofen
Nachbrennkammer
Kessel
Reaktor + Zyklon
Saugzug
Wäscher
Kamin
b)

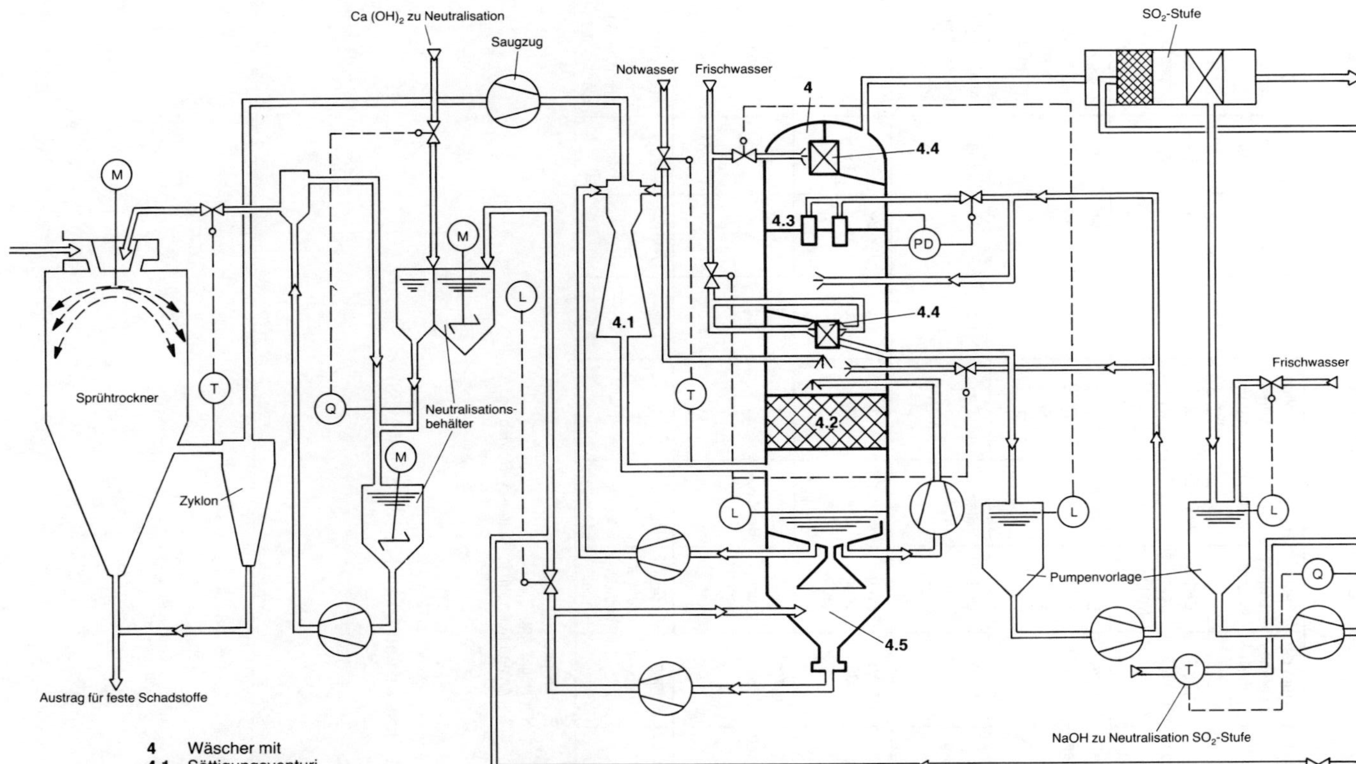

4 Wäscher mit
4.1 Sättigungsventuri
4.2 Absorptionsstufe
4.3 Ring-Jet-Aerosolabscheider
4.4 Tropfenabscheider
4.5 Wäschersumpf und Entschlammer

c)

Tabelle 11.7 Übersicht über öffentlich betriebene Sonderabfall-Verbrennungsanlagen

Standort	Betreiber	Datum der Inbetrieb-nahme	Feue-rungs-system	Hersteller der Feuerung	Anzahl der Ver-brennungs-einheiten	theoret. Kapazität je Einheit in t/h	Betriebs-weise in d × h	Jahres-durch-satz in 1000 t	Sonder-abfallarten
Biebesheim	MIM Wiesbaden	1981 (E 1989)	Dreh-rohr-Nachv.	Von Roll	2 (1)	5,0 (5,0)	7 × 24	58 (30)	fest, pastös, flüssig, PCB
Ebenhausen	GSB München	1975 (N 1991)	Dreh-rohr-Nachv.	EKHI	2 (2)	4,0 (6,5)	7 × 24	60 (100)	fest, pastös, flüssig, PCB
Hamburg	AVG Hamburg	1970	Dreh-rohr-Nachv.	Stein-müller	2	6,5	7 × 24	100	fest, pastös 50% hausmüll-ähnliche Ge-werbeabfälle
Herten	BEAB Essen	1983 (E 1989)	Dreh-rohr-Nachv.	Widmer & Ernst (Stein-müller)	1 (1)	5,0 (5,0)	7 × 24	30 (30)	fest, pastös, flüssig
Schwabach	ZVSMM Schwabach	1972*) 1988	Dreh-rohr-Nachv.	VKW Babcock	1 1	2,5 5,0	7 × 24	18 30	fest, pastös
Schweinfurt	GSB München	1965	vier-stufiger Wander-rost	Maschi-nen-fabrik Esslingen	1	2,5	7 × 24	20	fest, pastös 50% hausmüll-ähnliche Ge-werbeabfälle

E = Erweiterung
N = Neuanlage
*) = Anlage nur noch im Stand-by-Betrieb

Darstellung nach Barniske und Gleis [11.18] (Stand 1988)

in der Bundesrepublik Deutschland

Dampfparameter in bar/C° und Wärmenutzung	Vorbehandlungssystem	Daten zur Abgasreinigung: Datum der Inbetriebnahme	Schadgasabscheidung	Bauart	Hersteller oder Lizenzgeber	Anzahl der Einheiten	durchschn. Abgasmenge in 1000 m³/h	Staubabscheidung
25/280 EW, ESt	Emulsionstrennanlage	1981 E 1986 (E 1989)	Naßwäsche mit $Ca(OH)_2$ und NaOH	3-stuf. Waschturm m. Sprühturm u. SO_2-Abs. (3-stuf. Waschturm)	Von Roll	1 (1)	95 (83)	Zyklon (E-Filter)
27,5/270 EW, KW	CPA-Emulsionstrennanlage	1975 (N 1991)	Naßwäsche mit NaOH	zweistuf. Venturiw.	Babcock	2 (2)	70	E-Filter
17/300 EW, ESt	CPA	1970 E 1986	Quasitr.-sorption mit $Ca(OH)_2$	Sprühabsorber	Niro-Atomizer	1	150	E-Filter Gewebefilter
32/320 FHKW	CPA	1983 (E 1989)	Naßwäsche mit $Ca(OH)_2$	Zentrifugalw.	Saarberg Hölter (Steinmüller)	1 (1)	79 (58)	E-Filter
12/220 EW, Kond.	CPA, Emulsionstrennanlage	1985	Naßwäsche mit $Ca(OH)_2$	Kolonnenwäscher	Lentjes-Leisegang	1	40	E-Filter
keine Wärmenutzung, Abgaskühlung mit Luft	–	1986	Quasitr.-sorption mit $Ca(OH)_2$	Reaktorturm	Lurgi	1	39	Multizyk. Gewebefilter

EW = Eigenwärmenutzung
ESt = Eigenstromerzeugung
Kond. = Konditionierung
FHKW = Fernheizkraftwerk
CPA = chemikalisch-pysikalische Vorbehandlungsanlage

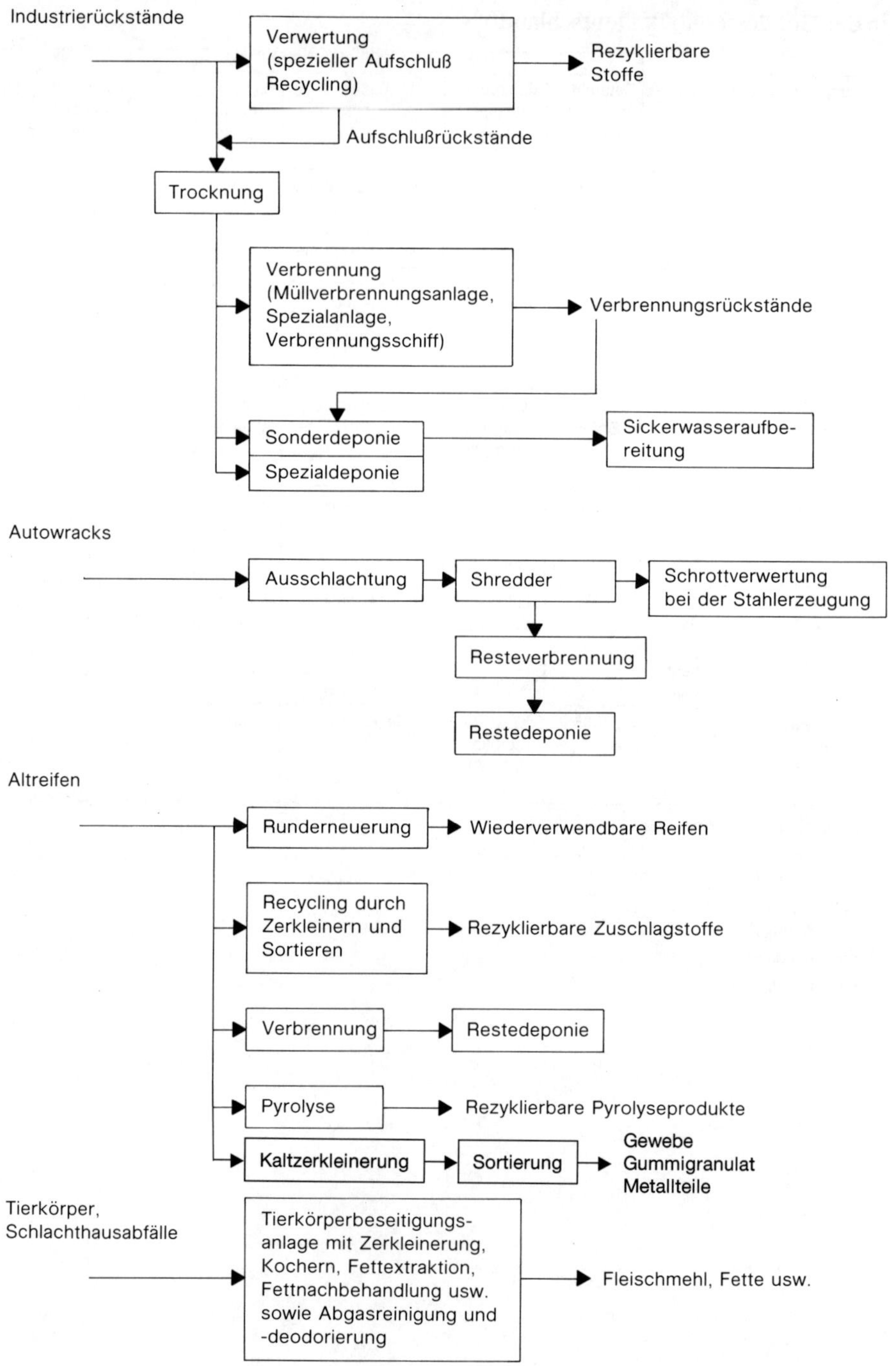
Industrierückstände
Verwertung (spezieller Aufschluß Recycling)
Rezyklierbare Stoffe
Aufschlußrückstände
Trocknung
Verbrennung (Müllverbrennungsanlage, Spezialanlage, Verbrennungsschiff)
Verbrennungsrückstände
Sonderdeponie
Spezialdeponie
Sickerwasseraufbereitung
Autowracks
Ausschlachtung
Shredder
Schrottverwertung bei der Stahlerzeugung
Resteverbrennung
Restedeponie
Altreifen
Runderneuerung
Wiederverwendbare Reifen
Recycling durch Zerkleinern und Sortieren
Rezyklierbare Zuschlagstoffe
Verbrennung
Restedeponie
Pyrolyse
Rezyklierbare Pyrolyseprodukte
Kaltzerkleinerung
Sortierung
Gewebe
Gummigranulat
Metallteile
Tierkörper, Schlachthausabfälle
Tierkörperbeseitigungsanlage mit Zerkleinerung, Kochern, Fettextraktion, Fettnachbehandlung usw. sowie Abgasreinigung und -deodorierung
Fleischmehl, Fette usw.

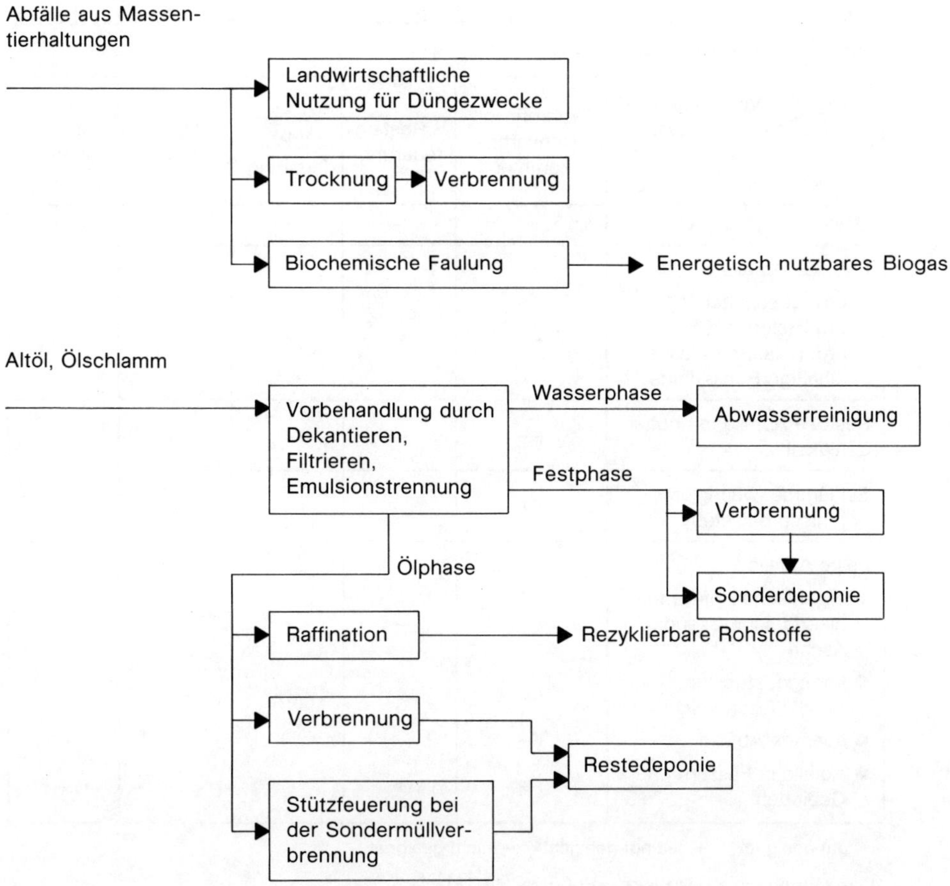

Bild 11.5 Behandlung wichtiger Sonderabfälle, schematisch vereinfacht

Tabelle 11.8 Einsatzbereiche für verschiedene Verbrennungssysteme zur thermischen Behandlung von Abfällen

Abfallart \ Verbrennungssystem	Drehrohr mit Nachverbr.-kammer	Rost-feuerung	Wirbel-schicht-feuerung	Etagen-ofen	Brenn-kammer
Gase	+	–	+	–	++
Flüssige Abfälle org. Lösemittel org. Halogenverbr. org. belastete Wässer ölhaltige Rückstände	++	–	+	–	++
Pastöse Abfälle mit hoher Zähigkeit	++	–	+	–	–
Schlämme (wäßrig, organisch belastet)	++	–	++	+	–
Feste Abfälle					
● organische Abfälle mit niedrig schmelzender Asche	++	–	+	–	–
● körnige, stückige Abfälle (aschereich)	++	–	++	++	–
● sperrige Abfälle	++	++	–	–	–
● Abfälle in Fässern und Gebinden	++	+	–	–	–

++ gut geeignet + bedingt geeignet – nicht geeignet

(Darstellung nach Barniske und Gleis [11.18])

Kurz erwähnt sei die Möglichkeit der Energieerzeugung aus organischen Sonderabfällen im Bereich der Landwirtschaft als Beispiel für lokal nutzbare und zur Energieeinsparung einzelner Betriebe mit Massentierhaltung wirtschaftlich sinnvolle Abfallverwertung: Insbesondere tierische Exkremente, aber auch Feld- und Fruchtverwertungsrückstände lassen sich unter Luftabschluß mikrobiell in wäßrigem Milieu über verschiedene Zwischenprodukte in *«Biogas»* – ein Gemisch aus Methan und Kohlendioxid – und ausgefaulten Schlamm abbauen (anaerobe *Faulung, Methangärung, Fermentation, Tabelle 11.10*). In einer ersten Stufe, der «sauren Gärung» oder «Verflüssigung», wird die mikrobiell verwertbare «Biomasse» durch acinogene Bakterien, wie Milchsäure-, Coli-, Propionsäure- und Buttersäurebakterien und Hefe, in Alkohole, Säuren und «Gärgas» abgebaut *(Tabelle 11.11)*. Methanogene, sulfatreduzierende und gegebenenfalls denitrifizie-

Tabelle 11.9 Verfahren zur Verfestigung und Einkapselung von Sonderabfällen [11.20, 11.21]

- ☐ DCR-Verfahren (Dispersion durch chemische Reaktion)
  Herstellung eines wasserabweisenden, bodenmechanisch gut zu verdichtenden Pulvers bei der stark exothermen Reaktion von ungelöschtem Kalk (CaO) mit Ölschlämmen, Säureharzen/Säureteeren u. ä.

- ☐ GFS-Verfahren (Gesellschaft für Flugaschenverwertung und Schadstoffbeseitigung)
  Katalytisch reaktive Verfestigung von Ölschlämmen mit Flugasche oder Filterstaub, hydraulischen Bindemitteln und Kalk

- ☐ KFA-Verfahren (Kernforschungsanlage Jülich)
  Verfestigung von ölhaltigen Schlämmen und Benzinabscheiderückständen mit einem Gemisch aus Gips und Bimsstein bzw. Wasserglas

- ☐ Vermörtelung mit ungelöschtem Kalk
  Vermischung von Ölschlämmen, Sand und PM-Binder z. B. im Verhältnis 3 : 3 : 1 und reaktive Umsetzung, ggf. unter Zusatz von Additiven

- ☐ Verfestigung anorganischer Schlämme durch chemische Reaktion mit entsprechenden Zuschlägen in wäßriger Phase unter Bildung von Hydraten, Salzen, Hydroxiden, Silikaten, Aluminaten etc., z. B.
  - Verfestigung von Klärschlamm mit Zement oder Kalk
  - Verfestigung von Baggergut (Flußschlamm) mit Branntkalk
  - Vermörtelung von Bergematerial mit Kalkhydrat
  - Verfestigung von Schlämmen mit Aschen (z. B. Rauchgasreinigungsschlämme + Flugasche, Klärschlamm + Flugasche/Kalk und Additive)
  - Anschlämmen von sulfathaltiger Kraftwerksasche mit Wasser, reaktive Verfestigung unter Bildung von Gips, Calciumhydroxid und Eisen-III-Oxid (Heide-Werner-Verfahren)
  - HDT-Verfahren (Hydrophobierung durch Trägerstoffe) zur Verfestigung von Schlämmen, kontaminierten Böden etc. mit verschiedenen hydraulischen Bindemitteln

- ☐ Einkapselung durch Inertmaterial

- ☐ Verfestigung mit organischen Polymeren

- ☐ Glasbildung durch Silikate

Tabelle 11.10 Eigenschaften von Biogas [11.13 bis 11.17]

Eigenschaft	CH_4	CO_2	H_2	H_2S	Modellgemisch (60% CH_4, 40% CO_2)
Zusammensetzung (Vol.-%)	50 bis 70	30 bis 50	0 bis 1	0 bis 3	100
Heizwert H_u (kJ/m³)	35 800	–	10 800	22 800	21 500
Zündtemperatur (°C)	650 bis 750	–	585	–	650 bis 750
Zündgrenze in Luft (Vol.-%)	5 bis 15	–	4 bis 80	4 bis 45	6 bis 12
Dichteverhältnis zu Luft	0,55	2,5	0,07	1,2	0,83

rende Bakterien sorgen dann für eine weitere Umsetzung in Methan und Kohlendioxid sowie ausgefaulte Rückstände («alkalische Gärung» oder «Vergasung»). Der ausgefaulte Rückstandsschlamm ist fast geruchlos und nahezu keimfrei; sein Dungwert ist hoch, weil die Nährstoffe des Ausgangsmaterials, wie Stickstoff, Phosphor, Kalium usw., bei der Faulung erhalten blieben.

Wesentliche Parameter des Vergärungsprozesses zur Erzeugung von Biogas sind:

- ☐ Faulraumbelastung (ca. 1 bis 6 kg organische Trockensubstanz je m³ Faulraum und Tag).
- ☐ Feststoffgehalt im Abfallschlamm (<10 bis 12%).
- ☐ Temperatur (3 bis 30 °C für psychrophile, 25 bis 45 °C für mesophile und 40 bis 70 °C für thermophile Mikroorganismen; häufig 30 bis 40 °C).
- ☐ pH-Wert (7,0 bis 7,5, Pufferung mit Kalk).
- ☐ Kohlenstoff-Stickstoff-Verhältnis (ca. 10 bis 15).
- ☐ Stickstoffgehalt (ca. 100 mg/l Biomasse).
- ☐ Säuregehalt (<2000 mg/l).
- ☐ Gehalt an Stoffen, die die Tätigkeit der Mikroorganismen hemmen (Antibiotika, Detergentien usw.).

Die benötigte Faulzeit bis zum Ende der Gärung wächst mit sinkender Temperatur und liegt bei etwa 20 bis 30 Tagen für einen Temperaturbereich von etwa 30 bis 35 °C im Gärraum. Die Ausbeute an Biogas macht ca. 100 bis 500 l/kg organische Trockensubstanz bei der Verwertung tierischer Exkremente aus und wächst auf ca. 600 l/kg bei der Faulung häuslichen Klärschlamms bzw. etwa 700 l/kg bei der Vergärung pflanzlicher Rückstände.

Eine Anlage zur Erzeugung von Biogas besteht im wesentlichen aus folgenden Teilen:

Tabelle 11.11 Anaerober Abbau von Biomasse zu Biogas in Modellreaktionsgleichungen; Zusammensetzung des entstehenden Biogases [11.13 bis 11.17]

Abbau von Kohlehydraten und Fetten

$$C_xH_yO_z + \left(x \frac{y}{4} - \frac{z}{4}\right) H_2O \rightarrow \left(\frac{x}{2} - \frac{y}{8} + \frac{z}{4}\right) CO_2 + \left(\frac{x}{2} + \frac{y}{8} - \frac{z}{4}\right) CH_4$$

Beispiel: Glukose, Tripalmitin

$$C_6H_{12}O_6 \rightarrow 3\ CO_2 + 3\ CH_4$$

$$C_{51}H_{98}O_6 + 23{,}5\ H_2O \rightarrow 14{,}75\ CO_2 + 36{,}25\ CH_4$$

Abbau von Eiweiß

$$C_vH_wO_xN_yS_z + \left(v - \frac{w}{4} - \frac{x}{2} + \frac{3y}{4} + \frac{z}{2}\right) H_2O$$

$$\rightarrow \left(\frac{v}{2} + \frac{w}{8} - \frac{x}{4} - \frac{3y}{8} - \frac{z}{4}\right) CH_4$$

$$+ \left(\frac{v}{2} - \frac{w}{8} + \frac{x}{4} + \frac{3y}{8} + \frac{z}{4}\right) CO_2 + y\ NH_3 + z\ H_2S$$

Beispiel: Eiweiß mit mittlerer Summenformel, gerundet

$$C_{13}H_{25}O_7N_3S + 6\ H_2O \rightarrow 6{,}5\ CO_2 + 6{,}5\ CH_4 + 3\ NH_3 + H_2S$$

Biogasanfall bei verschiedenen organischen Ausgangsmaterialien

Ausgangsmaterial	Gasanfall m^3/kg Trockensubstanz		Methananteil Vol.-%
	Biogas	Methan	
Eiweiße	0,98	0,49	50
Fette	1,44	1,04	72
Kohlenhydrate	0,75	0,37	50

- □ Aufbereitungs- und Dosiersystem für die Abfälle (Zerkleinerung, Entmistungssystem usw.).
- □ Gärreaktor mit Rührsystem und Beheizung (Speichersystem mit einem einzigen Behälter als Gärbehälter, Gasspeicher und Schlammspeicher für den Chargenbetrieb; Durchflußbehälter mit kontinuierlichem Zustrom von Biomasse und kontinuierlicher Entnahme von Biogas und Faulschlamm; Wechselbehältersystem mit halbkontinuierlichem Betrieb zweier Behälter).
- □ Gasspeicher (Kaverne, Gasglocke usw.).
- □ Gasverwertungssystem (Brenner, Gasmotor usw.)

mit entsprechender Peripherie.

Die Anlagenkosten von Biogasanlagen für Abfälle aus der Massentierhaltung liegen derzeit bei etwa 500 bis 1000 DM/Großvieheinheit für Betriebe mit ca. 200 Großvieheinheiten (GVE) und bei ca. 1500 bis 2500 DM/GVE für Betriebe mit 50 GVE.

12 Altlasten

12.1 Arten, Mengen, Art der Kontamination

Altlasten [12.1 bis 12.4] sind Schadstoffanreicherungen in Boden und Grundwasser, die auf umweltgefährdende Nachwirkungen der kommunalen Ablagerung, der industriellen Produktion und Folgewirkungen aus den beiden Weltkriegen zurückgehen. Die Schadstoffe können anorganischer (z. B. Schwermetalle, Cyanide, Sulfide) oder organischer Natur (z. B. Mineralöle aller Raffineriegrade, polychlorierte Biphenyle (PCB), Chlorkohlenwasserstoffe (CKW), polycyklische aromatische Kohlenwasserstoffe (PCA), Pestizide, Herbizide, Kunststoffrückstände) sein.

Die Altlasten treten insbesondere an verlassenen und stillgelegten Ablagerungsplätzen mit kommunalen und gewerblichen Abfällen, Aufhaldungen und Verfüllungen mit umweltgefährdenden Produktionsrückständen und ehemals industriell genutzten Flächen (ehemalige Standorte von Kokereien, Gaswerken, Chemie- und Mineralölanlagen etc.) auf. Häufig sind Böden so verunreinigt, daß wegen erheblicher Gesundheitsrisiken z. B. eine unmittelbare Nutzung als Baugrund nicht möglich ist.

Erhebungen in den Ländern lassen ca. 50 000 Verdachtsstandorte für Altlasten vermuten; eingeschlossen sind darin etwa 8000 ehemalige Industriestandorte. Geht man von ca. 10 % der Altlasten als sanierungsbedürftig aus, so dürften Sanierungskosten von rund 25 Mrd. DM innerhalb der nächsten 10 Jahre zu erwarten sein. *Tabelle 12.1* gibt als Abschätzungsbeispiel das geschätzte Aufkommen organotoxisch belasteter mineralischer Abfälle in der Bundesrepublik Deutschland wieder.

Probleme mit Altlasten traten häufig erst bei der beabsichtigten Folgenutzung von Altstandorten auf. In letzter Zeit geht man nun dazu über, in Frage kommende Altstandorte historisch zu ergründen, zu kartieren und nach Probenahme und Analyse eine Bewertung vorzunehmen (Altlasten-Kataster). *Bild 12.1* zeigt schematisch die Vorgehensweise bei der Gefahrerforschung und Gefahrenabwehr bei Altlastenstandorten bzw. Altlasten.

Eine spezielle gesetzliche Regelung für Altlasten besteht bisher nicht. Rechtsgrundlagen für die Gefahrerforschung und Gefahrenabwehr lassen sich jedoch aus dem Abfallgesetz und den Abfallgesetzen der Länder, dem Wasserhaushaltsgesetz und den Landeswassergesetzen bzw. aus dem allgemeinen Ordnungsrecht ableiten. Nach diesen Gesetzen obliegt die Überwachung von altlastenverdächtigen

Tabelle 12.1 Abgeschätztes Massenaufkommen von organotoxisch belasteten mineralischen Abfällen in der Bundesrepublik Deutschland

Stoffgruppen Standortarten	Anzahl Standort	mittl. Ablagerungsmasse	Gesamtpotential	direkt relevant (%)	Anteil therm. Bodensan. (%)	Sanierungszeit	jährlicher Sanierungsbedarf (1000 t/a)
Kokereistandorte	80	50 000 t	4 Mio t	20	100	10a	80
Gaswerke	300	10 000 t	3 Mio t	20	100	10a	60
Mineralölstandorte } Fabrikstandorte }			10 Mio t	100	50	10a	500
Umschlag- und Lagerplätze	1 200	50 t	90 000 t/a	100	100		
Gefahrstoffunfälle	600						90
Altdeponien	35 000	50 000 t				50a	1 050
Kommunaler und öffentlicher Erdaushub u. Bauschutt			1750 Mio t 100 Mio t	20 1	15 50		500
Betriebsabfallstoffe			8 Mio t/a	50	25		1 000
			–				3 280 000 t/a

(Darstellung nach Meininger [12.6])

Flächen, Altstandorten, Altablagerungen etc. den zuständigen Behörden, die Durchführung von Gefahrenabwehrmaßnahmen wie Sanierungsmaßnahmen etc. den ordnungsrechtlich Verantwortlichen [12.4]. Aus Kostengründen können i.a. Sanierungen erst bei der Verwirklichung von Folgenutzungen bzw. bei unmittelbarer Gefährdung vorgenommen werden.

12.2 Sanierung von Altlasten

Unter der Sanierung von Altlasten [12.1 bis 12.27] ist die Durchführung jener Maßnahmen zu verstehen, die sicherstellen, daß von der Altlast nach erfolgter Sanierung keine Gefahr für die Umwelt mehr ausgeht. Für die Auswahl der Sanierungsmaßnahmen können die in *Tabelle 12.2* genannten Gesichtspunkte herangezogen werden.

Die Verfahren zur Sanierung von Altlasten lassen sich zu folgenden Gruppen zusammenfassen (siehe auch *Bild 12.2*) [12.8]:

- □ Maßnahmen zur Sanierung von Altdeponien (z. B. Erfassung und Behandlung des Sickerwassers, Untersuchungen zur Standfestigkeit und Deponiegasentwicklung und entsprechende Reaktionsmaßnahmen, Grundwasserkontrolle),
- □ Maßnahmen zur Unterbrechung der Kontaminationswege, z. B. Bodenaustausch (Auskofferung mit Ablagerung auf einer Sonderdeponie), hydraulische

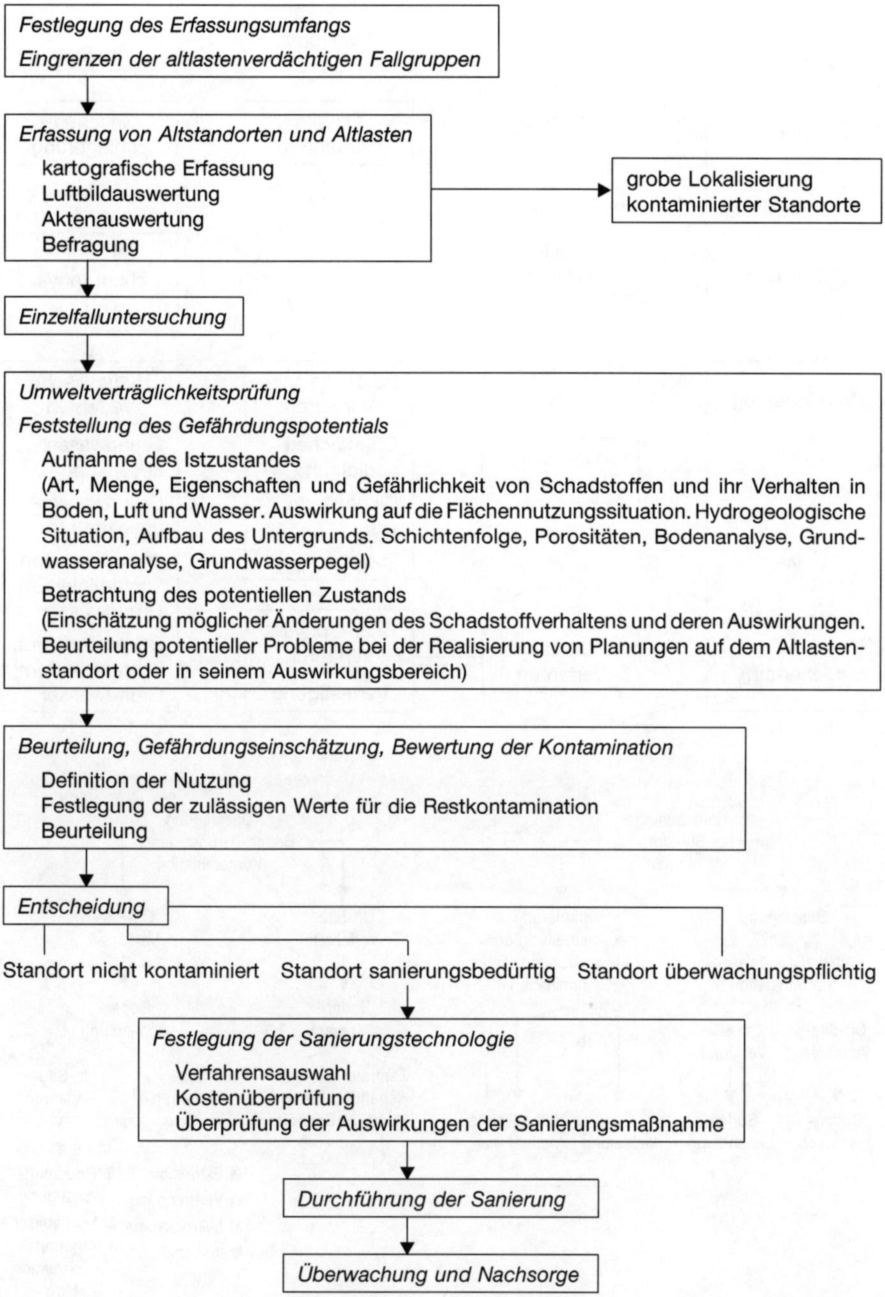

Bild 12.1 Ablauf von Erkundung, Bewertung und Sanierung von Altstandorten bzw. Altlasten. Gefahrerforschung und Gefahrenabwehr, schematisch [12.1; 12.4; 12.7]

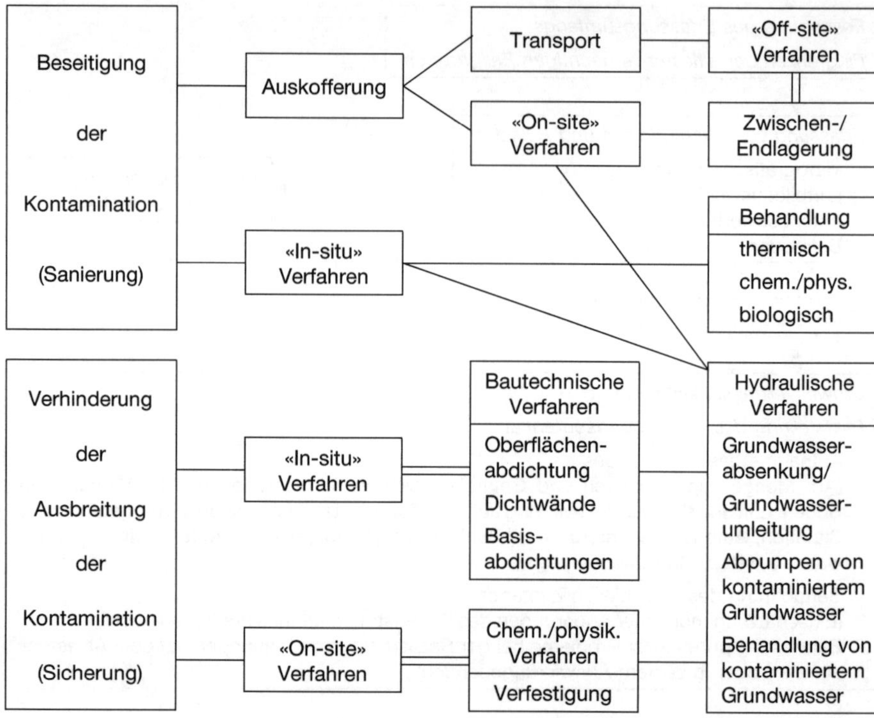

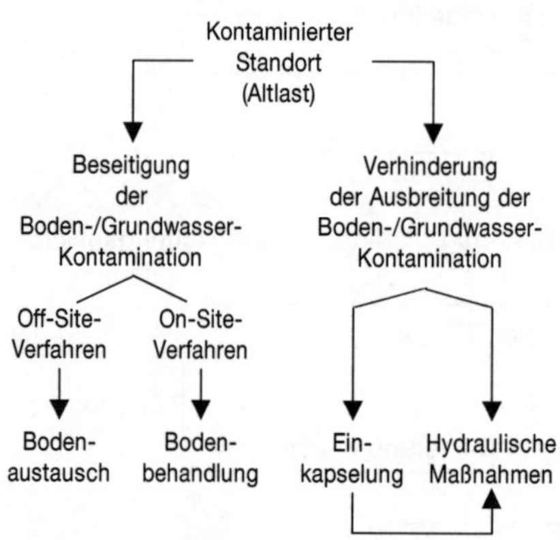

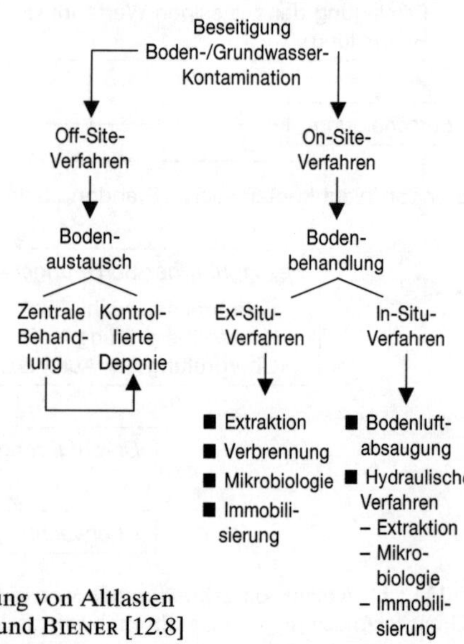

Bild 12.2 Übersicht über Verfahren zur Sanierung von Altlasten (Darstellung nach FRANZIUS [12.12] bzw. STROH und BIENER [12.8]

Tabelle 12.2 Gesichtspunkte für die Auswahl des Verfahrens zur Sanierung einer Altlast

- ☐ Geohydrologische Parameter
  Bodenstruktur, Bodenbeschaffenheit, Bodenverdichtung
  Grundwasserspiegel, Grundwasserfließrichtung
  Bauliche Gegebenheiten
  Zugänglichkeit des Kontaminationsbereichs
- ☐ Schadstoffart, Schadstoffkonzentration, Schadstoffeigenschaften
- ☐ Schadstoffverhalten während der Sanierungsmaßnahme
- ☐ Entwicklungsstand des Verfahrens
- ☐ Anlagen- und Betriebssicherheit, Anlagenverfügbarkeit
- ☐ Umweltbelastung während der Sanierungsmaßnahme
- ☐ Analytische Kontrollierbarkeit der Sanierungsmaßnahme
- ☐ Sanierungszeit
- ☐ Investitions- und Betriebskosten

Tabelle 12.3 Kostenabschätzung für verschiedene Verfahren zur Sanierung von Altlasten

Verfahren	Stoffe	Zeit	Kosten DM/t
On site			
hydraulisch	löslich	Monate	100 bis 200
biologisch	oxidierbar	Jahre	100 bis 200
thermisch	brennbar	Monate	200 bis 500
In site			
Absaugen	flüchtig	Monate, Jahre	1 bis 5
Abpumpen	löslich	Monate, Jahre	5 bis 10
biologisch	oxidierbar	Jahre, Monate	20 bis 50
Abschotten	alle	Monate	2 bis 10
Bodentauschen	alle	Monate	100 bis 300

(Darstellung nach Riepe [12.7])

Maßnahmen (Abwehrbrunnen), Abdichtung (Einkapselung mit Isolierung aus dem Grundwasserbereich), Stabilisierung (Verfestigung),

- □ Dekontamination (On-site-Behandlung (an Ort und Stelle) oder Off-site-Reinigung (an einem anderen Ort) des kontaminierten Bodens mit biologischen, chemischen oder thermischen Methoden).

Bei den *«In-situ»*-Verfahren werden die Schadstoffe dem in der Lagerstätte verbleibenden kontaminierten Boden durch Transportmedien wie Wasser und/oder Luft entzogen und aus diesen Trägern heraus abgereinigt. Die *«Ex-situ»*-Verfahren erfordern die Auskofferung und anschließende Behandlung der kontaminierten Bodenmassen. Die Behandlung erfolgt dann mittels mobiler Anlagen vor Ort *(«On-site»)* oder zentrfal in Entsorgungszentren *(«Off-site»)* [12.8, 12.12].

Eine grobe Abschätzung der bei der Sanierung von Altlasten anfallenden, von vielen orts- und verfahrensspezifischen Einflüssen abhängigen Kosten wird in *Tabelle 12.3* wiedergegeben.

12.2.1 Bodenaustausch und Isolation

Eine bisher häufig verwendete Methode der Altlastensanierung ist das Umsetzen der verunreinigten Bodenmassen auf eine Sondermülldeponie und der ersatzweise Einbau nicht belasteten Bodens *(Bodenaustausch)*. Durch das zunehmend knapper werdende Deponievolumen steigen die Kosten ständig, außerdem wird so eine Verlagerung des Problems vorgenommen. Da die Bodenverunreinigung meist bei 1 bis 10 Vol.-% liegt, wird der größte Teil des Deponievolumens nicht bestimmungsgemäß verwendet. Allerdings ist dies die einzige absolut sicher kontrollierbare Sanierungsmethode.

Die *Einkapselung* kontaminierter Bodenkörper geschieht durch Umschließung mit Dichtungswänden (Spundwand, Schlitzwand), die bis in den undurchlässigen Untergrund geführt werden [12.11, 12.14].

Das weitere Ausbreiten der Schadstoffe wird so verhindert, zur eventuellen Nutzung der Fläche sind weitere Maßnahmen erforderlich.

Durch *hydraulische Maßnahmen* kann das Grundwasser beeinflußt werden. Es kann z. B. durch Drainagen und Brunnen an den kontaminierten Bodenkörpern vorbeigeleitet werden. Wie bei der Einkapselung sind hier zur eventuellen Nutzung der Flächen zusätzlich zur Isolation weitere Maßnahmen erforderlich, da es sich nur um eine Sicherungsmaßnahme handelt.

12.2.2 On-site-Verfahren

Beim On-site-Verfahren wird in unmittelbarer Nähe der Altlast eine meist mobile Reinigungsanlage aufgebaut, durch die das zu reinigende Material geschickt wird. Man unterscheidet folgende Verfahren:

- □ mechanisch-physikalische Trennung
- □ chemische Behandlung
- □ Extraktion

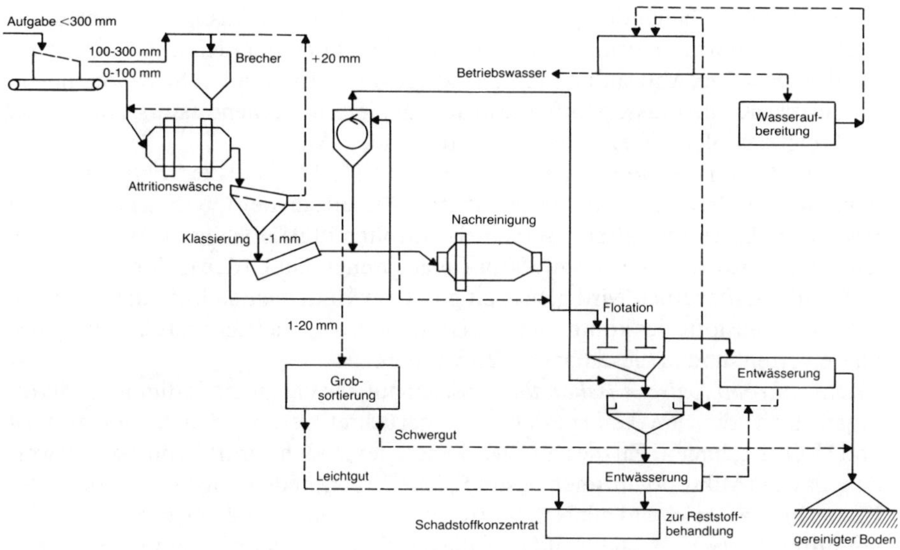

Bild 12.3 Zweistufige naßmechanische Bodenaufbereitung nach dem Lurgi-DECONTERRA-Verfahren
(Darstellung nach Unterlagen der Fa. Lurgi GmbH)

- □ mikrobiologische Behandlung
- □ thermische Behandlung
- □ Verfestigung.

Die *mechanisch-physikalische Trennung* bietet sich bei großen Dichte-Unterschieden und geringer Löslichkeit der Schadstoffe an, z. B. bei ölverschmutzten Sand-Wasser-Gemischen. *Bild 12.3* zeigt eine zweistufige naßmechanische Bodenaufbereitung nach dem Lurgi-DECONTERRA-Verfahren zur Abtrennung organischer und anorganischer Schadstoffe mit Wasser ohne Zusätze als Extraktions- und Aufschlämmmittel. Das Schadstoffkonzentrat als Leichtgut aus der gravimetrischen Sortierung (Holz, Teerbrocken, Kohle etc.), Überlauf des Hydrozyklons (Bodenfeinanteile mit adsorbierten Schadstoffen) und Schlamm aus der Flotation kann thermisch z. B. im Drehrohrofen oder mit Hilfe des Pellet-Wanderrost-Verfahrens behandelt werden.

Bei der *chemischen Behandlung* können Schadstoffe durch Neutralisation, Oxidation/Reduktion oder Hydrolyse unschädlich gemacht werden.

Bei der *Extraktion* werden Verunreinigungen unter Zugabe bestimmter Chemikalien aus dem Boden ausgewaschen. Dabei muß der Boden erst durch Zerkleinern und Klassieren auf eine einheitliche Korngröße gebracht werden. Unter Zusatz von Extraktionsmitteln werden die Schadstoffe dann in Apparaturen wie Fließbett, Absetzbecken und Hydrozyklonen separiert.

In einer Nachbehandlungsstufe wird der Boden von flüssigen Chemikalien befreit. Die Extraktionsmittel werden aufbereitet und dem Kreislauf wieder zugeführt. Häufige Anwendung finden extraktive Verfahren bei Schwermetallen, Cyaniden, Kohlenwasserstoffen und halogenierten Kohlenwasserstoffen. *Bild 12.4* zeigt das Blockschema einer entsprechenden Anlage.

Beim Hochdruck-*Bodenwaschverfahren* [12.13; 12.15] als extraktiv arbeitendem On-site-Verfahren werden die Schadstoffe, die an der Oberfläche einzelner Bodenpartikel fest anhaften, in einem Strahlrohr mittels Hochdruck-Wasserstrahlen mit Düsenvordrücken bis zu 350 bar abgesprengt. Durch den im Strahlrohr entstehenden Unterdruck wird gleichzeitig mit der Bodenmasse Luft angesaugt, so daß die Schadstoffe des kontaminierten Bodens in eine wäßrige und eine Strippgasphase verteilt und in diesen behandelt werden.

Die *mikrobiologische Behandlung* beruht auf der Fähigkeit bestimmter Mikroorganismen, die zum Teil speziell dafür gezüchtet werden, Schadstoffe zu CO_2 und H_2O abzubauen. Zu diesem Zweck muß der Boden derart konditioniert werden, daß die Mikroorganismen bestmögliche Lebensbedingungen vorfinden. Der Boden muß ausreichend mit Nährstoffen versorgt sein, es müssen geeignete Temperaturen herrschen. Die Zeitdauer dieser Verfahren hängt von verschiedenen Faktoren ab wie aerober oder anaerober Abbauprozeß, Schadstoffmenge oder gewünschter Endkonzentration. Der Abbau findet nach Aufbereitung des Bodens in einem Reaktor statt. Eine weitere Möglichkeit ist die als «Landfarming» bezeichnete Methode zum biologischen Abbau von Schadstoffen. Hierzu wird in speziell angelegten Becken der Boden als dünne Lage ausgebracht und dann mit Nährstoffen und Mikroorganismen versetzt.

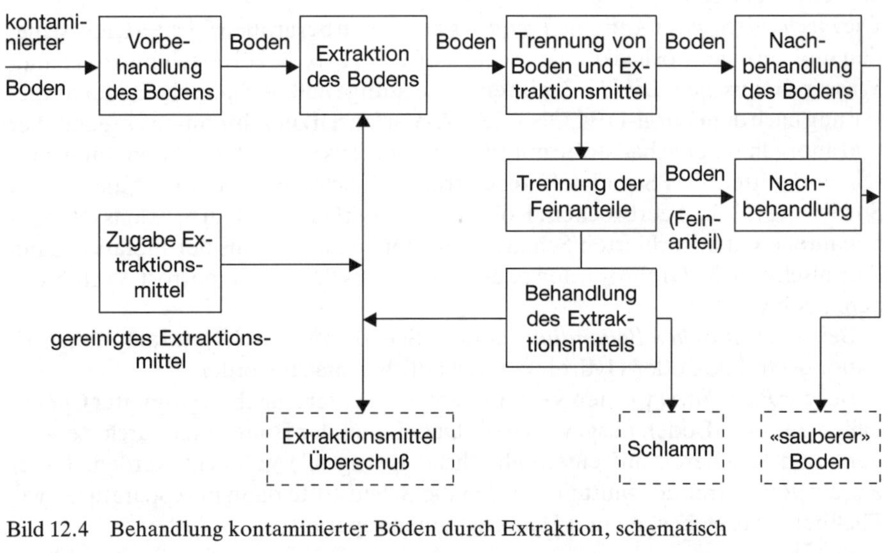

Bild 12.4 Behandlung kontaminierter Böden durch Extraktion, schematisch

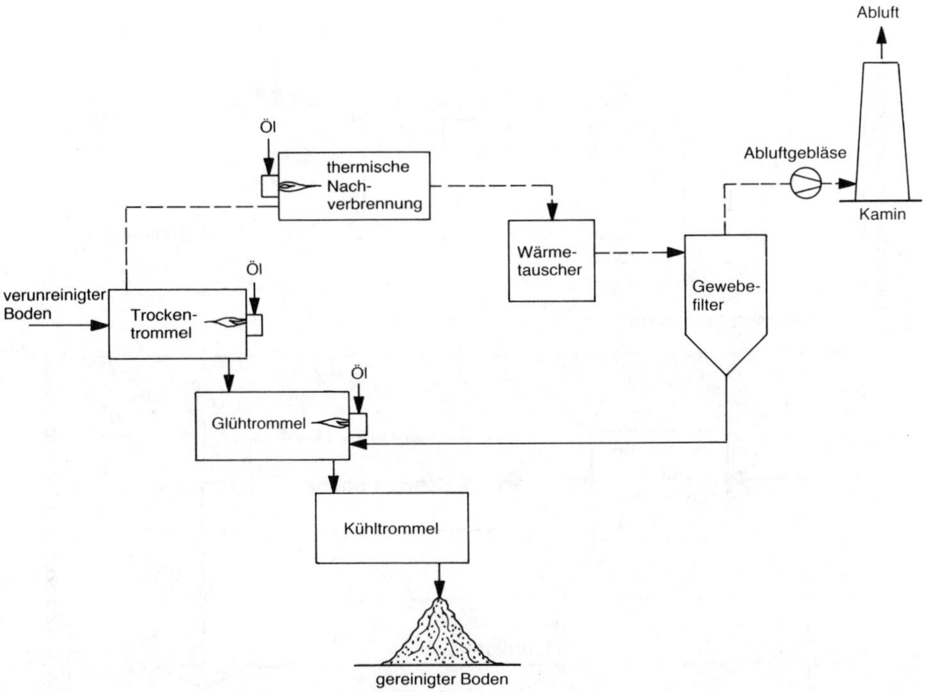

Bild 12.5 Schematische Darstellung der thermischen Bodenreinigungsanlage der Fa. ATM (Niederlande)

Bei der *thermischen Behandlung* unterscheidet man direktes oder indirektes Aufheizen des Bodens zur Schadstoffaustreibung. Dies erfolgt in der Regel in Drehrohröfen bei Temperaturen bis 800 °C. Vorher wird durch Trocknung die Hauptmasse des Wassers ausgetrieben. Anschließend wird der Boden gekühlt. Die Abgase werden bei 1200–1400 °C nachverbrannt, zusätzlich kann eine Gaswäsche erforderlich sein. Bei der Konzeption der Anlagen muß die Wärmerückgewinnung sehr weitgehend berücksichtigt werden, um den Energieeinsatz in Grenzen zu halten. *Bild 12.5* zeigt eine ausgeführte Anlage im Prinzip. *Bild 12.6* zeigt das Schema einer Schwelanlage zur Behandlung organisch belasteten Bodens mit den Teilen Anlieferung und Bunkerung, Verschwelung und Schwelgasumwandlung und Reststoffkühlung, Zwischenlagerung und Abtransport.

Eine Übersicht über derzeit in verschiedenen Stadien der Realisierung angebotene Verfahren zur thermischen Behandlung kontaminierter Böden wird in [12.9] gegeben.

Bei der *Verfestigung* werden dem verunreinigten Boden hydraulische Bindemittel wie Flugasche, Zement u. ä. beigemischt. Eine spätere Auslaugung der Schadstoffe soll so verhindert werden [12.14].

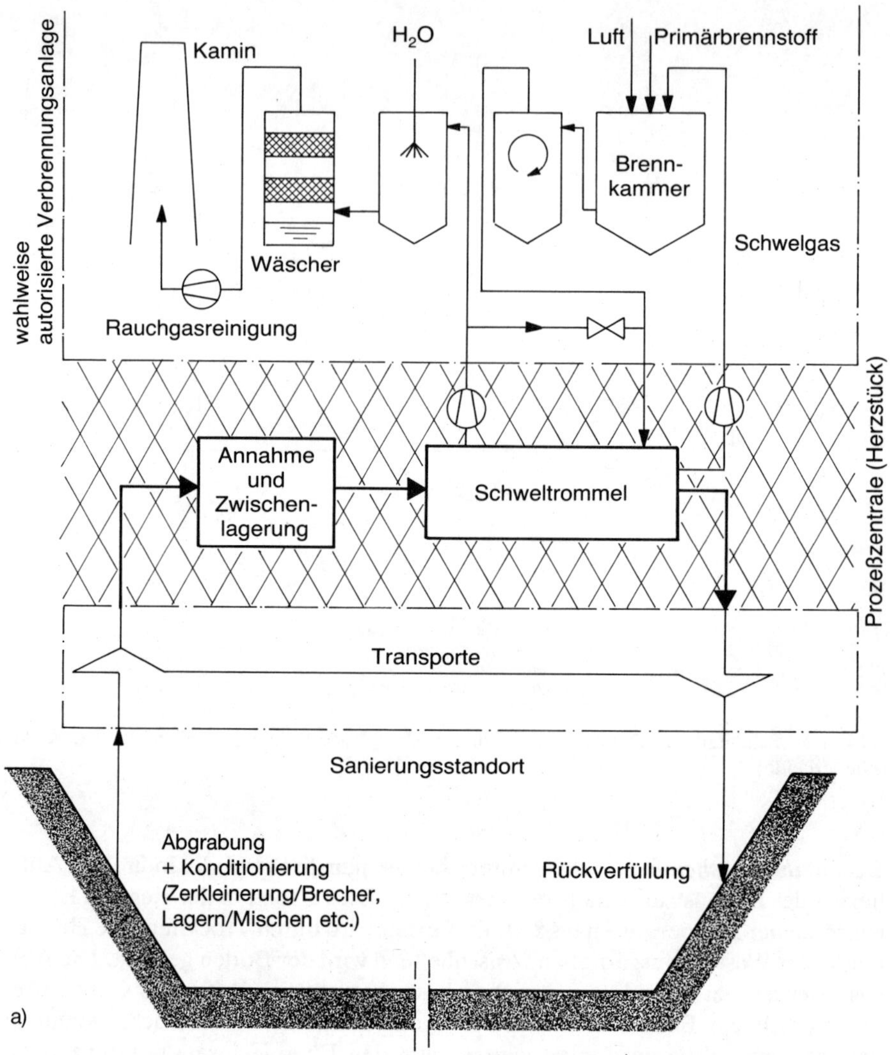

a)

Bild 12.6 Altlastensanierung mit Schweltechnik
a) Schwelanlage zur Behandlung organisch belasteter Böden
b) Schweltrommel mit Ein- und Austragsvorrichtung
c) Vorgänge beim Schwelprozeß
(Darstellung nach MEININGER [12.10] und Unterlagen der Fa. KWU)

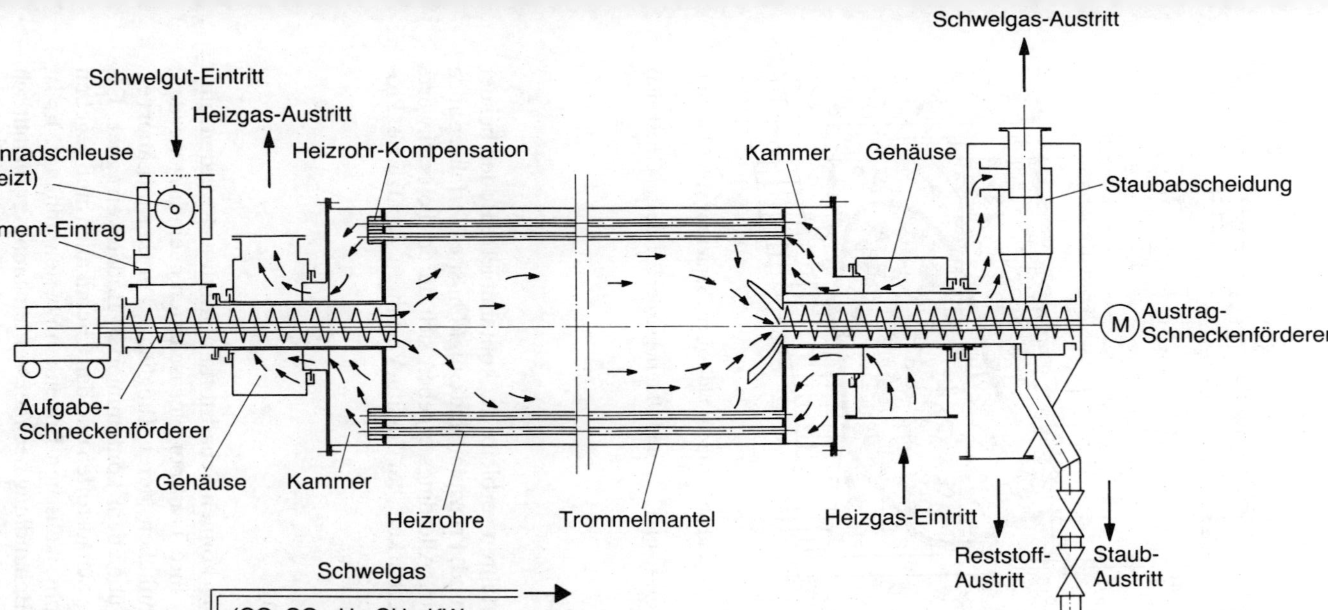
Schwelgas-Austritt
Schwelgut-Eintritt
Heizgas-Austritt
Heizrohr-Kompensation
Kammer
Gehäuse
Staubabscheidung
Zellenradschleuse (beheizt)
Sediment-Eintrag
M
Austrag-Schneckenförderer
Aufgabe-Schneckenförderer
Gehäuse
Kammer
Heizrohre
Trommelmantel
Heizgas-Eintritt
Reststoff-Austritt
Staub-Austritt

b)

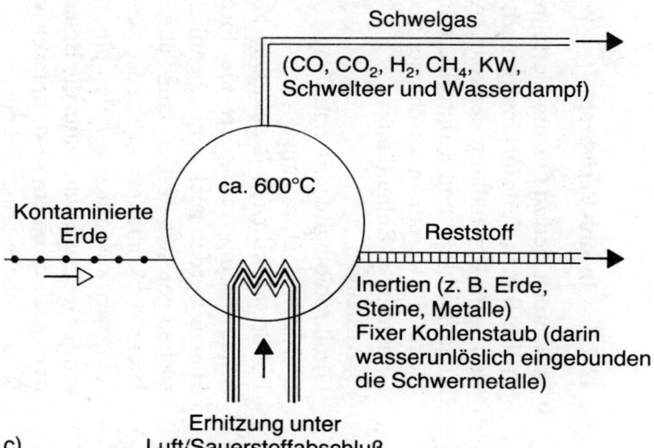
Schwelgas
(CO, CO2, H2, CH4, KW,
Schwelteer und Wasserdampf)
ca. 600°C
Kontaminierte Erde
Reststoff
Inertien (z. B. Erde,
Steine, Metalle)
Fixer Kohlenstaub (darin
wasserunlöslich eingebunden
die Schwermetalle)
Erhitzung unter
Luft/Sauerstoffabschluß

c)

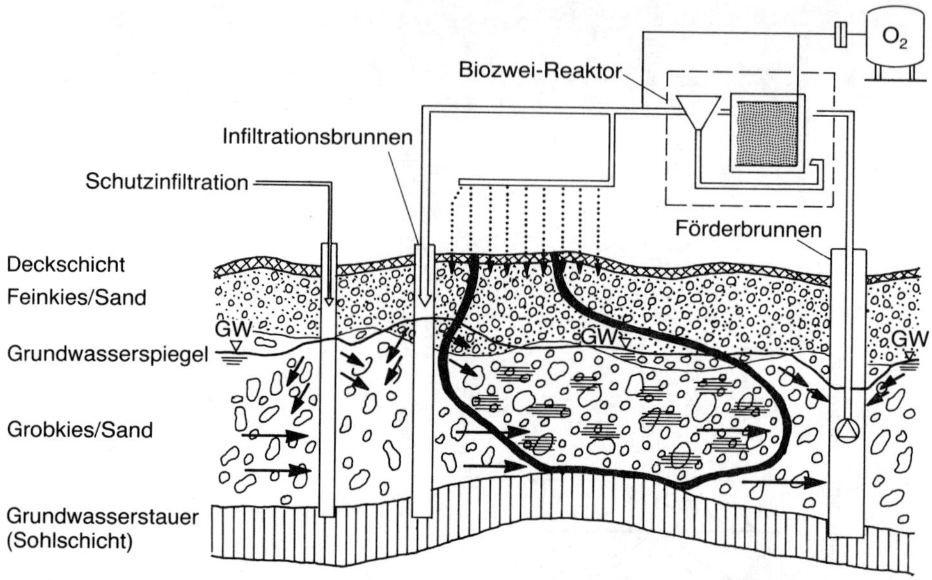

Bild 12.7 Kombinierte subterrestrische und oberirdische biologische Sanierung von Altlasten, schematisch (Biox-S-Verfahren)
(Darstellung nach GÄHRS, KNAPP, RÖTZHEIM [12.21] und Unterlagen der Fa. Messer Griesheim)

12.2.3 In-situ-Verfahren

Im Unterschied zu On-site-Verfahren verbleibt der kontaminierte Boden bei der In-situ-Behandlung im Untergrund. Prinzipiell sind einige On-site-Verfahren auch als In-situ-Behandlung denkbar. Allerdings ergeben sich durch die erschwerte Zugänglichkeit und Kontrollierbarkeit bei In-situ-Verfahren zusätzliche Probleme. Es werden unterschieden:

- □ chemische Behandlung
- □ Auslaugen
- □ mikrobiologische Behandlung
- □ Bodenluftabsaugung.

Bei der *chemischen Behandlung* können Schadstoffe neutralisiert werden, ihre Schadwirkung vermindert oder ihre Transporteigenschaften beeinflußt werden. Hierzu werden geeignete Chemikalien, deren Tauglichkeit vorher in Laborversuchen getestet werden muß, über dem kontaminierten Boden verregnet. Ein intensiver Kontakt zwischen den Schadstoffen und den Chemikalien muß gegeben sein, was wesentlich von den physikalischen Bodenkennwerten abhängt. Es ist schwer festzustellen, wann die Behandlung beendet werden kann. Problematisch ist es auch, in einem so komplexen Vielstoffsystem wie dem Boden unerwünschte Reaktionen auszuschließen.

Beim *Auslaugen* wird eine Flüssigkeit, meist Wasser, mit oder ohne Zusätze über dem Boden verregnet und über Drainagen wieder abgezogen. Das Abwasser muß dann z. B. mit Aktivkohlefiltern von den ausgelaugten Schadstoffen befreit werden und kann dem Kreislauf wieder zugeführt werden.
Eine Möglichkeit der *mikrobiologischen In-situ-Behandlung* ist die Injektion von mit Nährstoffen und Mikroorganismen versetztem Wasser in den Boden. An anderer Stelle wird das Wasser wieder abgepumpt und aufbereitet. Problematisch bei diesen Maßnahmen ist, daß man das Verhalten der Mikroorganismen im Boden nur schwer kontrollieren kann. Andere Stoffe können die Aktivitäten der Mikroorganismen hemmen. Die Wirkung von Zwischen- und Abbauprodukten im Boden und das Verhalten der Mikroorganismen nach Abbau der Schadstoffe sind noch zu erforschen.

Übersichten über biologische Verfahren zur Bodenreinigung werden in [12.16 bis 12.19] gegeben.

Bild 12.7 zeigt schematisch die Verfahrensweise bei der kombinierten subterrestrischen und oberirdischen biologischen Sanierung von Altlasten nach dem Biox-S-Verfahren. Je nach Lage der Grundwasserströme und der sonstigen geologischen Gegebenheiten wird der Bereich der Altlast durch Galerien von Schluck- und Förderbrunnen hydraulisch eingegrenzt. In der ersten Stufe der Sanierung wird mittels Sauerstoff-Anreicherung im Grundwasserleiter eine leistungsfähige aerobe Biozoenose aufgebaut, die im wesentlichen die im Grundwasser gelösten und aus dem Boden extrahierten Schadstoffe verwertet und abbaut. Je nach Fortgang dieses Abbaus wird in der zweiten Stufe aufbereitetes sauerstoffangereichertes Wasser in den kontaminierten Bereich versickert oder darüber verregnet, um vor allem das Auswaschen löslicher Verunreinigungen zu beschleunigen, wobei dann auch die Ausbreitungswege der Kontaminationen zu Behandlungszonen werden. Eine zusätzliche oberirdische Reinigungsstufe (z. B. Klärstufe oder biologische Filterstufen) soll den biologischen Abbau weiter beschleunigen. Die dann vorliegende Kombination von ober- und unterirdischer Aufbereitung kann notwendig werden, wenn sehr unterschiedliche Kontaminationen wie hohe Eisen- oder Ammoniumkonzentrationen neben organischen Schadstoffen angetroffen werden.

Beim Verfahren der *Bodenluftabsaugung*, das sich auf sandige bis schwach bindige und nicht wassergesättigte Bodenzonen anwenden läßt, werden über Vakuumbrunnen leichtflüchtige Schadstoffe wie Chlorkohlenwasserstoffe oder andere organische Lösemittel mit einem als Spülgas wirkenden Saugluftstrom abgesaugt. Die Schadstoffe lassen sich dann beispielsweise adsorptiv aus dem Luftstrom abtrennen [12.22].

Literaturverzeichnis

Kapitel 1

1.1 MEADOWS, D.: *Die Grenzen des Wachstums.* Stuttgart: Deutsche Verlags-Anstalt, 1972.

1.2 SCHULTZE, H.: *Umwelt-Report.* Frankfurt/Main: Umschau-Verlag, 1972.

1.3 SCHLACHTER, H.: *CIT 52* (1980), Nr. 12, S. 925–932.

1.4 BILLET, R.: *Chemie-Technik 5* (1976), Nr. 10, S. 397–405.

1.5 BEHRENS, D., und KOHLMAIER, G. H.: *Umweltfreundliche Technik.* Dechema-Lehrprogramm „Chemie und Umwelt". Frankfurt/M., 1977.

1.6 FLEISCHHAUER, W. J., MEIS, K. R., und SCHWARTZ, F. H.: *Umweltschutz.* Braunschweig: Vieweg-Verlag, 1980.

1.7 Gesetz zum Schutz vor schädlichen Umwelteinwirkungen durch Luftverunreinigungen, Geräusche, Erschütterungen und ähnliche Vorgänge (Bundes-Immissionsschutzgesetz, BImSchG) vom 15. 3. 1974. Bundesgesetzblatt, Teil I, 1974, Nr. 27, S. 721–743.

1.8 GÄSSLER, W., und SANDER, H. P.: *Taschenbuch betrieblicher Immissionsschutz.* Berlin: E.-Schmidt-Verlag, 1979.

1.9 Erste Verordnung zur Durchführung des Bundes-Immissionsschutzgesetzes (Verordnung über Feuerungsanlagen, 1. BImSchV) vom 28. 8. 1974. Bundesgesetzblatt, Teil I, 1974, Nr. 103, S. 2121–2129.

1.10 Zweite Verordnung zur Durchführung des Bundes-Immissionsschutzgesetzes (Verordnung über Chemischreinigungsanlagen 2. BImSchV) vom 28. 8. 1974. Bundesgesetzblatt, Teil I, 1974, Nr. 103, S. 2130–2131.

1.11 Vierte Verordnung zur Durchführung des Bundes-Immissionsschutzgesetzes (Verordnung über genehmigungsbedürftige Anlagen, 4. BImSchV) vom 14. 2. 1975. Bundesgesetzblatt, Teil I, 1975, Nr. 18, S. 499–503.

1.12 Fünfte Verordnung zur Durchführung des Bundes-Immissionsschutzgesetzes (Verordnung über Immissionsschutzbeauftragte – 5. BImSchV) vom 14. 2. 1975. Bundesgesetzblatt, Teil I, 1975, Nr. 18, S. 504–506.

1.13 Sechste Verordnung zur Durchführung des Bundes-Immissionsschutzgesetzes (Verordnung über die Fachkunde und Zuverlässigkeit der Immissionsschutzbeauftragten, 6. BImSchV) vom 12. 4. 1975. Bundesgesetzblatt, Teil I, 1975, Nr. 44, S. 957–958.

1.14 Siebente Verordnung zur Durchführung des Bundes-Immissionsschutzgesetzes (Verordnung zur Auswurfbegrenzung von Holzstaub, 7. BImSchV) vom 18. 12. 1975. Bundesgesetzblatt, Teil I, 1975, Nr. 145, S. 3133–3134.

1.15 Achte Verordnung zur Durchführung des Bundes-Immissionsschutzgesetzes (Rasenmäherlärm, 8. BImSchV) vom 28. 7. 1976. Bundesgesetzblatt, Teil I, 1976, Nr. 92, S. 2024–2028.

1.16 Erste Allgemeine Verwaltungsvorschrift zum Bundes-Immissionsschutzgesetz (Technische Anleitung zur Reinhaltung der Luft, TA Luft) vom 28. 8. 1974. Gemeinsames Ministerialblatt, Ausgabe A, 25 (1974), Nr. 24, S. 425–452.

1.17 Allgemeine Verwaltungsvorschrift über genehmigungsbedürftige Anlagen nach § 16 der Gewerbeordnung GewO (Technische Anleitung zum Schutz gegen Lärm, TA Lärm) vom 16. 7. 1968. Ministerialamtsblatt der Bayerischen inneren Verwaltung 20 (1968), Nr. 29, S. 375–390.

1.18 Gesetz zur Verminderung von Luftverunreinigungen durch Bleiverbindungen in Ottokraftstoffen für Kraftfahrzeugmotoren (Benzinbleigesetz, BzBlG) vom 5. 8. 1971. Bundesgesetzblatt, Teil I, 1971, Nr. 77, S. 1234–1236.

1.19 Gesetz zum Schutz gegen Fluglärm vom 30. 3. 1971. Bundesgesetzblatt, Teil I, 1971, Nr. 28, S. 282–287.

1.20 GOSSRAU, E., STEPHANY, H., CONRAD, W., und DÜRRE, W.: *Handbuch des Lärmschutzes und der Luftreinhaltung* (Immissionsschutz) Berlin: E.-Schmidt-Verlag.

1.21 DIN-Normen, VDI-Richtlinien. Berlin: Beuth-Verlag.

1.22 Gesetz über die Beseitigung von Abfällen (Abfallbeseitigungsgesetz, AbfG) vom 5. 1. 1977. Bundesgesetzblatt, Teil I, 1977, Nr. 2, S. 41–51.

1.23 Verordnung zur Bestimmung von Abfällen nach § 2, Abs. 2 des Abfallbeseitigungsgesetzes vom 24. 5. 1977. Bundesgesetzblatt, Teil I, Nr. 31, S. 773–779.

1.24 Verordnung über den Nachweis von Abfällen (Abfallnachweis-Verordnung, AbfNachwV) vom 29. 7. 1974. Bundesgesetzblatt, Teil I, 1974, Nr. 81, S. 1574–1580.

1.25 Verordnung über Betriebsbeauftragte für Abfall vom 26. 10. 1977. Bundesgesetzblatt, Teil I, 1977, Nr. 69, S. 1913–1914.

1.26 Verordnung über das Einsammeln und Befördern von Abfällen (Abfallbeförderungs-Verordnung, AbfBefV) vom 29. 7. 1974. Bundesgesetzblatt, Teil I, 1974, Nr. 81, S. 1581–1583.

1.27 Verordnung über die Einfuhr von Abfällen (Abfalleinfuhr-Verordnung, AbfEinfV) vom 29. 7. 1974. Bundesgesetzblatt, Teil I, 1974, Nr. 81, S. 1584–1589.

1.28 Gesetz über Maßnahmen zur Sicherung der Altölbeseitigung (Altölgesetz) vom 23. 12. 1968. Bundesgesetzblatt, Teil I, 1968, Nr. 97, S. 1419–1422.

1.29 Gesetz über die Beseitigung von Tierkörpern, Tierkörperteilen und tierischen Erzeugnissen (Tierkörperbeseitigungsgesetz, TierKBG) vom 2. 9. 1975. Bundesgesetzblatt, Teil I, 1975, Nr. 104, S. 2313–2320.

1.30 Knorr, W.: *Neues Abfallbeseitigungsrecht 1976/77*; Ratgeber für Industrie und Gewerbe. München: König-Industrieverlag, 1976.

1.31 Gesetz zur Ordnung des Wasserhaushaltes (Wasserhaushaltsgesetz, WHG) vom 16. 10. 1976. Bundesgesetzblatt, Teil I, 1976, Nr. 128, S. 3018–3032.

1.32 Wüsthoff/Kumpf: *Handbuch des deutschen Wasserrechts*. Berlin: E.-Schmidt-Verlag.

1.33 Gesetz über Abgaben für das Einleiten von Abwasser in Gewässer (Abwasserabgaben-Gesetz, AbwAG) vom 13. 9. 1976. Bundesgesetzblatt, Teil I, 1976, Nr. 118, S. 2721–2725.

1.34 Gesetz über die Umweltverträglichkeit von Wasch- und Reinigungsmitteln (Waschmittelgesetz) vom 20. 8. 1975. Bundesgesetzblatt, Teil I, 1975, Nr. 100, S. 2255–2257.

1.35 Bundesverband der Deutschen Industrie: Industrie forscht für den Umweltschutz. BDI-Drucksache 132.

1.36 Burhenne, W. E.: *Umweltschutz. Systematische Sammlung der Rechtsvorschriften des Bundes und der Länder*. Berlin: E.-Schmidt-Verlag.

1.37 Möcker, V.: *Chemie-Technik* 7 (1978) Nr. 5, S. 189–191.

1.38 Umweltbundesamt: Jahresbericht 1978.

1.39 VDI: *VDI-Handbuch Reinhaltung der Luft*. Berlin: Beuth-Verlag.

1.40 *Wasserhaushaltsgesetz* (WHG). Novelle vom 25. 7. 1986. Bundesgesetzblatt I, 1986, S. 1165, 1529 und 1654.

1.41 *Abwasserabgabengesetz* (AbwAG). Novelle vom 19. 12. 1986. Bundesgesetzblatt, Teil I, 1987, Nr. 20, S. 861.

1.42 *Waschmittelgesetz*. Novelle vom 6. 6. 1986. Bundesgesetzblatt I, 1987, Nr. 20, S. 876.

1.43 *Klärschlammaufbringungsverordnung* (AbfklärVO) vom 25. 6. 1982. Bundesgesetzblatt II, 1982, S. 734–739.

1.44 *Phosphathöchstmengenverordnung*. Information des Bundesministeriums des Innern Nr. 100, Februar 1984.

1.45 *Trinkwasserverordnung* (TWVO) vom 31. 1. 1975. Bundesgesetzblatt I, 1975, S. 453.

1.46 *Trinkwasseraufbereitungsverordnung* vom 19. 12. 1959. Bundesgesetzblatt I, 1959, S. 762.

1.47 *RKW-Umweltschutzkatalog. Einkaufshandbuch für Luftreinhaltung und Abwassertechnik*. Horst Poller Verlag im Verlag Moderne Industrie, Stuttgart, 1988.

1.48 *Informationsschrift der Chemie-Umwelt-Beratungs-GmbH,* Karlstr. 19–21, 6000 Frankfurt/Main.

1.49 *Firmenschrift Häfele, Umweltverfahrenstechnik,* Karlsruhe.

1.50 *Gesetz über die Vermeidung und Entsorgung von Abfällen* (Abfallgesetz – AbfG). Bundesgesetzblatt, Teil I, 1986, S. 1410–1420.

1.51 Page, B.: *Informatik im Umweltschutz*. München: R. Oldenbourg Verlag 1986.

1.52 Umweltbundesamt: *Daten zur Umwelt 1988/89*. E.-Schmidt-Verlag 1989.

1.53 Davids, P., Lange, M.: *Die Großfeuerungsanlagen-Verordnung. Technischer Kommentar*. VDI-Verlag 1984.

1.54 *Technische Anleitung zur Reinhaltung der Luft (TA Luft) vom 27. 2. 1986.* Gemeinsames Ministerialblatt des Bundesinnenministeriums u. a. S. 95 ff.

1.55 *TA Luft 1986. Hinweise für die Praxis*. BDI-Drucksache Nr. 189, 6, 1986.

1.56 *Verwaltungsordnung zur Änderung des Benzinbleigesetzes vom 26. 11. 1986.* Bundesgesetzblatt, Teil I, 1986, S. 2089 ff.

1.57 *Gesetz zum Schutz gegen Fluglärm vom 16. 12. 1986.* Bundesgesetzblatt, Teil I, 1986, S. 2441 ff.

1.58 Kölble, J.: *Zum Verhältnis von Gesetzen, Rechtsverordnungen, Verwaltungsvorschriften und VDI-Richtlinien.* Staub, Reinhaltung Luft 44 (1984), 3, 140 ff.

Kapitel 2

2.1 Gesetz über die Beseitigung von Abfällen (Abfallbeseitigungsgesetz AbfG) vom 5. 1. 1977. Bundesgesetzblatt 1977.

2.2 Burhenne, W. E. u. a.: *Umweltrecht.* Berlin: E.-Schmidt-Verlag.

2.3 Hösel, G., und Lersner, H.: *Recht der Abfallbeseitigung des Bundes und der Länder.* Berlin: E.-Schmidt-Verlag.

2.4 Zietz, U.: Chemische Produktion. (1988) 3, S. 64–66.

2.5 Gesetz über die Vermeidung und Entsorgung von Abfällen *(Abfallgesetz – AbfG).* Bundesgesetzblatt, Teil I, 1986, S. 1410–1420.

2.6 Ketteler, G., Kippels, K.: *Umweltrecht.* Deutscher Gemeindeverlag. Verlag W. Kohlhammer, Köln 1988.

2.7 Schmitt-Gleser, G.: *Abfallentsorgung. Gesetze, Verordnungen, Abfallrechtliche Informationen.* Ecomed Verlagsgesellschaft, Landsberg 1988.

Kapitel 3

3.1 Kumpf, W., Mass, K., und Straub, H.: *Müll- und Abfallbeseitigung (Müll-Handbuch).* Berlin: E.-Schmidt-Verlag.

3.2 Hösel, G., und Kumpf, W.: *Technische Vorschriften für die Abfallbeseitigung.* Berlin: E.-Schmidt-Verlag.

3.3 Willisch, H.: *Aufbereitungstechnik 9* (1979), S. 494–497.

3.4 Strobach, K. H.: Müllbeseitigung aus Wohnungen und Wohnhausanlagen. Forschungsbericht Nr. 85 des Österreichischen Instituts für Bauforschung, Wien. Heidelberg: Straßenbau-, Chemie- und Technik-Verlagsgesellschaft mbH, 1972.

3.5 Heigl, F.: *Moderne Müllverbrennungsanlagen.* Berlin: E.-Schmidt-Verlag, 1968.

3.6 Tabasaran, O.: *Stuttgarter Berichte zur Abfallwirtschaft.* Berlin: E.-Schmidt-Verlag, 1975.

3.7 Schenkel, W.: *CIT 49* (1977), Nr. 12, S. 966–969.

3.8 Goosmann, G.: *Umwelt 3* (1979), S. 227–234.

3.9 Shin, K. C.: *Wasser, Luft und Betrieb 20* (1976), Nr. 7, S. 373–375.

3.10 Thomé-Kozmiensky, K. J.: *Abfallwirtschaft in Theorie und Praxis.* Bd. 2: Neue Technologien zur Abfallbeseitigung. Bielefeld: E.-Schmidt-Verlag, 1977.

3.11 Collins, H. J.: *Umwelt 1* (1980), S. 100–103.

3.12 Barniske, L., und Vossköhler, H.: *Müll und Abfall 5* (1978), S. 157–166.

3.13 Jäger, B., und Thomé-Kozmiensky, K. J.: *Materialrecycling aus Haushaltsabfällen.* Abfallwirtschaft an der TU Berlin, Bd. 1.

3.14 Statistisches Bundesamt: *Öffentliche Abfallbeseitigung.* Fachserie 19, Reihe 1.1.

3.15 Peine, H. G.: Nachr. Chem. Tech. Lab. 36 (1988) 6, S. 632–638.

3.16 Baum, F.: *Praxis des Umweltschutzes.* München: Oldenbourg-Verlag, 1979.

3.17 Umweltbundesamt: *Daten zur Umwelt 1988/89.* E.-Schmidt-Verlag, 1989.

Kapitel 4

4.1 Reiman, D. O.: VDI-Berichte Nr. 689, 1988, S. 261–279.

4.2 Thomé-Kozmiensky, K. J.: *Abfallwirtschaft in Theorie und Praxis.* Bd. 2: Neue Technologien zur Abfallbeseitigung. Bielefeld: E.-Schmidt-Verlag, 1977.

4.3 Tabasaran, O. et al.: *Abfallbeseitigung und Abfallwirtschaft.* VDI-Verlag, Düsseldorf, 1982.

4.4 Statistisches Bundesamt: *Öffentliche Abfallbeseitigung 1984.* Fachserie 19, Reihe 1.1.

4.5 Statistisches Bundesamt: *Abfallbeseitigung im produzierenden Gewerbe und in Krankenhäusern.* Fachserie 19. Reihe 1.2.

Kapitel 5

5.1 Kumpf, W., Maas, K., und Straub, H.: *Müll- und Abfallbeseitigung (Müll-Handbuch).* Berlin: E.-Schmidt-Verlag.

5.2 Fa. Sulo, Herford: Prospektunterlagen.

5.3 Fa. Beth, Lübeck: Prospektunterlagen.

5.4 Emberger, J.: Müllaufbereitung. Vorlesung an der Fachhochschule für Technik, Mannheim.

5.5 Fa. KELLER & KNAPPICH, Augsburg: Prospektunterlagen.

5.6 *Umweltprobleme technisch gelöst.* Abfallwirtschaft. Sonderband 1987/88, S. 30.

5.7 Informationszentrum Umwelt, Düsseldorf: *Umweltschutz von A–Z.* 1988.

5.8 HOFER, F.: *Sammlung und Transport von Hausmüll im ländlichen Bereich.* Müll und Abfall (1988), 6.

5.9 GALLENKEMPER, B., EITNER, R.: *Leistungsdaten und Kosten beim Einsatz verschiedener Depotcontainersysteme.* Müll und Abfall (1988), 9.

5.10 BARGHOORN, M., KAWORSKI, W.: *Entwicklung des behälterspezifischen Raumgewichts des Hausmülls in der Bundesrepublik von 1983 bis 1985.* Müll und Abfall (1987), 5.

5.11 WÜRZ, W.: *Kommunalfahrgestelle und Müllaufbauten auf der IFAT 87.* Müll und Abfall (1987), 8.

5.12 HOLL, D.: *Ferntransportsysteme auf der IFAT 87.* Müll und Abfall (1987), 10.

Kapitel 6

6.1 KUMPF, W., MAAS, K., und STRAUB, H.: *Müll- und Abfallbeseitigung (Müll-Handbuch).* Berlin: E.-Schmidt-Verlag.

6.2 Fa. KELLER & KNAPPICH, Augsburg: Prospektunterlagen.

6.3 EMBERGER, J.: *Müllaufbereitung.* Vorlesung an der Fachhochschule für Technik, Mannheim.

6.4 EMBERGER, J.: Untersuchung der Verfahrenskombination Cascadenmühle/Tunnelmiete. BMFT-Forschungsbericht Nr. 1400021, 1979.

6.5 EMBERGER, J.: *Rohstoffquelle Müll. Abscheidung von Sekundärrohstoffen.* Technik heute 7 (1980). Konstanz: Verlag Christiani.

6.6 HOBERG, H., und JULIUS, J.: *Geeignete Separiertechniken für kommunale Abfälle.* Stuttgarter Berichte zur Abfallwirtschaft. Bd. 11. Berlin: E.-Schmidt-Verlag, 1979.

6.7 EMBERGER, J.: *Einsatz von Windsichtern in der Abfallwirtschaft.* Stuttgarter Berichte zur Abfallwirtschaft. Bd. 11. Berlin, E.-Schmidt-Verlag, 1979.

6.8 *Novorotor/Unirotor Hammermühlen.* Firmenprospekt Salzgitter-Hazemag, Münster.

6.9 *Universa-Prallmühle.* Firmenprospekt Salzgitter-Hazemag, Münster.

6.10 *Schneckenmühle Trimalin.* Firmenprospekt Bühler-MIAG, Braunschweig.

6.11 *Mieten-Umschichtmaschine Compostar 8000.* Firmenprospekt Bühler-MIAG, Braunschweig.

6.12 *Misch- und Homogenisiertrommel.* Firmenprospekt Bühler-MIAG, Braunschweig.

6.13 *Kompost-Umsetzmaschine.* Firmenprospekt Kramer-Trenkle, Villingen-Schwenningen.

Kapitel 7

7.1 EMBERGER, J.: *Müllaufbereitung.* Vorlesung an der Fachhochschule für Technik, Mannheim.

7.2 Umweltbundesamt: Bundesmodell Abfallverwertung. Projektstudie, 1975.

7.3 Umweltbundesamt: *Daten zur Umwelt 1988/89.* E.-Schmidt-Verlag, 1989.

7.4 FERBER, M.: *Neues Verfahren für ein Kunststoff-Recycling.* Müll und Abfall (1988), 1.

7.5 GROSSMAYER, G.: *Wiederverwertung von Kunststoffabfällen unter besonderer Berücksichtigung des Hausmülls.* Müll und Abfall (1988), 1.

7.6 SUTTER, H.: *Wirtschaftliche Aspekte der Vermeidung und Verwertung industrieller Sonderabfälle.* Müll und Abfall (1987), 6.

7.7 BILITEWSKI, B.: *Maschinen und Anlagen für den Recyclinprozeß auf der IFAT 87.* Müll und Abfall (1987), 9.

7.8 HÖSEL, G.: *Recycling von Bauschutt und Bauabfällen.* Müll und Abfall (1986), 3.

Kapitel 8

8.1 KUMPF, W., MAAS, K., STRAUB, H.: *Müll- und Abfallbeseitigung* (Müll-Handbuch), Berlin: E.-Schmidt-Verlag.

8.2 COLLINS, H.-J.: *Die integrierte Basiskonstruktion von Deponien.* Bauingenieur 63 (1988), 405–408.

8.3 RETTENBERGER, G.: *Deponietechnik. Stand und Entwicklungstendenzen.* Abfallwirtschaftliches Seminar der Universität Stuttgart, 1988.

8.4 UMWELTBUNDESAMT: *Daten zur Umwelt 1988/89.* E.-Schmidt-Verlag, 1989.

8.5 Fa. STEULER: Firmenschrift *„Die sichere Deponie. System Dywidag-Steuler“.*

8.6 COLLINS, H. J.: *Umwelt 1* (1980), S. 100–103.

8.7 BLUME, H., BRUNE, D.: *Entsorgungstechnologien.* E.-Schmidt-Verlag, 1988.

8.8 OELTZSCHNER, H.-J.: *Tendenzen bei der Sickerwasserentsorgung in Bayern,* in Deponietechnik heute und morgen. Stuttgarter Berichte zur Abfallwirtschaft. Band 19. E.-Schmidt-Verlag, 1985.

8.9 Mennerich, A., Wolffson, C.: *Überlegungen zur längerfristigen Entwicklung und Kontrolle von Emissionen aus Hausmülldeponien,* in Fehlau, Stief (Hrsg.): Fortschritte der Deponietechnik 1986. Dichtungsmaterialien, Kombinationsdichtung, Sickerwasser und Deponiegas. Abfallwirtschaft in Forschung und Praxis. Band 16. E.-Schmidt-Verlag, 1986.

8.10 Lambert, R.: *Reinigung von Deponiegas,* in: Deponietechnik heute und morgen. Stuttgarter Berichte zur Abfallwirtschaft. Band 19. E.-Schmidt-Verlag, 1985.

8.11 Simonet, R. A.: *Erdgas aus Mülldeponien.* Chemie-Technik 13 (1984), 5, 76–81.

8.12 Colombi, C.: *Deponietechnik heute.* Schweizer Ingenieur und Architekt 3 (1988), 1, 54–58.

8.13 Rudat, D.: *Deponietechnik im Spiegel der kommenden TA Abfall.* wlb „Wasser, Luft und Betrieb" (1988) 1–2, 44–47.

8.14 Grabner, E.: *Deponiegas-Überwachungssystem.* Chemie-Technik 16 (1987), 11, 102–104.

8.15 Weiler, C. et al.: *Deponiegasnutzung. Maßnahmen gegen halogenierte Kohlenwasserstoffe.* Müll und Abfall (1987) 3, 94–101.

8.16 Schulze, H.: *Umwelt-Report.* Frankfurt/Main: Umschau-Verlag, 1972.

8.17 Gossow, V.: *Hochsicherheits-Deponietechnik.* Müll und Abfall (1988) 1, 14–21.

8.18 Tabasaran, O.: *Stuttgarter Berichte zur Abfallwirtschaft.* E.-Schmidt-Verlag, 1975.

8.19 Müller, K., Rettenberger, G.: *Anleitung zur Entwicklung sicherheitstechnischer Konzepte für Gasabsauge- und Gasverwertungsanlagen an Mülldeponien.* Universität Stuttgart, Inst. für Siedlungswasserbau Juli 1986.

8.20 Stegmann, R., Dernbach, H.: *Planung der Gasverwertung auf der Deponie Braunschweig.* Müll und Abfall (1981), 12.

8.21 Bruckmann, P., Mülder, W.: *Der Gehalt an organischen Spurenstoffen in Deponiegasen.* Müll und Abfall (1982), 12.

8.22 Rettenberger, G.: *Entstehung, Folgen, Erfassung und Verwertung von Deponiegas.* Stuttgarter Berichte zur Abfallwirtschaft, Band 9, 1978.

8.23 Franzius, V.: *Stand der Deponiegasnutzung in der Bundesrepublik Deutschland.* Beiheft zu Müll und Abfall, Heft 26.

Kapitel 9

9.1 Kumpf, W., Maas, K., Straub, H.: *Müll- und Abfallbeseitigung (Müll-Handbuch).* Berlin: E.-Schmidt-Verlag.

9.2 Emberger, J.: *Erfahrungen mit dem Betrieb einer natürlich belüfteten statischen Mietenrotte am Beispiel einer Tunnelmiete.* Abfallwirtschaft an der TU Berlin. Bd. 6, 1980.

9.3 Emberger, J.: *Müllaufbereitung.* Vorlesung an der Fachhochschule für Technik, Mannheim.

9.4 Umweltbundesamt: *Daten zur Umwelt 1988/89.* E.-Schmidt-Verlag, 1989.

9.5 Spendlich, H.-H., Stegmann, R.: *Anaerobe Behandlung von Biomüll.* Müll und Abfall (1988) 5, 185–200.

9.6 Maurer, M., Winkler, J. P.: *Biogas. Theoretische Grundlagen, Bau und Betrieb von Anlagen.* Karlsruhe, 1982.

9.7 Krogmann, U.: *Kompostierung als Abfallentsorgungsverfahren von Biomüll.* Wasser und Boden 9 (1988), 492–496.

9.8 *Befestigung und Abdichtung der Betriebsflächen von Pflanzenabfall-Kompostierungsanlagen.* ANS-Bericht, Müll und Abfall (1988), 2.

9.9 Kehres, B., Vogtmann, H.: *Qualitätskriterien und Güterrichtlinien für Kompost aus organischen Abfallstoffen.* Müll und Abfall (1988), 5.

9.10 Jäger, B.: *Neue Konzepte zur Kompostierung von Siedlungsabfällen.* Müll und Abfall (1987), 2.

9.11 Leonhardt, H.-W.: *Kompostierung auf der IFAT 87.* Müll und Abfall (1987), 9.

9.12 Senator für Stadtentwicklung und Umweltschutz: *Kompostierung in Berlin.* Müll und Abfall (1986), 3.

Kapitel 10

10.1 Tabasaran, O.: *Stuttgarter Berichte zur Abfallwirtschaft.* Berlin: E.-Schmidt-Verlag.

10.2 Umweltbundesamt: *Daten zur Umwelt 1988/89.* E.-Schmidt-Verlag 1989.

10.3 Barniske, L.: *Stand der thermischen Abfallbehandlung in der Bundesrepublik Deutschland.* VDI Berichte Nr. 637 (1987), 27–50.

10.4 Kumpf, W., Maas, K., und Straub, H.: *Müll- und Abfallbeseitigung (Müll-Handbuch).* Berlin: E.-Schmidt-Verlag.

10.5 Miller, C. W.: *Aufgaben der thermischen Abfallbehandlung.* Energiewirtschaftliche Tagesfragen 38 (1988) 9, 692–696.

10.6 Heigl, F.: *Moderne Müllverbrennungsanlagen.* Berlin: E.-Schmidt-Verlag, 1968.

10.7 Nitsche, M.: CAV (1978), 67–76.

10.8 Röben, K. W., Hilgraf, P.: Verfahrenstechnik 9 (1975) 19, 1–6.

10.9 Thomé-kozmiensky, K. J.: *Thermische Behandlung von Haushaltsabfällen.* Abfallwirtschaft an der TU Berlin. Bd. 2. Berlin: J. Kleindienst Offsetdruck.

10.10 Schneider, O.: *MHKW Essen-Karnap.* Energiewirtschaftliche Tagesfragen 38 (1988) 9, 710–723.

10.11 Reimann, D. O.: *Gemeinsame Beseitigung von Filterstäuben und Neutralisationsschlämmen aus der Rauchgaswäsche – Bamberger Modell.* Techn. Mitteilungen 5, 78. Jahrgang, 268 ff.

10.12 Vogg, H.: *Kritische Anmerkungen zur abwasserfreien Rauchgasreinigung bei Müllverbrennungsanlagen.* Müll und Abfall 16, 305 ff.

10.13 Blume, H., Brune, D.: *Entsorgungstechnologien.* Abfallwirtschaft in Forschung und Praxis. Band 25. E.-Schmidt-Verlag, 1988.

10.14 Voos, H.: *Müllentsorgungskonzepte.* Energiewirtschaftliche Tagesfragen 38 (1988) 9, 686–690.

10.15 Schultess, W.: *Roste, Reste, Reinheitsgrade. Rauchgasreinigung für Feuerungsanlagen von 5 bis 50* MW_{th}. Energie 37 (1985) 12, 21–33.

10.16 Lenz, S.: *Umwelt 4* (1979), 291–292.

10.17 Buekens, A.: *Müll und Abfall 10* (1978), Nr. 12, S. 353–362.

10.18 Alger, R.: Pyrolysis and combustion of cellulosic materials. National Bureau of Standards Special Publications 357. US. Dept. of Commerce, 1972.

10.19 Tchobanoglons, G., Theisen, H., und Eliassen, R.: *Solid Wastes.* McGraw Hill Inc., 1977.

10.20 Thomé-kozmiensky, K. J.: *Abfallwirtschaft in Theorie und Praxis.* Bd. 2: Neue Technologien zur Abfallbeseitigung. Bielefeld: E.-Schmidt-Verlag.

10.21 Kaminsky, W.: *Recycling von Abfallstoffen.* Umschau 1984, 22, 674–675.

10.22 Kaminsky, W., Prösch, U., Steinstrasser, F., Sinn, H.: *Pyrolyse von Kunststoffabfällen in der Wirbelschicht,* in: Recycling international, Hrsg. K.-J. Thomé-Kozmiensky, EF-Verlag, Berlin 1984.

10.23 Kaminsky, W., Kummer, A. B.: *Fluidized bed pyrolysis of digested sewage sludge.* Journal of Analytical and Applied Pyrolysis 16 (1989), 27–35.

10.24 Berwein, H.: *Ein Weg zur Lösung des Müllproblems: die Siemens-Schwellbrennanlage.* Techn. Mitteilungen 81 (1988) 6, 327–332.

10.25 Fa. KWU-Umwelttechnik: Schriftenreihe *„Technik für den Umweltschutz".*

10.26 Freimann, P.: *Das VOEST-ALPINE-Hochtemperaturvergasungsverfahren.* VDI-Seminar „Rauchgasreinigung und Reststoffe", 1989.

Kapitel 11

11.1 Stolz, H.-M.: *Grundlagen, Zielsetzung und Sachstand der TA Abfall.* TA(Sonder-)Abfall. 168. Seminar der FGU Berlin, 1988.

11.2 Klubescheidt, L.-W.: Chemie-Technik 9 (1980) 10, S. 487–490.

11.3 Bosse, K.: *Chemisch-physikalische Behandlung von Sonderabfällen. Überblick in der Bundesrepublik Deutschland.* TA(Sonder-)Abfall. 168. Seminar des FGU Berlin, 1988.

11.4 Bosse, K.: Entsorgungspraxis (1988) 1–2, S. 12–15.

11.5 Jager, J.: Energie 40 (1988) 9, S. 20–24.

11.6 Siemens, KWU: *Firmenschrift Aufbereitung flüssiger Sonderabfälle.* 1988.

11.7 Degussa: Umwelt & Technik 5 (1987), S. 10.

11.8 Degussa: *Firmenschrift Regenerierung von Altöl mit Natrium.* Ch 571-3-2-488 Vol.

11.9 Vollhardt, F.: Firmenschrift MAN, GHH Werk Sterkrade, 1988.

11.10 Erbach, G.: Energiewirtschaftliche Tagesfragen 38 (1988) 9, S. 698–700.

11.11 Schöner, P.: *Sondermüllentsorgung.* Handbuch für das abfallwirtschaftliche Seminar der Universität Stuttgart. VDI Bildungswerk, 1988.

11.12 Egger, A. M.: Schweizer Ingenieur und Architekt 3 (1988) 1, S. 41–45.

11.13 Saarberg-Fernwärme, Saarbrücken: Forschungs- und Entwicklungsvorhaben ET 1040. Vergasung von Haus- und Industriemüll, 1979.

11.14 Inden, P. P.: Mikrobielle Methanerzeugung aus Biomasse durch anaerobe Fermentation im technischen Maßstab. Systemanalyse und Wirtschaftlichkeitsbetrachtung. Dissertation TH Aachen, 1977.

11.15 Maurer, M., und Winkler, J. P.: Biogas. Theoretische Grundlagen, Bau und Betrieb von Anlagen. KWK Bd. 31, 1980.

11.16 Eyser, H.: Biogas. Eine Studie über die Aktualität der Biogasgewinnung. Gesamthochschule Kassel, 1976.

11.17 Sasse, L.: *Die Biogas-Anlage.* Vieweg-Verlag, Braunschweig, 1987.

11.18 Barniske, L., Gleis, M.: *Stand und Perspektiven der thermischen Behandlung von Son-*

derabfällen in der Bundesrepublik Deutschland. TA(Sonder-)Abfall. 168. Seminar des FGU Berlin, 1988.

11.19 Statistisches Bundesamt: *Abfallbeseitigung im produzierenden Gewerbe und in Krankenhäusern.* Fachserie 19, Reihe 1.2.

11.20 GERSCHLER, L. J.: *Die Verfestigung.* TA (Sonder-)Abfall. 168. Seminar des FGU Berlin, 1988.

Kapitel 12

12.1 Autorengemeinschaft: *Handbuch der Altlastensanierung.* R. v. Deckers Verlag G. Schenk, Heidelberg.

12.2 BRANDT, H. (Hrsg.): *Altlasten. Untersuchung, Sanierung, Finanzierung.* Blottner-Verlag, Taunusstein 1988.

12.3 UMWELTBUNDESAMT: *Sanierung kontaminierter Standorte.* Fachtagung 1985. Fortbildungszentrum Gesundheits- und Umweltschutz, Berlin.

12.4 FEHLAU, K.-P.: *Beurteilung und Sanierung von Altlasten.* Abfallwirtschaftliches Seminar der Universität Stuttgart in Verbindung mit dem VDI-Bildungswerk 1988.

12.5 SCHRADER, C.: *Altlastensanierung nach dem Verursacherprinzip?* E.-Schmidt-Verlag, Berlin 1988.

12.6 MEININGER, S.: *Beseitigung von Altlasten.* Chemie-Technik 16 (1987) 11, 58–60.

12.7 RIEPE, W.: *Bewältigung von Altlasten. Erkundung, Bewertung, Sanierung.* Glückauf 124 (1988) 4/5, 266–270.

12.8 STROH, D., BIENER, E.: *Erfahrungen bei der Altlastensanierung.* Energiewirtschaftliche Tagesfragen 38 (1988) 9, 724–731.

12.9 SCHNEIDER, M.: *Altlasten-Sanierung.* EntsorgungsPraxis (1987) 12, 576–583.

12.10 MEININGER, S.: *Altlastensanierung mit Schweltechnik.* Chemie-Technik 17 (1988) 1, 25–27.

12.11 ARZ, P., WEBER, G.: *Altlastensanierung durch Umschließung mit einem doppelwandigen Dichtungssystem und deren Kontrollmöglichkeiten.* VDI-Berichte 628 (1987), 357–384.

12.12 FRANZIUS, V.: *Neue Entwicklungen in der Sanierungstechnik von kontaminierten Böden.* Vortrag bei der DECHEMA-Jahrestagung 1986.

12.13 HEIMHARD, H.-J.: *Bodensanierung mit Hochdruckwasserstrahl.* Umweltmagazin (1987), 3, 18–20.

12.14 JESSBERGER, H. L.: *Abdichtungs- und Sanierungstechniken zum Schutz von Boden und Wasser. Deponien und Altlasten.* VDI-Berichte 628 (1987), 243–285.

12.15 HEIMHARD, H.-J.: *Hochdruck-Bodenwaschen.* Klöckner Umwelttechnik. Referat 1987.

12.16 BATTERMANN, G.: *Einsatz mikrobiologischer Verfahren zur Sanierung von Untergrundkontaminationen.* VDI-Berichte 628 (1987), 287 ff.

12.17 KAUN, B., ROHLOFF, J.: *Mikrobiologische In-situ-Bodensanierung.* Chemie-Technik 18 (1989) 3, 86–89.

12.18 *Biologische Verfahren zur Bodenreinigung.* wlb „wasser, luft und betrieb" (1987) 1/2, 46–48.

12.19 SOCZO, E., VISCHER, K.: *Biologische Bodenreinigung.* Umwelt (1986) 7, 517–519.

12.20 GÄHRS, J., RÖTZHEIM, M., KNAPP, A.: *Biox-S-Verfahren.* cav (1987) 12, 99–101.

12.21 GÄHRS, J., KNAPP, A., RÖTZHEIM, M.: *Biox-S-Verfahren. Biologische „in-situ"-Sanierung von Altlasten.* Messer Griesheim-Zeitschrift „gas aktuell" 1989.

12.22 LURGI GmbH: Firmenschriften zur Adsorption, insbes. *„Aktivkohle-Adsorber auf Mietbasis"*

12.23 EHRESMANN, J.: *Neues Konzept für flächendeckende Entsorgung von kontaminierten Böden aus Unfällen und Altlasten.* Müll und Abfall (1988), 4.

12.24 HÖSEL, G.: *Altlastenprobleme durch Kokereien.* Müll und Abfall (1986), 5.

12.25 EBEL, W.: *Errichtung und Betrieb von Bodensanierungszentren.* Altlasten-Seminar Ruhr-Universität Bochum, 1988.

12.26 HEIMHARD, H. J.: *Hochdruck-Bodenwaschen.* Altlasten-Seminar Ruhr-Universität Bochum, 1988.

12.27 WESSLING, E.: *Entwicklung einer Extraktionsanlage und Erfahrungen im Einsatz.* Altlasten-Seminar Ruhr-Universität Bochum, 1988.

Stichwortverzeichnis